“十二五”职业教育国家规划教材
经全国职业教育教材审定委员会审定

矿山供电技术

主　编　张文荣
副主编　张永宁　沈兆振
参　编　张　立　成　洋　郭鸿奇　方章英
主　审　郭　雨

机 械 工 业 出 版 社

本书是“十二五”职业教育国家规划教材，是根据《教育部关于“十二五”职业教育教材建设的若干意见》及教育部新颁布的《高等职业学校专业教学标准（试行）》，同时参考矿井维修电工职业资格标准编写的。全书共分八个单元，内容包括矿山供电系统；负荷计算；短路电流；电气设备选择及运行操作；供电线路及运行维护；供电系统的继电保护；井下供电系统及矿用电气设备；供电安全技术。每个单元都有相关知识和技能训练两个部分，各单元末附有思考与练习题，书末附有部分习题的参考答案。

为便于教学，本书配套有电子教案、助教课件等教学资源，选择本书作为教材的教师可登录 www. cmpedu. com 网站，注册、免费下载。

本书可作为高等职业院校、成人教育院校矿山机电、电气自动化技术、供用电技术、机电一体化技术等专业教材，也可作为矿山供电高技能人才的岗位培训教材。

图书在版编目（CIP）数据

矿山供电技术/张文荣主编. —北京：机械工业出版社，2015. 3 (2025. 1 重印)

“十二五”职业教育国家规划教材

ISBN 978-7-111-49314-3

Ⅰ. ①矿… Ⅱ. ①张… Ⅲ. ①矿山供电-高等职业教育-教材 Ⅳ. ①TD61

中国版本图书馆 CIP 数据核字（2015）第 027185 号

机械工业出版社（北京市百万庄大街 22 号 邮政编码 100037）
策划编辑：汪光灿 责任编辑：汪光灿 王 荣 版式设计：霍永明
责任校对：陈 越 封面设计：张 静 责任印制：张 博
北京建宏印刷有限公司印刷
2025 年 1 月第 1 版第 8 次印刷
184mm×260mm · 13. 25 印张 · 326 千字
标准书号：ISBN 978-7-111-49314-3
定价：45. 00 元

电话服务
客服电话：010-88361066
010-88379833
010-68326294

网络服务
机 工 官 网：www. cmpbook. com
机 工 官 博：weibo. com/cmp1952
金 书 网：www. golden-book. com
机工教育服务网：www. cmpedu. com

前 言

本书是按照教育部《关于开展“十二五”职业教育国家规划教材选题立项工作的通知》，经过出版社初评、申报，由教育部专家组评审确定的“十二五”职业教育国家规划教材，是根据《教育部关于“十二五”职业教育教材建设的若干意见》及教育部新颁布的《高等职业学校专业教学标准（试行）》，同时参考矿井维修电工职业资格标准编写的。

本书主要介绍矿山供电系统，负荷计算，短路电流，电气设备选择及运行操作，供电线路及运行维护，供电系统的继电保护，井下供电系统及矿用电气设备，供电安全技术等内容。本书编写过程中力求体现“学生好学，教师好教，简明实用，重在应用”的特色。本教材编写模式新颖，教材编写中设计了体现职业岗位要求的不同栏目，如明确提出每个单元的“教学目标”包括“知识目标”和“技能目标”，安排了“课题相关知识学习”、“技能训练”等体现职业岗位实际需求的栏目，从现实生产中的实际入手编写“思考与练习”内容，使学生应用所学知识、技能解决实际问题。

为了更好地方便教学，本书给出了学时分配建议。各专业可以根据专业要求和教学具体情况选学不同的内容。技能训练的内容，每个学校可根据实践条件和专业需求做出调整或改变。学时分配参考下表：

序　号	内　容	建议学时（含技能训练）
1	矿山供电系统	10
2	负荷计算	8
3	短路电流	8
4	电气设备选择及运行操作	12
5	供电线路及运行维护	12
6	供电系统的继电保护	12
7	井下供电系统及矿用电气设备	10
8	供电安全技术	12
9	其他	6
	合计	90

全书共分八个单元，由河北能源职业技术学院张文荣主编。具体分工如下：第一单元、第三单元、第一单元至第八单元的技能训练及思考与练习由张文荣编写；第二单元课题一至课题三由陕西能源职业技术学院成洋编写；第四单元由江苏徐州机电工程高等技术学校沈兆振

编写；第五单元课题一至课题三、第五单元课题五和课题六、第六单元、第七单元课题三、第八单元课题三及课题四由煤炭科学研究院唐山分院张永宁编写；第五单元课题四由安徽矿业职业技术学院方章英编写；第七单元课题一及课题二由山西雁北煤炭工业学校郭鸿奇编写；第八单元课题一及课题二由安徽矿业职业技术学院张立编写。

编写过程中，编者参阅了国内外出版的有关教材和资源，得到了主审郭雨老师和煤矿企业技术人员的有益指导，在此一并表示衷心感谢！

由于编者水平有限，书中不妥之处在所难免，恳请读者批评指正。

编　者

目录

第一单元

矿山供电系统

【教学目标】

知识目标：

熟知电力系统组成及煤矿常用供电电压等级。

理解煤矿对供电的要求。

熟悉供电系统的接线方式。

技能目标：

能识读供电系统图。

能确定变电所的主接线方案。

课题一　电力系统基本知识

电力是现代化企业生产的主要能源。企业的电气化为生产过程的机械化和自动化创造了有利条件，现代化的煤矿生产机械无不以电能作为直接（用电动机拖动）或间接（用压气驱动）的动力，工矿企业的照明、通信、信号等场合也都离不开电能。工矿企业所需的电能绝大多数由公共电力系统供给。

一、电力系统的概念

由发电厂、电力网和电能用户组成的一个发电、输电、变配电和用电的整体，称为电力系统，如图 1-1 所示。

电力系统中的各级电压线路及其联系的变配电所，称为电力网。电力网是电力系统的重要组成部分。电力网的作用是将电能从发电厂输送并分配到电能用户。从发电厂到用户的送电过程如图 1-2 所示。

1. 发电厂

发电厂是将自然界蕴藏的多种形式的能源转换为电能的特殊工厂。发电厂的种类很多，一般根据所利用能源的不同分为火力发电厂、水力发电厂、原子能发电厂。此外，还有风力、地热、潮汐、太阳能等发电厂。

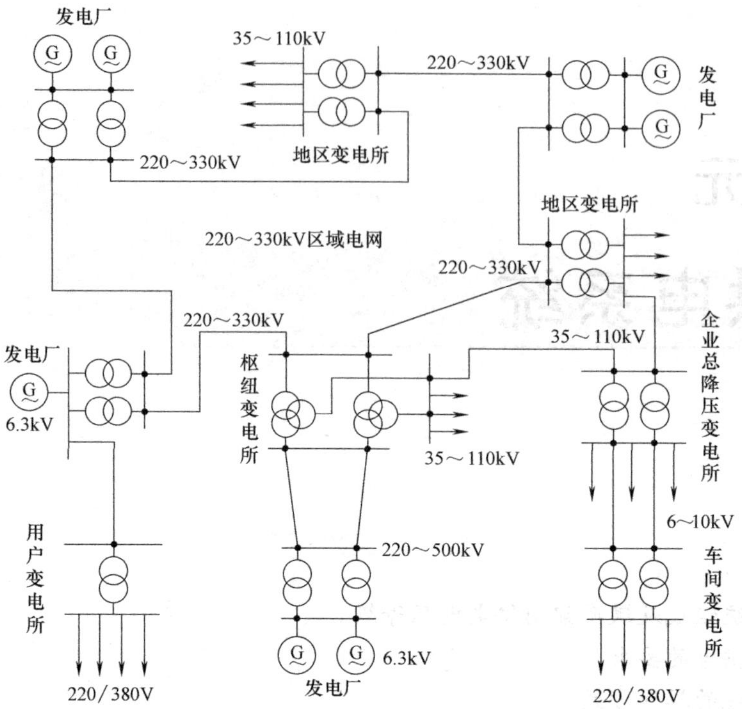

图 1-1　电力系统示意图

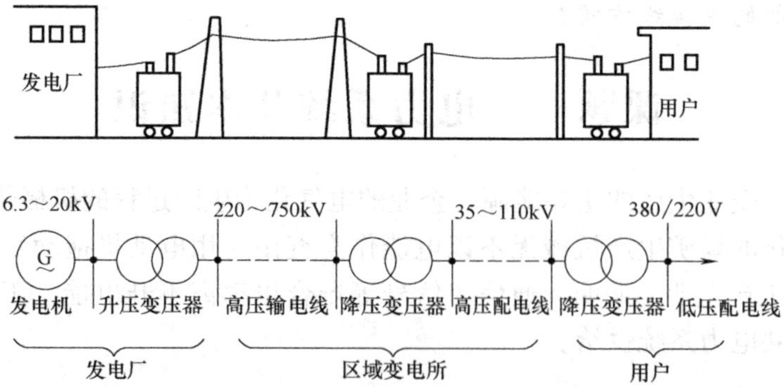

图 1-2　从发电厂到用户的送电过程示意图

2. 变配电所

变电所是接受电能、变换电压和分配电能的场所；配电所只用来接受和分配电能，不承担变换电压的任务。变电所又可分为升压变电所和降压变电所两大类。升压变电所的任务是将低电压变换为高电压，一般建在发电厂；降压变电所的任务是将高电压变换到一个合理的、降低了的低电压等级，一般建在靠近用电负荷中心的地点。厂矿变配电所一般建在厂矿内部。

3. 电力线路

由于各种类型的发电厂多建于自然资源丰富的地方，一般距电能用户较远，所以需要各种不同电压等级的电力线路，将发电厂生产的电能源源不断地输送到各电能用户。电力线路的作用是输送电能，并把发电厂、变配电所和电能用户连接起来。电力线路按电压高低分为高压线路和低压线路；按结构方式可分为架空线路和电缆线路；按传输电流的种类又可分为交流线路和直流线路。

4. 电能用户

在电力系统中，消费电能的用电设备均称为电能用户。通常说某厂矿是电能用户，实际上指的也是这个厂矿的用电设备是电能用户。

二、电力系统的电压

1. 额定电压的国家标准

额定电压是保证电气设备安全、可靠、正常运行，充分发挥效能的标准电压。电气设备都有规定的额定电压，为了便于批量生产和统一供电，国家规定了电力系统的标准额定电压等级，见表1-1。

表1-1　我国常用标准额定电压等级

电力网与电气设备的额定电压/kV		发电机额定电压/kV	变压器的额定电压/kV	
			一次绕组	二次绕组
交流	0.127	0.133	0.127	0.133
	0.22	0.23	0.22	0.23
	0.38	0.38	0.38	0.40
	3.0	3.15	3.0及3.15	3.15及3.3
	6.0	6.3	6.0及6.3	6.3及6.6
	10	10.5	10及10.5	10.5及11
	35		35	38.5
	66		66	72.6
	110		110	121
	220		220	242
	330		330	363
	500		500	550
	750		750	825

（1）电力线路的额定电压

电力线路（或电网）的额定电压等级是国家根据国民经济发展的需要及电力工业的水平经全面技术经济分析后确定的。它是确定与电力线路所连接的设备额定电压的依据。

（2）用电设备的额定电压

用电设备的额定电压规定与同级电网的额定电压相同。

（3）发电机的额定电压

发电机额定电压规定高于同级电网额定电压的5%。

（4）电力变压器的额定电压

1）电力变压器一次绕组的额定电压分为两种情况：

① 当变压器直接与发电机相连时，如图1-3所示的变压器T_1，其一次绕组额定电压应高于同级电网额定电压5%。

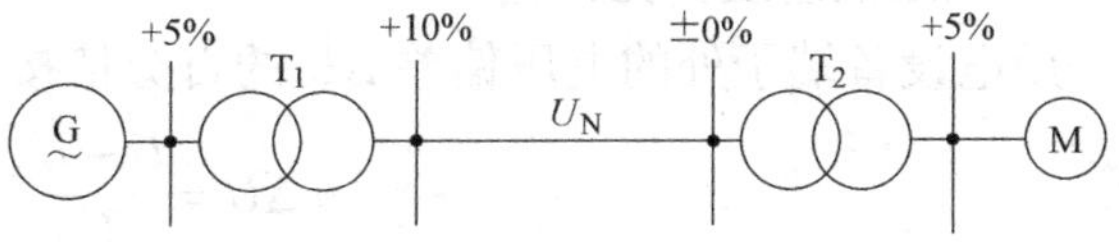

图1-3　电力变压器一、二次额定电压说明图

② 当变压器不与发电机相连而是连接在线路上时，如图1-3所示的变压器

T_2，其一次绕组额定电压应与电网额定电压相同。

2）电力变压器二次绕组的额定电压也分为两种情况：

① 变压器二次侧供电线路较长时（例如大容量的高压线路），如图 1-3 所示的变压器 T_1，其二次绕组额定电压应比相连电网额定电压高 10%。

② 变压器二次侧供电线路不长时（例如低压线路或直接供电给高压用电设备的线路），如图 1-3 中的变压器 T_2，其二次绕组额定电压只需高出所连电网额定电压 5%。

例 1-1 已知系统中线路的额定电压如图 1-4 所示，求发电机和变压器的额定电压。

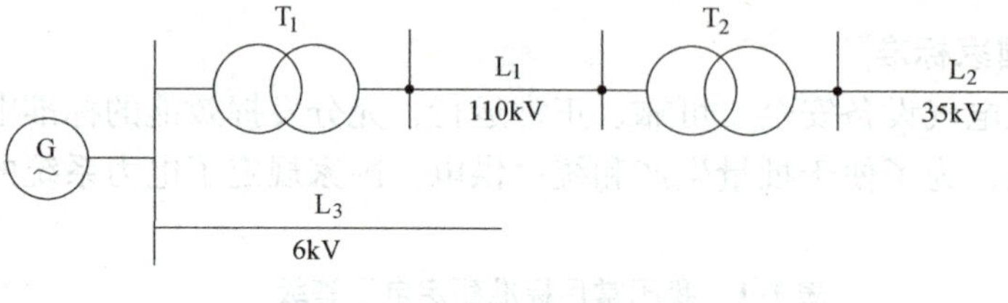

图 1-4 例 1-1 的电路图

解：发电机 G 的额定电压为 $U_{NG}=1.05U_{NL3}=1.05\times6kV=6.3kV$。

变压器 T_1： $U_{1NT}=U_{NG}=6.3kV$

$$U_{2NT}=1.1U_{NL1}=1.1\times110kV=121kV$$

所以，变压器 T_1 的额定电压为 6.3/121kV。

变压器 T_2： $U_{1NT}=U_{NL1}=110kV$

$$U_{2NT}=1.1U_{NL2}=1.1\times35kV=38.5kV$$

所以，变压器 T_2 的额定电压为 110/38.5kV。

由于煤矿生产的特殊性，除了国家规定的标准电压等级之外，还有一些煤矿专用的电压等级，见表 1-2。

表 1-2 煤矿常用电气设备额定电压等级

电流类型	电压等级/kV	用　途
交流	0.036	电气设备控制与局部照明
	0.127	井下照明、信号、手持式煤电钻
	0.38	地面照明、地面或井下低压动力设备
	0.66	井下低压动力设备
	1.14	井下综合机械化采煤设备
	3.0 或 6.0	高压电动机与配电线路
	35	煤矿供电线路
	110	大型煤矿供电线路
直流	0.11、0.22	地面变电所操作电压
	0.25、0.55	井下架线式电机车
	0.75、1.5	露天煤矿工业电机车

2. 电压偏差及其允许值

用电设备端子处的电压偏差 ΔU 的百分值按下式定义

$$\Delta U=\frac{U-U_N}{U_N}\times100\% \tag{1-1}$$

式中，U 为用电设备端电压；U_N 为用电设备额定电压。

电压偏移会影响用电设备的运行性能，必须进行限制。按照国家标准《供配电系统设计规范》(GB 50052—2009) 规定：正常运行情况下，用电设备端子处电压偏移的允许值为

1) 电动机：±5%。

2) 照明灯：一般工作场所 ±5%；在视觉要求较高的室内场所 +5%、-2.5%；在远离变电所的小面积一般工作场所，难以满足上述要求时为 +5%、-10%，如应急照明、道路照明和警卫照明等。

3) 其他无特殊规定的用电设备：±5%。

3. 电压的调整

电压调整措施如下：

(1) 正确选择无载调压型变压器的电压分接头

一般无载调压型变压器高压绕组有 U_{1N}、+5% 和 -5% 的电压分接头并装设有无载调压分接开关，如图 1-5 所示。如果设备端电压偏高，则应将分接开关换接到 +5% 的位置，以降低设备端电压。如果设备端电压偏低，则应将分接开关换接到 -5% 的位置，以升高设备端电压。保证用电设备的端电压不超过允许值。

(2) 合理减小供配电系统的阻抗

系统阻抗是造成电压偏移的主要因素之一，合理选择导线及截面积以减小系统阻抗，可在负荷变动的情况下使电压水平保持相对稳定。由于高压电缆的电抗远小于架空线，故在条件允许时，应采用电缆线路供电。

(3) 均衡安排三相负荷

在设计和用电管理中应尽量使三相负荷平衡，三相负荷分布不均匀将产生不平衡电压，从而加大了电压偏移。

(4) 合理调整供电系统的运行方式

工作班内负荷大时变压器全部投入运行，非工作班内负荷过小时可切除部分变压器。

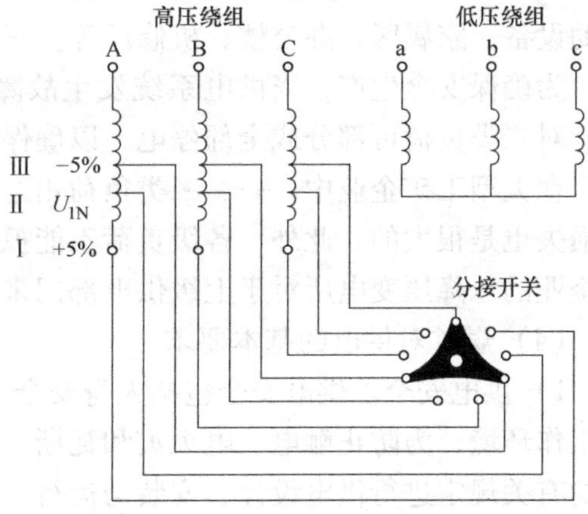

图 1-5　电力变压器的分接开关接线

(5) 采用无功功率补偿装置

由于用户存在大量的感性负荷，供电系统产生大量相位滞后的无功功率，降低功率因数，增加系统的电压降；采用并联电容器的方法可以产生相位超前的无功功率，减小了线路中的无功输送，也就减小了系统的电压降。

课题二　工矿企业供电系统

一、电力负荷及其对供电的要求

1. 电力负荷

电力负荷既可指用电设备或用电单位，也可指所有用电设备或用电单位所消耗的电功率或电流。这里的电力负荷指用电设备或用电单位。

对于某一用电单位，它所设置的用电设备包括电源线路都是电力负荷。用电设备可分为电动机、电炉、整流设备、照明电器等。对于矿山企业，异步电动机占用电设备的90%左右。

2. 电力负荷分级及其对供电的要求

电力负荷按其对供电可靠性的要求不同划分为三个等级。

（1）一类负荷

凡因突然停电可能造成人身伤亡或重要设备损坏或给生产造成重大损失的负荷为一类负荷。如主通风机、提升人员的副井提升机、井下主排水泵、高瓦斯矿井的区域通风机以及上述设备的辅助设备等。对一类负荷要求由两个独立电源供电。

（2）二类负荷

因突然停电可能造成较大经济损失的负荷为二类负荷。生产设备大多是二类负荷，如非提升人员的主提升机、压风机以及没有一类负荷的井下变电所等。对大型矿井的二类负荷，一般采用具有备用电源的供电方式。

（3）三类负荷

凡不属于一、二类负荷的用电设备均为三类负荷。三类负荷对供电无特殊要求。如生产辅助设备、家属区、办公楼、机修厂等。三类负荷可用单回线路供电，以减少设备投资。

为确保安全生产，当供电系统发生故障或检修需要限电时，对三类负荷可全部停止供电，对二类负荷可部分或全部停电，以确保对一类负荷的不间断供电。

在大型工矿企业中，一、二类负荷占总负荷的60%以上，因此即使是短时停电所造成的损失也是很大的。此外，各级负荷不能孤立地看待，一个企业中只要有一个一类负荷，则该企业的总降压变电所对于上级供电部门来说就是一类负荷。

（4）煤矿对供电的基本要求

1）供电安全。供电安全包括人身安全、矿井安全、设备安全三个方面。尤其井下的特殊工作环境，为防止触电、电火灾和瓦斯、煤尘爆炸事故，必须严格按照《煤矿安全规程》中的有关规定进行供电设计、安装与运行，严禁违章作业。

2）供电可靠。供电的可靠性是指供电系统不间断供电的可能程度。供电可靠性通常以对用户停电的时间及次数来衡量。根据负荷的重要程度，煤矿电力负荷分为三类，各类负荷对供电可靠性要求不同，采取的供电方式也不同。

3）供电优质。对于用户，良好的电能质量是指电压偏移不超过额定值的±5%，频率偏移不超过±(0.2～0.5)Hz，正弦交流的波形畸变极限值在3%～5%的允许范围之内。在电能的质量指标中，频率的质量是由发电厂保证的，其余两项指标都可以在供电部门和用户的共同努力下，采用各种技术措施加以改善并达到允许范围之内。

4）供电经济。供电经济是指矿井供电系统的投资、电能损耗及维护综合费用尽量少。但是必须在满足上述三个要求的前提下，尽量保证供电的经济性。

二、供电系统的接线

工矿企业的供电系统是由各级变电所和不同电压等级的电力线路按照一定的接线方式连接组成的。

1. 电力网的接线

电力网由变电所及各种不同电压等级的输电、配电线路组成。

电力网的作用是输电、配电。

（1）放射式接线

放射式接线是指从变电所母线向各用户分别引出专用线路，直接向用户供电，如图 1-6 所示。

放射式接线的优点是供电线路相互独立、线路运行互不影响；缺点是电源出线回路多、设备用量大、投资大。

（2）干线式接线（也称树干式接线）

干线式接线是指从变电所母线引出一回供电干线，沿着干线分接一般不超过 5 个用户，如图 1-7 所示。干线式接线的优点是电源出线回路少、供电线路总长度短、投资较小；缺点是干线故障或检修将导致全部用户断电。

（3）环式接线

环式接线实质上是两端供电的树干式接线，如图 1-8 所示。环式接线有开环运行和闭环运行两种运行方式。

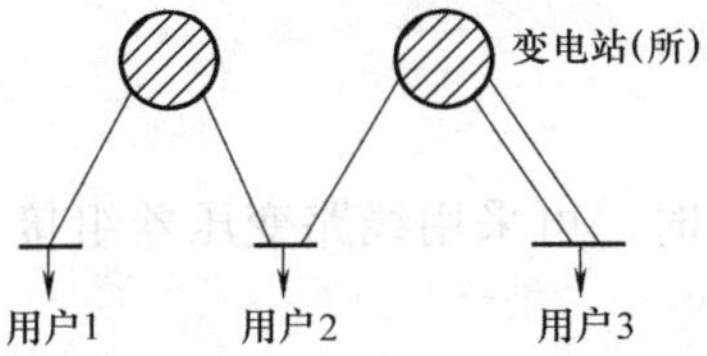

图 1-6　放射式接线示意图

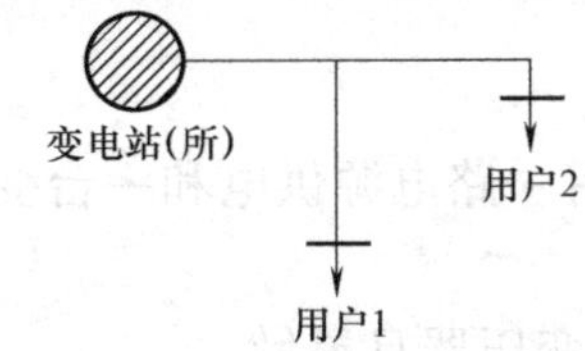

图 1-7　干线式电网接线示意图

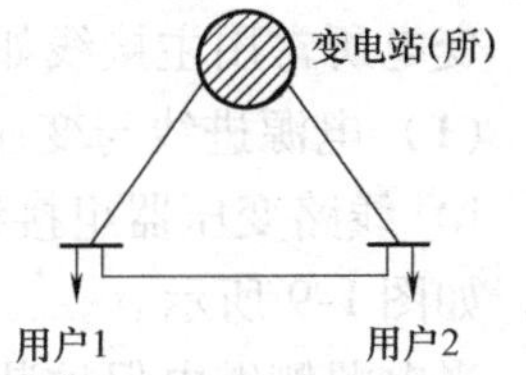

图 1-8　环式接线示意图

开环运行是将环路中用户之间的联络线断开，两路电源各带一部分负荷运行；闭环运行是将环路中用户之间的联络线接通，各用户由两路电源共同供电。

2. 变电所常用主接线

变电所的电气主接线针对担负接受、分配电能和变换电压任务的各种电气设备之间的连接关系而言。

变电所常用电气设备文字符号和图形符号见表 1-3。

表 1-3　变电所常用电气设备文字符号和图形符号

设备名称及文字符号	图形符号	设备名称及文字符号	图形符号
交流发电机 G		断路器 QF	
双绕组变压器	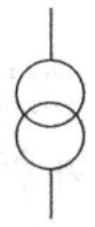	隔离开关 QS	
三绕组变压器	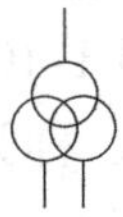	负荷开关 QS	

（续）

设备名称及文字符号	图形符号	设备名称及文字符号	图形符号
熔断器 FU	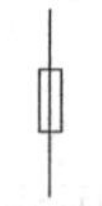	电抗器 L	
熔断器式负荷开关 Q	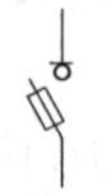	电容器 C	
跌落式熔断器 FU	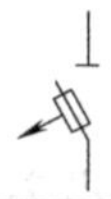	母线及引出线 W（WB）	形式1 形式2 
电流互感器 TA	形式1 形式2 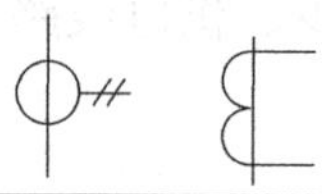	架空线路 W（WL）	
避雷器 F	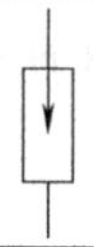	电缆终端头 X	

变电所常用主接线如下：

（1）电源进线与变压器的接线

1）线路变压器组接线。当只有一路电源供电和一台变压器时，可采用线路变压器组接线，如图 1-9 所示。

当电源侧继电保护装置能保护变压器且灵敏度满足要求时，变压器高压侧可只装设隔离开关。

当变压器高压侧短路容量不超过高压熔断器断流容量，而又允许采用高压熔断器保护变压器时，变压器高压侧可装设跌落式熔断器（或熔断器式负荷开关）。

一般情况下，在变压器高压侧装设隔离开关和断路器。

线路变压器组接线的优点是接线简单、所用电气设备少、节约了建设投资；缺点是该单元中任一设备发生故障或检修时，变电所全部停电，可靠性不高；适用于小容量三级负荷。

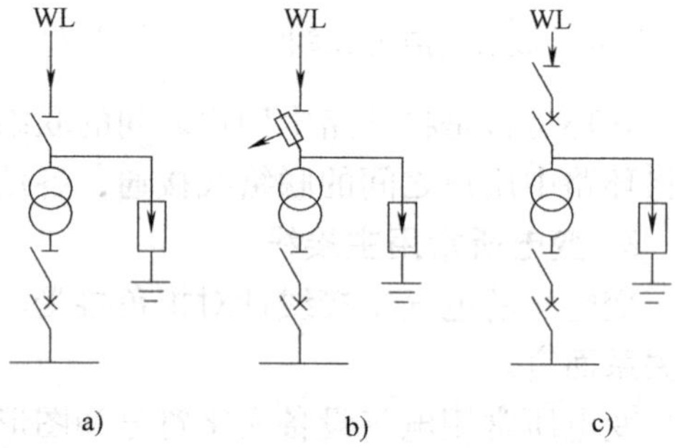

图 1-9　线路变压器组接线

a）进线开关为隔离开关　b）进线开关为跌落式熔断器　c）进线开关为隔离开关-断路器

2）桥式接线。桥式接线是指在两路电源进线和两台变压器连接时，两路电源进线之间跨接一个断路器，犹如一座桥。桥式接线有内桥接线、外桥接线、全桥接线。若“桥”跨在进线断路器的内侧，靠近变压器，称为内桥式接线，如图 1-10a 所示。若“桥”跨在进线断路器的外侧，靠近电源侧，称为外桥式接线，如图 1-10b 所示。若“桥”在电源进线一组断路器的内侧，又在电源进线另一组断路器的外侧，称为全桥接线，如图 1-10c 所示。

桥式接线的特点是接线简单、经济、可靠性高、安全、灵活。

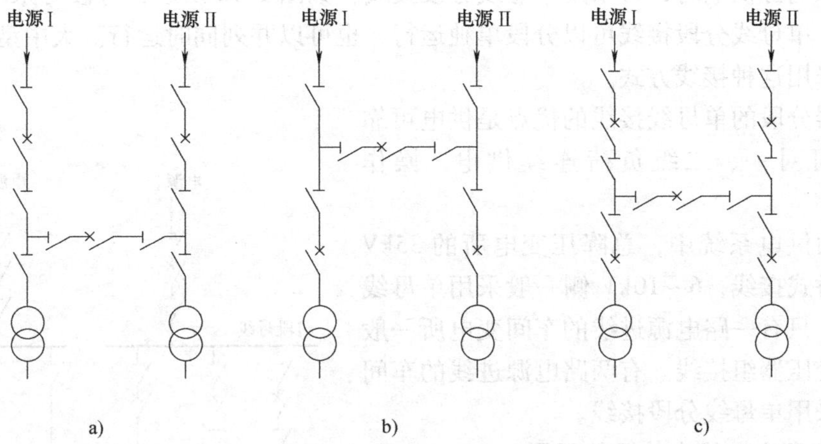

图 1-10　桥式接线
a）内桥　b）外桥　c）全桥

适用范围：对 35kV 及以上总降压变电所，有两路电源供电及两台变压器时，一般采用桥式接线。

内桥接线的优点是设备投资与占地面积比全桥接线少，切换线路方便；其缺点是切换变压器不方便。因此，内桥接线适用于电源线路长、线路故障可能性大、变压器负荷较平稳且切换次数少的变电所。

外桥接线的优点是设备投资与占地面积比内桥接线还少，切换变压器方便，易于过渡到全桥接线；其缺点是切换线路不方便。因此，外桥接线适用于电源线路短、线路故障可能性小、变压器负荷变化较大且需经常切换的变电所。

全桥接线的优点是切换线路和变压器都方便，运行灵活。其缺点是设备投资多、占用面积大。全桥接线适用于负荷大、运行要求高、线路和变压器均需经常切换的变电所。

（2）母线的接线

母线又称汇流排，用于汇集和分配电能。母线的接线形式主要有单母线接线和单母线分段接线。

1）单母线接线。母线是一段用来分支线路的导体，通常安装于配电装置的上部。母线涂成黄、绿、红三色，分别代表 A、B、C 三相。一个电源通过母线可以向多个用户配电。当只有一路电源进线时，常用这种接线，如图 1-11 所示。

优点：接线简单清晰、使用设备少、经济性比较好。由于接线简单，操作人员发生误操作的可能性小。

缺点：可靠性和灵活性差。当母线或母线侧隔离开关发生故障或进行检修时，必须断开供电电源，造成全部用户供电中断。

适用范围：可用于对供电连续性要求不高的三级负荷用户或有备用电源的二级负荷用户。

2）单母线分段接线。单母线分段接线变压器高压侧、低压侧都可采用。

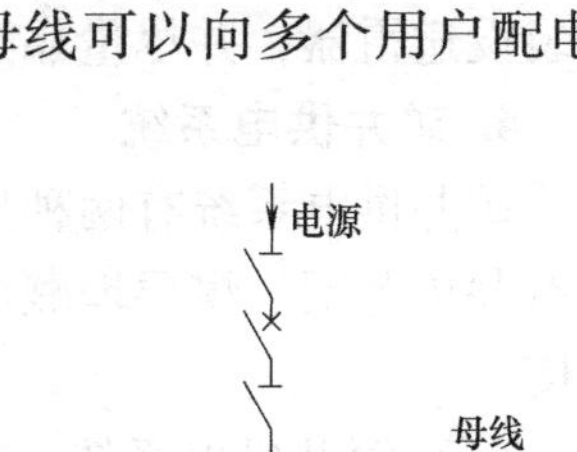

图 1-11　单母线接线

当有双电源供电时，常采用单母线分段接线，如图 1-12 所示，分段可采用隔离开关-断路器分段。单母线分段接线可以分段单独运行，也可以并列同时运行。大中型工矿企业变电所母线多采用这种接线方式。

断路器分段的单母线接线的优点是供电可靠性较高，可对一、二级负荷连续供电，操作灵活。

在矿山供电系统中，总降压变电所的 35kV 侧多采用桥式接线，6～10kV 侧一般采用单母线分段接线；只有一路电源进线的车间变电所一般采用线路变压器组接线。有两路电源进线的车间变电所多采用单母线分段接线。

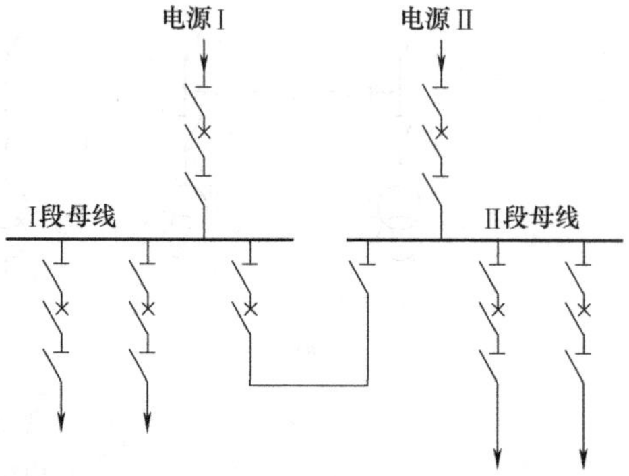

图 1-12　单母线分段接线

3. 变电所主接线中的设备配置

（1）开关的配置

对容量较小或不重要的负荷，可采用负荷开关和熔断器作线路开关。对容量较大或重要的负荷，应采用断路器作线路开关。断路器的电源侧应装设隔离开关，用于在断路器和线路检修时隔离电源，确保检修人员的安全。对于检修时有反向送电可能的回路，断路器的负荷侧应装设隔离开关，以防止检修时来自负荷侧的反向送电。

（2）电压互感器的配置

电压互感器的配置应满足测量、保护、自动装置的要求。一般每组母线的每一相均应装设电压互感器；当需要监视和检测线路侧电压时，线路侧也应装设电压互感器；当 10kV 及以下出线回路较多时，母线应装设供绝缘检测用的电压互感器。

（3）电流互感器的配置

装设断路器的回路均应装设电流互感器，其数量应满足测量仪表、保护、自动装置的要求。

（4）避雷器的配置

电源进线为架空线的变压器高压侧应装设避雷器，以防雷电波入侵。每组高压母线一般应装设避雷器，并尽量靠近变压器。

4. 矿井供电系统

矿井供电系统有两种形式：深井供电系统和浅井供电系统。决定矿井供电系统的主要因素有井田范围、煤层埋藏深度、矿井年产量、开采方式、井下涌水量、开采机械化和电气化程度。

（1）深井供电系统

煤层埋藏深、井下负荷大、涌水量大时，采用深井供电系统，如图 1-13 所示。

深井供电系统由地面总降压变电所 6～10kV 母线引出高压电缆经井筒送至井下中央变电所，然后高压电缆由井下中央变电所引出，沿巷道敷设送至井下各高压用电设备和采区变电所，形成“地面总降压变电所→井下中央变电所→采区变电所→工作面配电点”的四级供电系统。井底车场附近的低压用电设备由井下中央变电所的变压器供电；采区内的低压用

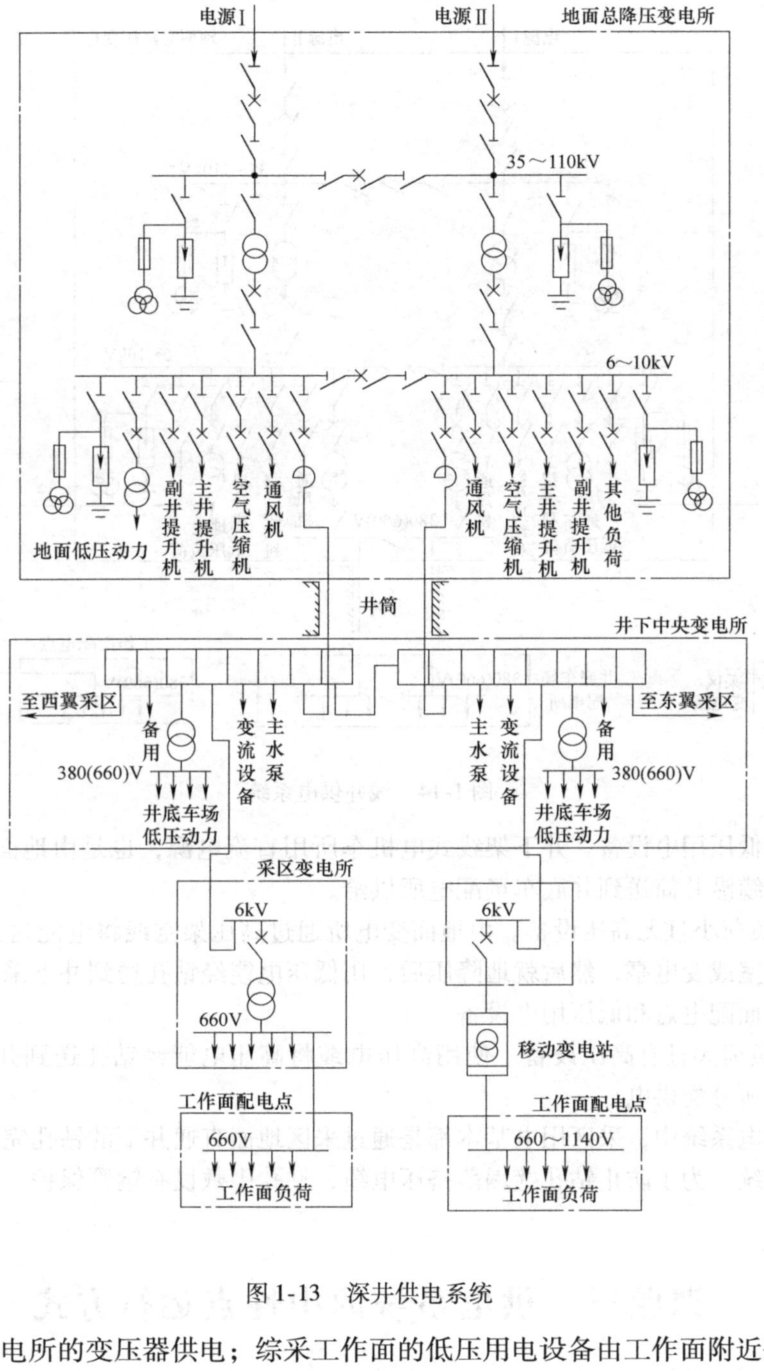

图1-13　深井供电系统

电设备由采区变电所的变压器供电；综采工作面的低压用电设备由工作面附近平巷的移动变电站供电，移动变电站的高压电源取自采区变电所。

（2）浅井供电系统

煤层埋藏浅（一般距地表100～200m）、井田范围大、井下负荷不大、涌水量小的矿井采用浅井供电系统，如图1-14所示。浅井供电系统的特征是两级供电。浅井供电主要有以下三种方式：

1）井底车场及附近低压用电。地面降压后，由低压电缆通过井筒送到井底车场配电

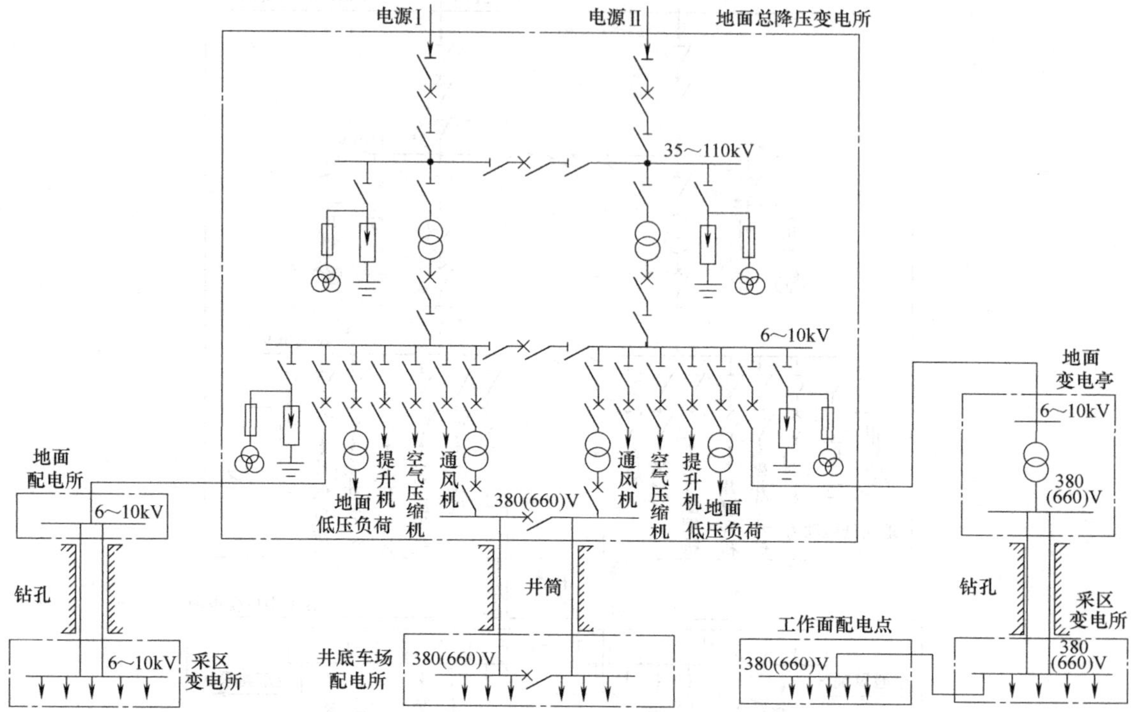

图 1-14　浅井供电系统

所，再分配给低压用电设备。井下架线式电机车所用直流电源，也是由地面变电所整流后，将直流电用电缆沿井筒送到井底车场配电所供给。

2）采区负荷小且无高压设备。由地面变电所通过高压架空线将电能送到采区工作面的地面上的变电室或变电亭，然后就地降压后，用低压电缆经钻孔送到井下采区配电所，再由其分配给工作面配电点和低压用电设备。

3）采区负荷大且有高压设备。使用高压电缆将高压电能经钻孔送到井下采区变电所，再由采区变电所分配供电。

在浅井供电系统中，采区用电基本都是通过采区地面直通井下的钻孔完成的，所以也称为钻孔供电系统。为了防止钻孔壁塌落挤压电缆，钻孔中敷设有钢管保护，电缆穿过钢管送到井下采区。

课题三　供电系统的中性点运行方式

供电系统的中性点运行方式指星形联结的三相电源的中性点与大地之间的连接方式。三相系统的中性点运行方式与供电可靠性、工作要求和设备制造的绝缘水平紧密联系。供电系统的中性点有三种运行方式，即中性点不接地方式、中性点经消弧线圈接地方式、中性点直接接地方式，不同的中性点运行方式有着不同的特点和适用范围。

1. 中性点不接地的电力系统

正常运行时（见图 1-15），三相线电压对称，三相相电压对称，三相对地电容电流对称。

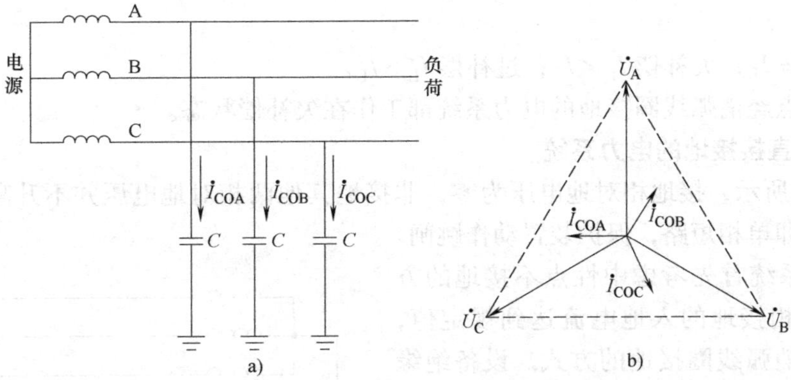

图 1-15　正常运行时中性点不接地的电力系统

a）电路图　b）向量图

当系统发生一相导线直接接地故障时，图 1-16 中的 C 相导线接地，则该相导线对地电压为零，非故障的两相导线对地电压上升为三相系统的线电压，为正常相对地电压的$\sqrt{3}$倍。

单相接地电流为正常对地电流的 3 倍。

I_E 的估算为

$$I_E=\frac{U_N(l_{oh}+35l_{cab})}{350} \tag{1-2}$$

式中　I_E——单相接地电流（A）；

U_N——系统额定电压（kV）；

l_{oh}——系统架空线总长度（km）；

l_{cab}——系统电缆总长度（km）。

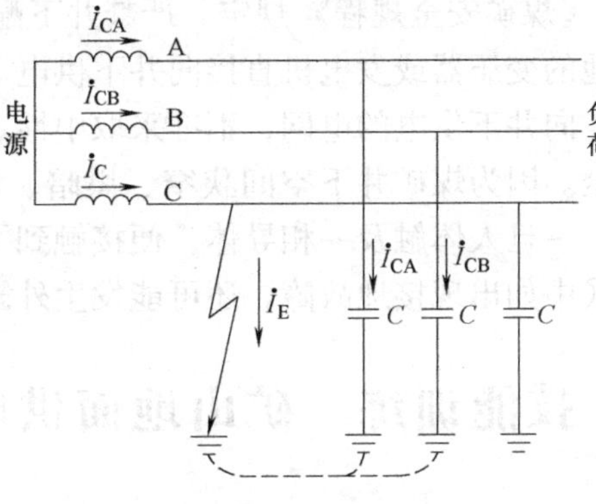

图 1-16　一相接地时的中性点不接地的电力系统

在中性点不接地系统中，当单相接地电流超过一定限度（3～10kV 电网约为 30A，35kV 电网约为 10A），接地点会产生断续电弧。为了消除电弧的产生，对接地电流超过一定限度的电网，不宜采用中性点不接地的运行方式，而应采用中性点经消弧线圈接地的运行方式。

2. 中性点经消弧线圈接地的电力系统

如图 1-17 所示，消弧线圈 L 是可调的带有铁心的线圈，其电阻很小，感抗很大。

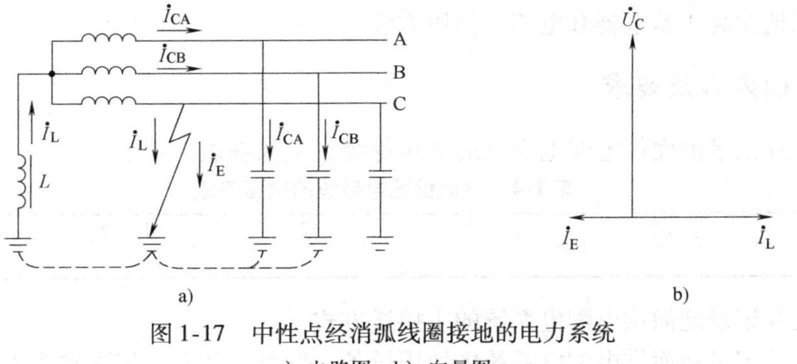

图 1-17　中性点经消弧线圈接地的电力系统

a）电路图　b）向量图

正常运行同中性点不接地系统，单相接地时，除消弧线圈有电流外其他同中性点不接地系统。

全补偿 $I_L = I_E$；欠补偿 $I_L < I_E$；过补偿 $I_L > I_E$。

通常中性点经消弧线圈接地的电力系统都工作在欠补偿状态。

3. 中性点直接接地的电力系统

如图 1-18 所示，接地相对地电压为零，非接地其他两相对地电压并不升高，仍为相电压，单相接地即单相短路，保护装置动作跳闸。

3～66kV 系统首先考虑中性点不接地的方式，当发生单相接地的入地电流达到规定值，采用中性点经消弧线圈接地的方式。设备绝缘按线电压设计，单相接地可短时运行 2h。

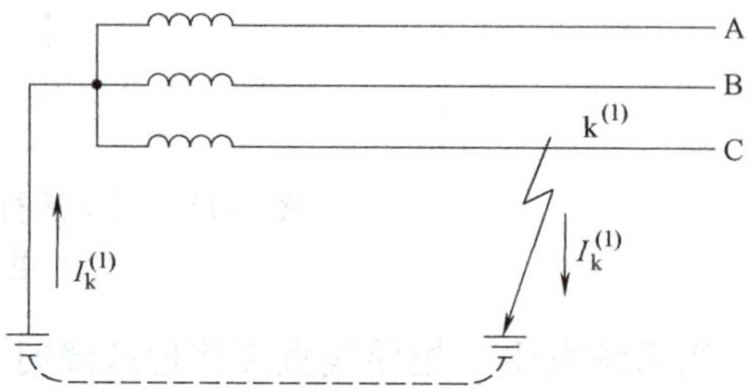

图 1-18　中性点直接接地的电力系统

在我国，110kV 及以上系统采用中性点直接接地方式，设备绝缘按相电压设计，单相接地跳闸停电，采用重合闸提高可靠性。

对于 380/220V 低压动力与照明电网，也采用中性点直接接地方式。

《煤矿安全规程》规定，严禁井下配电变压器中性点直接接地，严禁由地面中性点直接接地的变压器或发电机直接向井下供电。

向井下供电的电网，不准采取中性点接地方式运行的主要原因是为了保证人身和矿井的安全。因为煤矿井下空间狭窄、黑暗、潮湿，并有瓦斯和煤尘，若使用中性点直接接地方式，一旦人体触及一相导体，便接触到了相电压，有致命的危险。同时，在中性点直接接地方式中如出现接地故障，还可能发生外露的电火花，有点燃瓦斯和煤尘的危险。

技能训练　矿山地面供电系统的结构、组成和运行认知

一、实训目的

1）了解矿井地面供电系统、电压等级。

2）熟悉矿井地面供电系统的接线方式、供配电设备。

3）熟悉三相功率表、电能表的使用和读数方法。

4）熟悉地面高压验电器和电笔的使用方法。

二、实训内容及要求

1）参观并记录地面供电配电系统的电压等级，记录在表 1-4 中。

表 1-4　地面供配电系统的电压等级

	进线 1	进线 2	出线 1	出线 2	出线 3
电压等级					

2）参观并记录地面供电配电系统的主接线方式。

3）参观并记录地面供电配电系统中使用设备、型号、特点，记录在表 1-5 中。

表 1-5　地面供配电系统中使用的设备

	型号	电压	电流	备注
进线电缆				
母　线				
配电柜 1				
配电柜 2				
电能表				
功率补偿器				
变压器				
出线电缆 1				
出线电缆 2				

4）绘制地面供电系统图。

5）聆听变电所人员介绍地面供电配电系统的基本知识。

三、注意事项

1）地面变电所是重要的场所，要听从变电所管理人员的指挥。

2）不能乱摸、乱动变电所的设备。

3）遵守变电所管理制度。

四、实训报告要求

1）绘制矿井地面变电所的供配电系统图，并标出接线方式和各电压等级。

2）指出变电所主接线方式的优、缺点。

思考与练习

1-1　矿山企业对供电有哪些基本要求？

1-2　煤矿企业常用的电压等级有哪些？

1-3　矿山电力负荷共分几类？它们分类的依据是什么？它们对供电可靠性各有什么要求？

1-4　电力系统由哪几部分组成？

1-5　电力系统中性点的运行方式有哪些？各适用于什么场合？

1-6　矿井变电所的主接线方案有哪几种？

1-7　深井供电系统和浅井供电系统的特点是什么？各适用于什么条件？

1-8　浅井供电系统中当采区负荷较大或有高压用电设备时应如何供电？

1-9　确定图 1-19 所示的供电系统中变压器 T_1 和线路 L_1、L_2 的额定电压。

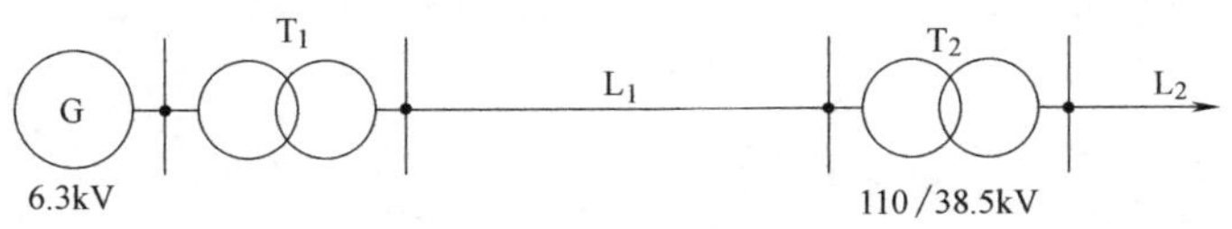

图 1-19　练习题 9 的供电系统

1-10 确定图 1-20 所示供电系统中发电机和各变压器的额定电压。

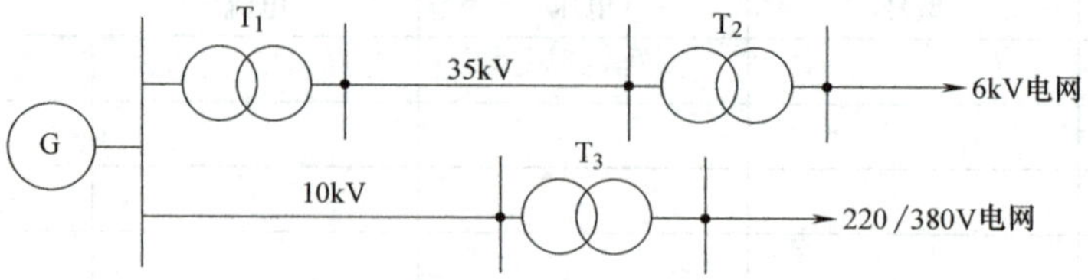

图 1-20 练习题 10 的供电系统

1-11 某 10kV 电网，架空线路总长度 70km，电缆线路总长度 15km。试求此中性点不接地的电力系统发生单相接地故障时的接地电流，并判断该系统的中性点是否需要改为经消弧线圈接地。

第二单元

负荷计算

【教学目标】

知识目标：

分析各种工作制下的设备容量，利用需用系数法进行负荷统计计算。

掌握提高功率因数的方法，包括提高负荷的自然功率因数的方法和人工补偿提高功率因数的方法。

掌握变压器的选择原则。

技能目标：

能进行负荷统计与负荷计算。

能制定提高自然功率因数的方案、能够确定补偿电容器的接线方式及电容器的补偿容量。

能够确定变压器的型号、台数、容量。

课题一　工矿企业负荷计算

一、负荷曲线

工矿企业的用电负荷不是一个固定不变的数值。在运行过程中，用电设备的接入与退出有其偶然性，从而在不同时刻负荷大小也不尽相同。用电负荷受生产工况及工作班次等因素影响。如果把运行的电气设备组每隔半个小时有功功率表的读数（平均值）记录下来，并画成曲线（时间为横坐标，负荷值为纵坐标），这种负荷随时间变化的规律曲线叫作负荷曲线。负荷曲线可分为有功负荷曲线、无功负荷曲线、视在负荷曲线等。

负荷曲线是根据持续半个小时的平均负荷值绘制的。为什么规定取半个小时的平均负荷呢？这是因为一般 16mm^2 以上的导线，其发热时间常数 θ 在 10min 以上，时间很短暂的尖峰负荷，不是造成导线发热到达最高温度的主要矛盾。实验表明，导线达到稳定温升的时间约为 $3\theta = 3\times10\text{min} = 30\text{min}$。即持续时间在 30min 以上的负荷值，才有可能构成导体的最大温升。

有功功率日负荷曲线，反映一天 24h 内有功负荷的变化规律。取一天中各个小时平均

（或者是各个整点时刻）负荷的数值。日负荷有功功率随时间的变化曲线常表示为两种形式，逐点连成的连续型负荷曲线和阶梯形负荷曲线，如图 2-1 所示。

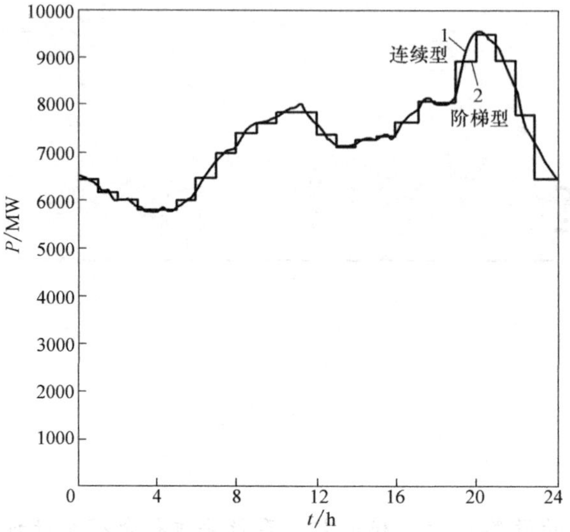

图 2-1　有功功率日负荷曲线

年持续负荷曲线由一年中的系统负荷按照数值大小及其持续小时数顺序排列而成，如图 2-2 所示。

由该曲线可以确定系统用电设备全年的用电量为

$$W_y = \int_0^{8760} P\mathrm{d}t \tag{2-1}$$

如果负荷始终等于 P_{max}，经过时间 T_{max} 后，所用的电能恰等于负荷全年实际用电量 W_y，即 $W_y = P_{max}T_{max}$，那么便称 T_{max} 为最大负荷利用小时数，即

$$T_{max} = \frac{W_y}{P_{max}} = \frac{\int_0^{8760} P\mathrm{d}t}{P_{max}} \tag{2-2}$$

不同行业 T_{max} 也不同，如一班制企业为 3000h 以下；两班制企业为 3000～5000h；三班制企业为 5000h 以上。

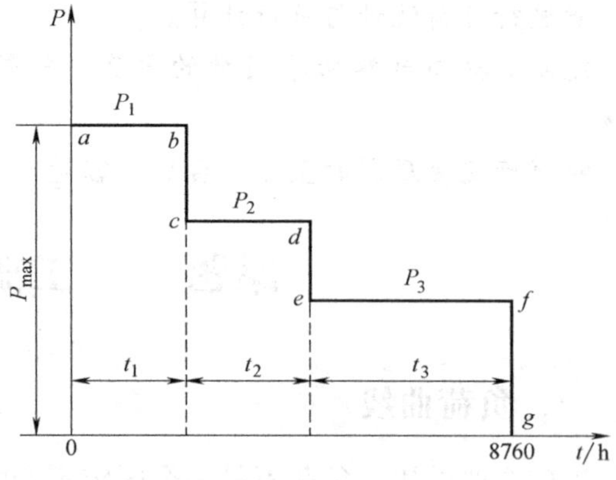

图 2-2　年持续负荷曲线

二、计算负荷的确定

1. 基本概念

（1）额定功率（P_N）

电气设备的额定功率是其铭牌标称功率，是设备在额定条件（额定电压和适当的绝缘材料等）下的允许输出功率，设备在此功率下长期运行时温升不会超出规定的允许值。

（2）设备容量（P_e）

设备容量也称设备功率、安装容量或安装功率，它与用电设备的额定功率是两个不同的概念，两者在数值上可能相等，也可能不等。设备安装功率是指设备在统一的标准工作制下的功率，当铭牌上标注的暂载率（负载持续率）与标准暂载率不相等时，需要把铭牌标称的额定功率换算成标准暂载率条件下的功率。

（3）电气设备的工作制与暂载率

电气设备的工作制分为连续、短时和断续三种。

1）连续工作制。连续工作制又称连续运行工作制或长期工作制，是指电气设备在规定的环境温度下运行，能够达到稳定的温升，但设备的任何部分的温度和温升均不超过允许值。其特点是设备长时连续运行，且负荷比较稳定，如通风机、压风机、水泵、电炉、照明灯等。连续工作制电动机的设备容量等于其铭牌标称额定功率（如自动扶梯），即 $P_e = P_N$。

2）短时工作制。短时工作制是指电气设备的运行时间短而停歇时间长，且在工作时间内的发热量不足以达到稳定的温升，而在停歇时间内能够冷却到环境温度，如车床上的进给电动机、小绞车、电动闸门等。短时工作制电动机的设备容量也等于其铭牌标称额定功率，即 $P_e = P_N$。

3）断续工作制。断续工作制是指电气设备以断续方式反复周期性的进行工作，工作时间（t_g）与停歇时间（t_r）交替重复进行。断续周期性工作的电气设备的特性用暂载率（负载持续率）表征。断续周期工作制电动机（如起重机用电动机、电焊类设备）的设备容量是指将额定功率换算为统一负载持续率下的有功功率。

（4）暂载率

暂载率用以表征断续工作制电气设备的工作特性，暂载率定义为

$$\varepsilon = \frac{t_g}{t_g + t_r} \times 100\% \tag{2-3}$$

式中　t_g——工作时间；

　　　t_r——停歇时间。

国家标准规定一个工作周期 $t_g + t_r$ 为 10min。起重专用电动机的额定暂载率有 15%、25%、40%、60% 四种；电焊设备的额定暂载率有 50%、65%、75%、100% 四种。

起重运输类设备换算到暂载率 $\varepsilon = 25\%$ 下的额定功率为

$$P_e = P_{N\varepsilon}\sqrt{\frac{\varepsilon_N}{\varepsilon}} = P_{N\varepsilon}\sqrt{\frac{\varepsilon_N}{25\%}} = 2P_{N\varepsilon}\sqrt{\varepsilon_N} \tag{2-4}$$

对于电焊类设备，换算到暂载率 $\varepsilon = 100\%$ 下的额定功率为

$$P_e = P_{N\varepsilon}\sqrt{\frac{\varepsilon_N}{\varepsilon}} = P_{N\varepsilon}\sqrt{\frac{\varepsilon_N}{100\%}} = P_{N\varepsilon}\sqrt{\varepsilon_N} = S_{N\varepsilon}\cos\varphi_N\sqrt{\varepsilon_N} \tag{2-5}$$

2. 计算负荷的确定

负荷计算是供配电系统设计的基础，一般需要计算设备容量、有功功率、无功功率、视在功率、计算电流等。其目的主要是为设备、导线和保护装置的选择等提供计算依据。

（1）计算负荷

计算负荷是个假定等效的持续性负荷，其热效应与同一时间内实际的不一定恒稳的负荷所产生的最大热效应相等。在配电设计中，通常采用能让中小截面积导体达到稳定温升的时间段（30min）的最大平均负荷作为按发热条件选择配电变压器、导体及相关电器的依据，

并用来计算电压损失和功率消耗及无功功率补偿的计算依据。

（2）负荷计算的方法

负荷计算的方法有需用系数法、二项式法等。不同的计算方法都有各自的适用范围，应根据不同的情况选用不同的计算方法。

在初步设计及施工图阶段宜采用需用系数法；当用电设备数量较多，且不同设备间容量相差不太大时，宜采用需用系数法，比如配电干线及配变电所的负荷计算等。用电设备数量较少，且不同设备间容量相差悬殊时，宜采用二项式法，一般用于支干线和配电箱（柜）的负荷计算。

需用系数法是最常用的负荷计算的方法。本单元以需用系数法为例进行负荷计算的介绍。

需用系数为用电设备的实际负荷总容量与其额定总容量的百分比值，用 K_{de} 表示。需用系数是在一定的条件下，根据统计方法得出的，它与用电设备的工作性质、设备效率、设备数量、线路效率以及生产组织和工艺设计等诸多因素有关。将这些因素综合为一个用于计算的系数，即需用系数，有时也称为需要系数。用电设备组的需用系数见表 2-1、表 2-2。显然，对于不同的用电设备组，用电负荷的需用系数也不相同。需用系数法是根据用电设备的容量和需用系数，计算实际负荷的方法。用需用系数法进行负荷计算的步骤如下：

1）单台用电设备的计算负荷。单台用电设备的计算负荷为

$$P_{ca}=K_{de}P_{n} \tag{2-6}$$

$$Q_{ca}=P_{ca}\tan\varphi \tag{2-7}$$

式中 K_{de}——单台用电设备的需用系数，取 1；

P_{n}——单台用电设备的设备功率（kW）；

P_{ca}——单台用电设备的有功计算负荷（kW）；

Q_{ca}——单台用电设备的无功计算负荷（kvar）；

$\tan\varphi$——单台用电设备的功率因数对应的正切值。

2）成组用电设备的计算负荷。成组用电设备的计算负荷为

$$P_{ca}=K_{de}\sum P_{n} \tag{2-8}$$

$$Q_{ca}=P_{ca}\tan\varphi \tag{2-9}$$

$$S_{ca}=\sqrt{P_{ca}^{2}+Q_{ca}^{2}} \tag{2-10}$$

$$\cos\varphi_{wn}=\frac{P_{1}\cos\varphi_{1}+P_{2}\cos\varphi_{2}+\cdots+P_{n}\cos\varphi_{n}}{P_{1}+P_{2}+\cdots+P_{n}} \tag{2-11}$$

式中 K_{de}——单台用电设备的需用系数，可查表 2-1；

$\sum P_{n}$——用电设备组的设备功率（kW）；

P_{ca}——用电设备组的有功计算负荷（kW）；

Q_{ca}——用电设备组的无功计算负荷（kvar）；

S_{ca}——用电设备组的视在计算负荷（kV · A）；

$\tan\varphi$——用电设备组的功率因数对应的正切值；

$\cos\varphi_{wn}$——用电设备组的加权平均功率因数，可查表 2-1，近似于表 2-1 中的 $\cos\varphi$。

表 2-1　用电设备组的 K_{de}、$\cos\varphi$ 及 $\tan\varphi$

用电设备组名称	K_{de}	$\cos\varphi$	$\tan\varphi$
单独传动的金属加工机床			
小批生产的金属冷加工机床	0.16～0.20	0.50	1.73
大批生产的金属冷加工机床	0.18～0.25	0.50	1.73
小批生产的金属热加工机床	0.25～0.3	0.55～0.60	1.51～1.33
大批生产的金属热加工机床	0.3～0.35	0.65	1.17
锻锤、压床、剪床及其他锻工机械	0.25	0.60	1.33
木工机械	0.20～0.30	0.50～0.60	1.73～1.33
液压机	0.30	0.60	1.33
生产用通风机	0.75～0.85	0.80～0.85	0.75～0.62
卫生用通风机	0.65～0.70	0.80	0.75
球磨机、破碎机、筛选机、搅拌机等	0.75～0.85	0.80～0.85	0.75～0.62
电阻炉(带调压器或变压器)			
非自动装料	0.60～0.70	0.95～0.98	0.33～0.20
自动装料	0.70～0.80	0.95～0.98	0.33～0.20
干燥箱、加热器等	0.40～0.60	1.00	0
工频感应电炉(不带无功补偿装置)	0.80	0.35	2.68
高频感应电炉(不带无功补偿装置)	0.80	0.60	1.33
焊接和加热用高频加热设备	0.50～0.65	0.70	1.02
熔炼用高频加热设备	0.80～0.85	0.80～0.85	0.75～0.62
表面淬火电炉(带无功补偿装置)			
真空管振荡器	0.80	0.85	0.62
中频电炉(中频机组)	0.65～0.75	0.80	0.75
氢气炉(带调压器或变压器)	0.40～0.50	0.85～0.90	0.62～0.48
真空炉(带调压器或变压器)	0.55～0.65	0.85～0.90	0.62～0.48
电弧炼钢炉变压器	0.90	0.85	0.62
电弧炼钢炉的辅助设备	0.15	0.50	1.73
点焊机、缝焊机	0.35	0.60	1.33
对焊机	0.35	0.70	1.02
自动弧焊变压器	0.50	0.50	1.73
单头手动弧焊变压器	0.35	0.35	2.68
多头手动弧焊变压器	0.40	0.35	2.68
单头直流弧焊机	0.35	0.60	1.33
多头直流弧焊机	0.70	0.70	1.02
金属、机修、装配车间、锅炉房用起重机($\varepsilon=25\%$)	0.10～0.15	0.5	1.73

（续）

用电设备组名称	K_{de}	$\cos\varphi$	$\tan\varphi$
表面淬火电炉(带无功补偿装置)			
铸造车间起重机($\varepsilon=25\%$)	0.15~0.30	0.5	1.73
联锁的连续运输机械	0.65	0.75	0.88
非联锁的连续运输机械	0.50~0.60	0.75	0.88
一般工业用硅整流装置	0.50	0.70	1.02
电镀用硅整流装置	0.50	0.75	0.88
电解用硅整流装置	0.70	0.80	0.75
红外线干燥设备	0.85~0.90	1.00	0
电火花加装置	0.50	0.60	1.33
超声波装置	0.70	0.70	1.02
X光设备	0.30	0.55	1.52
电子计算机主机	0.60~0.70	0.80	0.75
电子计算机外部设备	0.40~0.50	0.50	1.73
试验设备(电热为主)	0.20~0.40	0.80	0.75
试验设备(仪表为主)	0.15~0.20	0.70	1.02
磁粉探伤机	0.20	0.40	2.29
铁屑加工机械	0.40	0.75	0.88
排气台	0.50~0.60	0.90	0.48
老炼台	0.60~0.70	0.70	1.02
陶瓷隧道窑	0.80~0.90	0.95	0.33
拉单晶炉	0.70~0.75	0.90	0.48
赋能腐蚀设备	0.60	0.93	0.40
真空浸渍设备	0.70	0.95	0.33

煤矿各组用电设备的需用系数和加权平均功率因数可查表2-2。

表2-2　煤矿各组用电设备的需用系数和加权平均功率因数

用电设备名称	K_{de}	$\cos\varphi$	备注
压风机房主电动机	0.8~0.85	0.8~0.85	同步机时一般 $\cos\varphi$ 为0.9超前
斜井胶带提升机	0.75	0.7	
地面综合运输	0.7	0.7	
储煤场	0.06~0.65	0.7	
绞车房辅助设备	0.7	0.7	
锅炉房	0.6~0.7	0.65~0.7	
空气加热房	0.75~0.8	0.8	
日用及消防水泵房	0.7~0.75	0.75	
机修厂	0.35~0.4	0.6~0.65	
支柱加工厂	0.4~0.5	0.65	
煤样室	0.4~0.5	0.6	

（续）

用电设备名称		K_{de}	$\cos\varphi$	备注
化验室		0.5～0.6	0.8	
矿灯房		0.7	0.7	
变电所所用电		0.7	0.7	
地面建筑物内部照明		0.85	1	高压汞灯与荧光灯 $\cos\varphi$ 取0.6
工业广场区间外部照明		0.9	1	高压汞灯与荧光灯 $\cos\varphi$ 取0.6
主通风机房辅助电动机		0.35～0.5	0.7	多台风门绞车不同时工作
井底车场	无主排水泵	0.6～0.7	0.7	
	有主排水泵	0.75～0.85	0.8	
采煤工作面	综采工作面	按公式计算	0.7	
	一般机采工作面	按公式计算	0.6～0.7	综采工作面 $\cos\varphi$ 取0.7
	炮采工作面（急倾斜煤层）	0.5～0.6	0.7	有掘进机时 $K_{de}=0.5$，$\cos\varphi$ 取0.6～0.7
	炮采工作面（缓倾斜煤层）	0.4～0.5	0.6	
	煤巷掘进工作面	0.3～0.5	0.6～0.7	
井下运输	架线式电机车	0.4～0.7	0.9	
	蓄电池电机车	0.8	0.9	
	输送机和绞车	0.6～0.7	0.7	
	井下照明	1	1	荧光灯 $\cos\varphi$ 取0.6

3）变、配电所总计算负荷的确定。应从供电系统末端开始向电源侧统计。将下级各线路负荷相加后再乘以组间最大负荷同时系数即为本线路的计算负荷。但各最大负荷同时系数的乘积不得小于0.8，即

$$P_{\Sigma}=K_{\Sigma P}\sum P_{ca} \tag{2-12}$$

$$Q_{\Sigma}=K_{\Sigma Q}\sum Q_{ca} \tag{2-13}$$

$$S_{\Sigma}=\sqrt{P_{\Sigma}^{2}+Q_{\Sigma}^{2}} \tag{2-14}$$

式中　$\sum P_{ca}$——各用电设备组总的有功计算负荷（kW）；

$\sum Q_{ca}$——各用电设备组总的无功计算负荷（kvar）；

P_{Σ}、Q_{Σ}、S_{Σ}——变电所总的有功计算负荷、无功计算负荷和视在计算负荷（kV·A）；

$K_{\Sigma P}$、$K_{\Sigma Q}$——变电所总负荷的同时系数，分别取0.85～1和0.95～1。对总降压变电所的 $K_{\Sigma P}$ 和 $K_{\Sigma Q}$ 分别取0.9～0.95和0.93～0.97。当简化计算时，同时系数 $K_{\Sigma P}$ 和 $K_{\Sigma Q}$ 都取 $K_{\Sigma P}$ 的值。

课题二　功率因数的提高

一、提高功率因数的意义

1. 功率因数的定义

在电力系统中，电动机及其他带有线圈（绕组）的设备很多，这类设备除了从电源取

得一部分功率作有功之外，还将额外消耗一部分功率用来建立线圈磁场。平时所说的功率，如电动机、电热器、电灯等的功率都是指有功功率（P），计量仪表也称有功电能表，是电业部门收取电费的依据；额外消耗的那部分功率称为无功功率（Q）；变压器、发电机的容量是指视在功率（S），它们三者之间的关系为 $S^2 = P^2 + Q^2$。

功率因数是反映用电设备或供电系统中有功功率占视在功率的比例，用 $\cos\varphi$ 表示，公式为 $\cos\varphi = P/S$，这些都是在电工学中已有的知识，这里不再赘述。

2. 提高功率因数的意义

工业上用电设备主要都是电动机，而且用电量都相对较大。电动机是感性负载，感性负载的功率因数都小于1，一般为0.7～0.85。一台容量为1000kV·A的变压器，在功率因数为1时能够带动1000kW的负荷，如果功率因数为0.7时就只能带动700kW的负荷，这台变压器的出力变小了。当电动机额定出力不变、供电电压不变的情况下，如果功率因数低，线路的电流将增大，由于线路有电阻，因此电流大就意味着线路的线损越大（$P' = I^2R$）。因此，《供电营业规则》规定：100kV·A及以上高压供电的用户的功率因数应为0.9以上。提高功率因数具有如下意义：

1）提高电力系统的供电能力。

2）减少供电网络中的电压损失，提高供电质量。

3）降低供电网络中的功率损耗，提高电网输电效率。

4）降低企业产品的成本，节约电能，减少企业的电费开支。

二、提高功率因数的方法

提高功率因数可分为提高自然功率因数法和采用人工补偿法两种方法。

1. 提高自然功率因数的方法

可采取“选”、“调”、“换”三步措施：

1）选：正确选择、合理使用电动机，在条件允许的条件下，尽量选择笼型电动机，避免空载、轻载运行。

2）调：合理选择变压器的台数和容量，适当调整其运行方式，尽量不使变压器空载、轻载运行。

3）换：更换设备为节能设备，对大容量、长时工作的矿井通风机采用同步电动机，使其工作在过激状态。

2. 功率因数的人工补偿方法

自然补偿法进行功率因数提高时，通常补偿能力有限，当 $\cos\varphi < 0.9$ 时，需采用人工补偿法来提高功率因数，目前广泛采用并联电容器进行补偿。

（1）电容器容量的确定

人工补偿法进行功率因数提高时，补偿原理如图2-3所示。

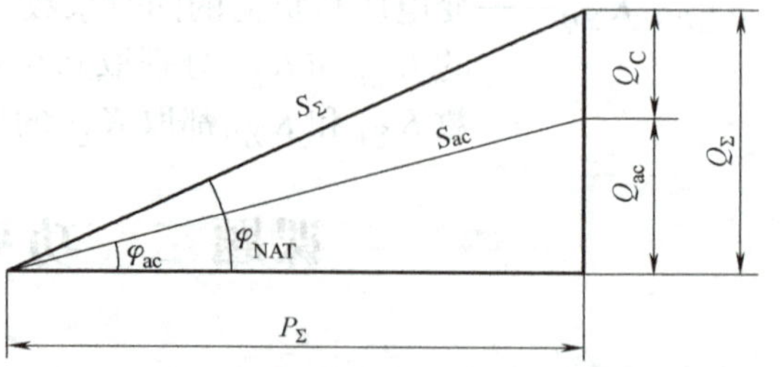

图2-3　补偿前后的功率三角形

其中，大三角形表示补偿之前的功率三角形，小三角形表示补偿之后的功率三角形，电容器补偿容量为

$$Q_C = P_\Sigma(\tan\varphi_{NAT} - \tan\varphi_{ac}) \tag{2-15}$$

式中　Q_C——电容器的补偿容量（kvar）；

P_Σ——变电所总的有功计算负荷（kW）；

φ_{NAT}——补偿之前的功率因数角；

φ_{ac}——补偿之后的功率因数角。

（2）电容器台数的确定

电容器的台数为

$$N = \frac{Q_C}{Q_{nc}\left(\frac{U_W}{U_{NC}}\right)^2} \tag{2-16}$$

式中　N——电容器台数；

Q_C——电容器补偿容量（kvar）；

Q_{nc}——单台电容器的额定容量（kvar）；

U_W——电容器所在线路的电压值（kV）；

U_{NC}——电容器的额定电压（kV）。

电容器台数取与计算值相等或稍大的偶数，因为变电所通常采用单母线分段式的接线方式，每段母线补偿相同的电容量。

例 2-1　某变电所低压侧计算负荷为 $P_\Sigma = 750\text{kW}$　$Q_\Sigma = 920\text{kvar}$。欲使变电所低压侧功率因数提高到 0.93，问需装设多大电容器的无功补偿容量?

解： $\cos\varphi_{NAT} = \frac{P_\Sigma}{S_\Sigma} = \frac{750}{1187} = 0.63$　$\cos\varphi_{ac} = 0.93$

$$Q_C = P_\Sigma(\tan\varphi_{NAT} - \tan\varphi_{ac}) = 750 \times (1.23 - 0.40)\text{kvar} = 623\text{kvar}$$

（3）电容器的补偿方式

1）集中补偿：将电容器集中装设在工矿企业 6～10kV 高压母线上。

2）分散补偿：将电容器装设在各用户的母线上，适用于分散负荷。

3）单独就地补偿：将补偿电容器直接与要补偿的设备并联，并且共用一套开关设备控制。这种补偿方式适用于长时运行的所需补偿容量较大的设备，或者由较长线路供电的设备。

一般对于补偿容量相当大的企业，宜采用高压侧集中补偿和低压侧分散补偿相结合的方式；对于用电负荷分散及补偿容量小的企业一般仅用低压补偿。

课题三　变压器的选择

1. 变压器选择原则

供电安全、可靠、经济为前提，同时考虑发展余地。

2. 变电所主变压器台数的确定

矿井变电所的主变压器应选择两台。当其中一台故障或检修时，另一台应保证安全及原煤生产用电，并不得少于全矿总计算负荷 80% 的负荷供电。只有二、三类负荷的变电所，可选用一台变压器，但应有备用电源。对于变化较大的负荷，可采用两台变压器，负荷大时两台变压器都投入运行，负荷小时只投入一台变压器运行。

3. 变电所主变压器容量的确定

1）当选用两台变压器且同时运行，每台变压器容量为

$$S_{NT} \geqslant \frac{K_{tp}P_{\Sigma}}{\cos\varphi_{ac}} = K_{tp}S \tag{2-17}$$

式中 S_{NT}——变压器的额定容量（kV·A）；

K_{tp}——故障保证系数，煤矿不应小于0.8，地面工厂不应小于0.7；

P_{Σ}——变电所总有功计算负荷（kV）；

$\cos\varphi_{ac}$——补偿后的功率因数；

S——补偿后的视在计算负荷（kV·A）。

2）当一台运行一台备用时，则变压器应满足 $S_{NT} \geqslant S$。

3）当只选用一台变压器时，变压器容量为 $S_{NT} \geqslant (1.15 \sim 1.25)S$。

4. 变压器的有功损耗和无功损耗的计算

$$变压器的有功损耗\ \Delta P_T = 0.015S \tag{2-18}$$

$$变压器的无功损耗\ \Delta Q_T = 0.06S \tag{2-19}$$

例2-2 已知某煤矿年产量为150万t，矿井全部用电设备的技术数据见负荷统计表2-3，求矿井总降压变电所的计算负荷，并选择主变压器；计算全矿吨煤电耗及确定变压器的运行方式。

解：负荷统计应从线路末端开始逐级向电源侧统计。这时应先统计各低压负荷组的计算负荷，选出配电变压器；求出变压器一次计算负荷后，将计算结果填入表中，然后再参与全矿负荷的统计。

下面以地面工业广场为例进行计算。

1）用电设备功率的确定。由于煤矿大量负荷都为长时或短时工作制的负荷，其设备的功率等于其额定功率，所以不必进行功率换算。

2）单相负荷换算为三相负荷。由于煤矿单相用电设备占总负荷比例很少，故均按三相平衡负荷计算。

3）用电设备（组）的计算负荷。用需用系数法统计负荷，查表查出对应电气设备（组）的需用系数 K_{de}、功率因数 $\cos\varphi_{wm}$，并计算其正切值 $\tan\varphi_{wm}$，填于负荷统计表2-4的8、9及10栏内。然后分别计算单台或成组三相用电设备的计算负荷，并分别填于负荷统计表2-4的11、12、13及14栏内。

以主井提升辅助设备为例计算各组设备的计算负荷如下：

$$K_{de} = 0.7,\ \cos\varphi_{wm} = 0.7, 则\ P_{ca} = K_{de}\sum P_N = 0.7 \times 259.8\text{kW} = 181.9\text{kW}$$

$$Q_{ca} = P_{ca}\tan\varphi_{wm} = 181.9 \times 1.02\text{kvar} = 188.5\text{kvar}$$

$$S_{ca} = \sqrt{181.9^2 + 185.5^2}\text{kV}\cdot\text{A} = 259.8\text{kV}\cdot\text{A}$$

$$I_{ca} = \frac{S_{ca}}{\sqrt{3}U_N} = \frac{259.8}{\sqrt{3} \times 0.38}\text{A} = 394.7\text{A}$$

主井提升辅助设备全年电能消耗为

表 2-3 某矿负荷统计表

序号	用电设备名称	额定电压/kV	设备台数		设备容量/kW		需用系数/K_{de}	功率因数/cos φ	正切值/tan φ	计算负荷				年最大负荷利用小时数/h	年电能损耗/MW·h	重要负荷比例(%)	备注
			安装台数	工作台数	安装容量	工作容量				有功功率/kW	无功功率/kvar	视在功率/kV·A	计算电流/A				
1	2	3	4	5	6	7	8	9	10	11	12	13	14	15	16	17	18
	一、地面高压																
1	主井提升机	6	1	1	2000	2000	0.9	0.85	0.62	1800.0	1116.0	2117.6	203.8	3000	5400.0	100	
2	副井提升机	6	1	1	1600	1600	0.8	0.85	0.62	1280.0	793.6	1505.9	144.9	1500	1920.0	100	
3	压风机	6	3	2	1800	1200	0.8	0.9	-0.48	960.0	-460.8	1066.7	102.6	3600	3456.0	100	同步电动机
	二、南风井																
1	通风机	6	2	1	1600	800	0.7	0.8	-0.75	560.0	-420.0	700.0	67.4	8760	4905.6	100	同步电动机
2	压风机	6	3	2	750	500	0.7	0.8	0.75	350.0	262.5	437.5	42.1	3000	1050.0	100	
3	低压设备	6				539	0.7	0.8	0.75	377.3	283.0	471.6	45.4	3500	1320.6	25	
	三、北风井																
1	通风机	6	2	1	1600	800	0.7	0.8	-0.75	560.0	-420.0	700.0	67.4	8760	4905.6	100	同步电动机
2	压风机	6	3	2	7500	500	0.7	0.8	0.75	350.0	262.5	437.5	42.1	3000	1050.0	100	
3	低压设备	6				539	0.7	0.8	0.75	377.3	283.0	471.6	45.4	3500	1320.6	25	
	四、地面低压																
1	地面工业广场	6				1879.6	0.678	0.773	0.821	1273.5	1044.3	1646.9	158.5		5305.0		
2	所用变压器	6				4.3	0.7	0.7	1.02	3.0	3.1	4.3	0.4	4000	12.0	100	
3	立井锅炉房					914	0.6	0.7	1.02	548.4	559.4	783.4	75.4	3000	1645.2	80	
4	机修厂	6				888	0.4	0.65	1.169	355.2	415.2	546.5	52.6	2000	710.4		
5	坑木厂	6				247	0.4	0.7	1.02	98.8	100.8	141.1	13.6	1000	98.8		
6	选煤厂	6				3164	0.6	0.8	0.75	1898.4	1423.8	2373.0	228.3	4000	7593.6	50	
7	水源井	6				175	0.8	0.8	0.75	140.0	105.0	175.0	16.8	5000	700.0		
8	工人村	6				735	0.5	0.7	1.02	367.5	374.9	525.0	50.5	2000	735.0		
9	其他用电设备	6				682	0.5	0.7	1.02	341.0	347.8	487.1	46.9	2000	682.0		
	五、井下高压																
1	主排水泵(最大涌水量)	6	5	3	6250	3750	0.85	0.85	0.62	3187.5	1976.3	3750.0	360.9	2000	6375.0		
1	主排水泵(正常涌水量)	6	5	2	6250	2500	0.35	0.85	0.62	2125.0	1317.5	2500.3	204.6	5000	10625.0		
	六、井下低压																
1	-650 井低车场	6				642	0.6	0.8	0.75	385.2	288.9	481.5	46.3	4200	1617.8		
2	111 采区	6				912	0.6	0.7	1.02	547.2	558.1	781.7	75.2	4200	2298.2		
3	113 采区	6				905	0.6	0.7	1.02	543.0	553.9	775.7	74.6	4200	2280.6		
4	124 采区	6				899	0.62	0.7	1.02	557.4	568.5	796.3	76.6	4200	2341.1		
5	156 采区	6				1617	0.75	0.75	0.88	1212.8	1067.3	1617.1	155.6	4200	5093.8		
	七、统计计算结果																
1	全矿合计	6				25891.9				18073.5	11087.1	21203.2			73441.9		取 $K_{sp}=0.9$
2	全矿计算负荷	6						0.839		16266.2	10532.7	19378.5					$K_{sq}=0.95$
3	电容器补偿容量					7200kvar					-6530.6						
4	补偿后负荷	6						0.971		16266.2	4002.1	16751.3	1611.9				
5	主变压器损耗									91.7	1107.8			8760	803.3		
6	全矿总负荷	63						0.956		16357.9	5109.9	17137.4	157.1		74245.2		

$$E = P_{ca} T_{max} = 181.9 \times 3500 = 636.7 \times 10^3 \text{kW} \cdot \text{h} = 636.7 \text{MW} \cdot \text{h}$$

将上述计算结果分别填入负荷统计表 2-4 第 11 ~ 14 栏和第 16 栏内。其他各组负荷的计算与上述相同。

4）地面工业广场低压负荷统计。

低压负荷总计：将表 2-4 中第 1 ~ 10 行的有关数据相加。即

$$\Sigma P_{ca} = (181.9 + 158.8 + \cdots + 39.2) \text{kW} = 1325.9 \text{kW}$$

$$\Sigma Q_{ca} = (185.5 + 162.0 + \cdots + 40.0) \text{kvar} = 998.8 \text{kvar}$$

低压计算负荷：工业广场低压侧计算负荷，取 $K_{sp} = 0.95$，$K_{sq} = 0.97$，则

$$P_{ca\Sigma} = K_{sp} \Sigma P_{ca} = 0.95 \times 1325.9 \text{kW} = 1259.6 \text{kW}$$

$$Q_{ca\Sigma} = K_{sq} \Sigma Q_{ca} = 0.97 \times 998.8 \text{kvar} = 968.8 \text{kvar}$$

$$S_{ca\Sigma} = \sqrt{P_{ca\Sigma}^2 + Q_{ca\Sigma}^2} = \sqrt{1259.6^2 + 968.8^2} \text{kV} \cdot \text{A} = 1589.1 \text{kV} \cdot \text{A}$$

$$I_{ca\Sigma} = \frac{S_{ca\Sigma}}{\sqrt{3} U_N} = \frac{1589.1}{\sqrt{3} \times 0.38} \text{A} = 2414.4 \text{A}$$

$$\cos\varphi_{wm} = \frac{P_{ca\Sigma}}{S_{ca\Sigma}} = \frac{1259.6}{1589.1} = 0.793$$

表 2-4　地面工业广场低压负荷统计表

序号	用电设备名称	额定电压/kV	设备台数		设备容量/kW		需用系数/K_{de}	功率因数/cos φ	正切值/tan φ	计算负荷				年最大负荷利用小时数/h	年电能损耗/MW·h	重要负荷比例(%)	备注
			安装台数	工作台数	安装容量	工作容量				有功功率/kW	无功功率/kvar	视在功率/kV·A	计算电流/A				
1	2	3	4	5	6	7	8	9	10	11	12	13	14	15	16	17	18
1	主井辅助设备	0.38				259.8	0.7	0.7	1.02	181.9	185.5	259.8	394.7	3500	636.7	50	
2	副井辅助设备	0.38				226.8	0.7	0.7	1.02	158.8	162.0	226.9	344.7	4500	714.6	50	
3	压风机辅助设备	0.38				483	0.7	0.75	0.88	338.1	297.5	450.8	684.9	4500	1521.5	50	
4	消防水泵	0.38				55	0.24	0.8	0.75	13.2	9.9	16.5	25.1	3000	39.6	100	
5	污水泵	0.38				20	0.75	0.75	0.88	15.0	13.2	20.0	30.4	4500	67.5		
6	回水泵	0.38				45	0.75	0.75	0.88	33.8	29.7	45.1	68.5	4500	152.1		
7	矿灯房	0.38				60.5	0.7	0.7	1.02	42.4	43.2	60.6	92.1	3600	152.6		
8	井口地面运输	0.38				353.5	0.7	0.75	0.88	247.5	217.8	330.0	501.4	2000	495.0		
9	广场照明	0.38				320	0.8	1.0	0	256.0	0.0	256.0	389.0	4400	1126.4		
10	其他用电设备	0.38				56	0.7	0.7	1.02	39.2	40.0	56.0	85.1	8760	343.4		
	低压负荷总计	0.38				1879.6		0.80		1325.9	998.8	1660.0					取 K_{sp} =0.95
	低压计算负荷	0.38				1879.6		0.793		1259.6	968.8	1589.1	2414.4				K_{sq} =0.97
	变压器损耗									13.9	75.5			4000	55.6		
	高压侧计算负荷	6				1879.6	0.678	0.773	0.821	1273.5	1044.3	1646.9	158.5		5305.0		

5）配电变压器的选择。考虑到工业广场低压负荷有一类负荷的辅助设备，为了保证供电的可靠须选两台变压器，每台变压器的计算容量为

$$S_{NT} \geqslant S_T = K_{sp} S_{ca\Sigma} = 0.7 \times 1589.1 \text{kV} \cdot \text{A} = 1112.4 \text{kV} \cdot \text{A}$$

查表选 S11-1250/35 型变压器两台，其技术数据见表 2-5。变压器负荷系数为

$$\beta=\frac{S_{ca\Sigma}}{2S_{NT}}=\frac{1589.1}{2\times1250}=0.636$$

表 2-6 给出了矿用干式变压器主要技术数据，可作为选择矿用干式变压器时参考。

表 2-5　S11 型电力变压器技术数据

型号	额定容量/kV·A	额定电压/kV		联结组标号	阻抗电压(%)	额定损耗/W		空载电流(%)	质量/kg			外形尺寸/mm			轨距/mm
		高压	低压			空载	短路		油	器身	总体	长	宽	高	
S11-800/35	800					950	9950	1. 1	1110	1760	4100	2420	1440	2840	820
S11-1000/35	1000					1100	12100	1	1220	1920	4620	2470	1460	2940	820
S11-1250/35	1250		0. 4			1350	14560	0. 9	1390	2020	4990	2730	1490	3050	820
S11-1600/35	1600		6. 3	Yyn0	6. 5	1650	17400	0. 8	1530	2630	6300	2860	1680	3090	1070
S11-2000/35	2000		10. 5	Yd11		2050	17680	0. 8	1830	2820	6520	2920	1910	3220	1070
S11-2500/35	2500					2400	18250	0. 7	1920	3310	7910	3190	1950	3320	1070
S11-3150/35	3150				7	2900	24500	0. 6	2040	4240	9240	3470	2300	3390	1070
S11-4000/35	4000					3400	29000	0. 5	1810	4300	8040	3030	2880	2880	1070
S11-5000/35	5000	35		Yd11		4100	34000	0. 5	2020	5210	9270	3140	2990	2900	1070
S11-6300/35	6300				7. 5	4950	36550	0. 5	2390	6420	11300	3250	3110	3110	1070
S11-8000/35	80000					6900	40380	0. 5	2510	7610	13390	3360	3220	3220	1070
S11-10000/35	10000		6. 3			8200	47770	0. 5	2650	9320	15450	3470	3340	3340	1475
S11-12500/35	12500		10. 5	YN		9700	56530	0. 4	3020	9980	17510	3630	3450	3450	1475
S11-16000/35	16000			d11		11400	6800	0. 4	3180	12320	21630	3850	3570	3570	1475
S11-20000/35	20000				8	14900	80280	0. 4	3610	14650	24720	4070	3680	3680	2040
S11-25000/35	25000					16000	94450	0. 35	4240	17310	29870	4290	3810	3810	2040
S11-31500/35	31500					18500	113500	0. 35	4770	18950	36050	4510	3910	3910	2040

表 2-6　矿用干式变压器主要技术数据

型号	容量/kV·A	电压/kV		损耗/W		阻抗电压(%)	空载电流(%)	联结组标号	高压分接	重量/kg		外形尺寸/mm 长×宽×高
		高压	低压	空载	短路					器身	总重	
KBSG-50/6	50	6	0. 69/0. 4	400	600	4	3. 0	Yy0, Yd11	±5%	500	1250	2200×600×1250
KBSG-100/6	100	6	0. 69/0. 4	600	1000	4	3. 0	Yy0, Yd11	±5%	700	1400	2200×720×1020
KBSG-200/6	200	6	0. 69/0. 4	1000	1400	4	2. 5	Yy0, Yd11	±5%	1200	2000	2380×815×1200
KSGB-200/6	200	6	0. 69	1000	1400	4	2. 5	Yy0	±5%			2380×815×1200
KBSG-315/6	315	6	1. 2/0. 69	1400	2200	4	2. 5	Yy0, Yd11	±5%	1700	2870	2400×1040×1330
KSGB-315/6	315	6	1. 2/0. 69	1400	2100	4	2. 5	Yy0, Yd11	±5%			2200×1100×1240
KBSG-500/6	500	6	1. 2/0. 69	1900	3100	4	2. 0	Yy0, Yd11	±5%	2330	3680	2550×1040×1430
KSGB-500/6	500	6	1. 2/0. 69	1900	3000	4	2. 0	Yy0, Yd11	±5%			2200×1100×1430
KBSG-630/6	630	6	1. 2/0. 69	2100	4000	5	2. 0	Yy0, Yd11	±5%	2800	1480	2740×1040×1500
KSGB-630/6	630	6	1. 2	2000	3850	4	2. 0	Yy0	±5%			2200×1100×1550
KBSG-800/6	800	6	1. 2	2300	5200	5. 5	1. 5	Yy0	±5%	3040	4940	2860×1100×1530
KSGB-800/6	800	6	1. 2	2300	5100	5. 5	1. 5	Yy0	±5%			2536×1100×1530
KBSG-1000/6	1000	6	1. 2	2700	6100	6	1. 5	Yy0	±5%	3500	5400	2860×1100×1530
KSGB-1000/6	1000	6	1. 2	2700	5900	6	1. 5	Yy0	±5%			2536×1100×1530
KBSG-1250/6	1250	6	1. 2	3200	7200	6	1. 5	Yy0	±5%		7450	3080×1140×1750
KBSG-1600/6	1600	6	1. 2	3850	8700	6	1. 0	Yy0	±5%		8500	3150×1170×1930
KBSG-2000/6	2000	6	1. 2	4550	10400	6	2. 0	Yy0	±5%		10300	3260×1210×2020
KBSG-50/10	50	10	0. 69/0. 4	500	800	4. 5	3. 0	Yy0, Yd11	±5%		1400	2280×740×1060
KBSG-100/10	100	10	0. 69/0. 4	700	1200	4. 5	3. 0	Yy0, Yd11	±5%		1750	2530×890×1250
KBSG-200/10	200	10	0. 69/0. 4	1100	1950	4. 5	2. 5	Yy0, Yd11	±5%		2300	2580×910×1420
KBSG-315/10	315	10	0. 69/0. 4	1450	2700	4. 5	2. 5	Yy0, Yd11	±5%		2830	2730×960×1500
KBSG-400/10	400	10	1. 2/0. 69 0. 69/0. 4	1700	3200	4. 5	2. 5	Yy0, Yd11	±5%		3220	2730×980×1550

（续）

型号	容量/kV·A	电压/kV		损耗/W		阻抗电压（%）	空载电流（%）	联结组标号	高压分接	重量/kg		外形尺寸/mm 长×宽×高
		高压	低压	空载	短路					器身	总重	
KBSG-500/10	500	10	1.2/0.69 0.69/0.4	2000	3800	4.5	2.0	Yy0，Yd11	±5%		4300	2890×1000×1600
KBSG-630/10	630	10	1.2/0.69 0.69/0.4	2300	4500	5.5	2.0	Yy0，Yd11	±5%		5000	2920×990×1620
KBSG-800/10	800	10	1.2/0.69 1.2	2500	6000	6.0	1.5	Yy0	±5%		5950	2880×1070×1600
KBSG-1000/10	1000	10	1.2	2950	7100	6.5	1.5	Yy0	±5%		7920	3070×1140×1800
KBSG-1250/10	1250	10	1.2	3500	8400	6.5	1.5	Yy0	±5%		8900	3140×1170×1600
KBSG-1600/10	1600	10	1.2	4200	10100	6.5	1.0	Yy0	±5%		9320	4030×1210×2120
KBSG-2000/10	2000	10	1.2	5000	12000	6.5	1.0	Yy0	±5%		12400	4530×1250×2300

技能训练　车间负荷统计

一、实训目的

通过本实训，进一步熟悉和加深负荷计算的方法，会统计各用电设备组（或多个用电设备组）、车间、变压器低压侧和高压侧的计算负荷。

二、实训原理

计算对象为10kV供电的车间，其供电系统如图2-4所示，采用需用系数法求计算负荷。

（1）计算各用电设备组的计算负荷

$$P_{ca1}=K_{de}\sum P_e$$
$$Q_{ca1}=P_{ca1}\tan\varphi$$

式中　$\sum P_e$——用电设备组的设备容量（kW）；

K_{de}——需用要数；

$\tan\varphi$——功率因数角的正切值；

P_{ca1}——用电设备组的有功计算负荷（kW）；

Q_{ca1}——用电设备组的无功计算负荷（kvar）。

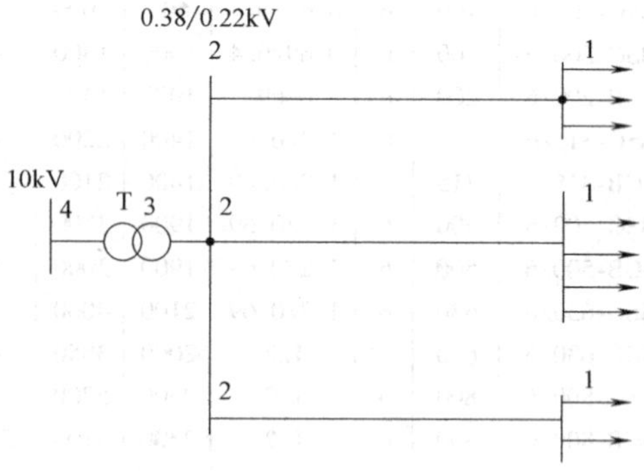

图2-4　负荷计算用供电系统图

（2）计算车间（配电干线）的计算负荷

$$P_{ca2}=K_{\sum P}\sum P_{ca1}$$
$$Q_{ca2}=K_{\sum Q}\sum Q_{ca1}$$

式中　$K_{\sum P}$——有功功率同时系数；

$K_{\sum Q}$——无功功率同时系数；

P_{ca2}——车间（配电干线）的有功计算负荷（kW）；

Q_{ca2}——车间（配电干线）的无功计算负荷（kvar）。

（3）计算变压器低压侧的计算负荷（此处不考虑无功补偿）

$$P_{ca3}=K_{\Sigma P}\sum P_{ca2}$$

$$Q_{ca3}=K_{\Sigma Q}\sum Q_{ca2}$$

$$S_{ca3}=\sqrt{P_{ca3}^2+Q_{ca3}^2}$$

$$I_{ca3}=\frac{S_{ca3}}{\sqrt{3}U_{2N}}$$

式中 P_{ca3}——变压器低压侧的有功计算负荷（kW）；

Q_{ca3}——变压器低压侧的无功计算负荷（kvar）；

S_{ca3}——变压器低压侧的视在计算负荷（kV·A）；

I_{ca3}——变压器低压侧的计算电流（A）；

U_{2N}——变压器低压侧的额定电压（kV）。

（4）计算变压器高压侧的计算负荷

$$P_{ca4}=P_{ca3}+\Delta P_T$$

$$Q_{ca4}=Q_{ca3}+\Delta Q_T$$

$$S_{ca4}=\sqrt{P_{ca4}^2+Q_{ca4}^2}$$

$$I_{ca4}=\frac{S_{ca4}}{\sqrt{3}U_{1N}}$$

$$\Delta P_T=0.015S_{ca3}$$

$$\Delta Q_T=0.06S_{ca3}$$

式中 P_{ca4}——变压器高压侧的有功计算负荷（kW）；

Q_{ca4}——变压器高压侧的无功计算负荷（kvar）；

S_{ca4}——变压器高压侧的视在计算负荷（kV·A）；

I_{ca4}——变压器高压侧的计算电流（A）；

U_{1N}——变压器高压侧的额定电压（kV）；

ΔP_T——变压器的有功功率损耗（kW）；

ΔQ_T——变压器的无功功率损耗（kvar）。

三、实训报告要求

1）写出负荷计算公式。

2）填写负荷计算表。

四、某机械加工厂各车间用电设备

1. 机加工车间

冷加工机床	20 台	160kW	
起重机	2 台	46kW	$\varepsilon_N=15\%$
照明		5kW	

2. 热处理车间

非自动装料电阻炉	3 台	105kW	
通风机	5 台	15kW	
起重机	1 台	25kW	$\varepsilon_N = 15\%$
照明		3kW	

3. 铸造车间

铸造设备	8 台	20kW	
通风机	3 台	30kW	
起重机	1 台	4kW	$\varepsilon_N = 15\%$
照明		4kW	

4. 办公及生活设施

动力	3 台	15kW	风机类负荷
照明		15kW	

思考与练习

2-1　为什么要进行负荷计算？

2-2　用电设备工作制分为哪几种？各种工作制下的设备容量如何求？

2-3　提高功率因数的意义有哪些？

2-4　提高自然功率因数有哪些方法？

2-5　功率因数的人工补偿方法通常采用什么方法？补偿电容器的容量如何计算？

2-6　某装配车间 380V 线路，供电给 3 台起重机电动机，其中 1 台 7.5kW（$\varepsilon = 60\%$），2 台 3kW（$\varepsilon = 15\%$）。求各台设备的设备容量及该线路的计算负荷。

2-7　已知机修车间的金属切削机床组，拥有电压为 380V 的三相电动机 7.5kW 的 3 台，4kW 的 8 台，3kW 的 17 台，1.5kW 的 10 台。试求其计算负荷。

2-8　某变电所低压侧计算负荷为 $P_\Sigma = 800\text{kW}$　$Q_\Sigma = 900\text{kvar}$。欲使变电所低压侧功率因数提高到 0.93，问需装设电容器无功补偿容量 Q_C 为多少？

2-9　变电所主变压器台数和容量的选择原则是什么？

第三单元

短路电流

【教学目标】

知识目标：

理解短路类型、原因，熟悉短路电流的计算方法。

理解短路电流计算的目的，掌握电气设备及导体动、热稳定性的校验条件。

技能目标：

会计算三相短路电流。

会校验电气设备及导体的动稳定度。

会确定导体最小热稳定截面积。

会校验成套电气设备的热稳定度。

课题一　短路电流计算

一、短路的形式、原因及短路电流计算的目的

在供电系统中，最严重的故障是短路。所谓短路是指供电系统中不等电位的导体在电气上被短接。

1. 短路的形式

供电系统中可能发生的短路形式有四种：三相短路、两相短路、两相接地短路和单相接地短路，如图 3-1 所示。

三相短路是指供电系统中三相导体间的短路，用 $k^{(3)}$ 表示；两相短路是指供电系统中任意两相导体间的短路，用 $k^{(2)}$ 表示；单相接地短路是指供电系统中任意一相导体经大地与中性点或中性线发生的短路，用 $k^{(1)}$ 表示；两相接地短路是指中性点不接地系统中，任意两相发生单相接地而产生的短路，用 $k^{(1,1)}$ 表示。

在供电系统中，出现单相短路故障的概率最大，但由于三相短路所产生的短路电流最大，危害最严重，因而短路电流计算的重点是三相短路电流的计算。

2. 短路的原因

产生短路故障的主要原因是电气设备的载流部分绝缘损坏所致。绝缘损坏是由于绝缘老

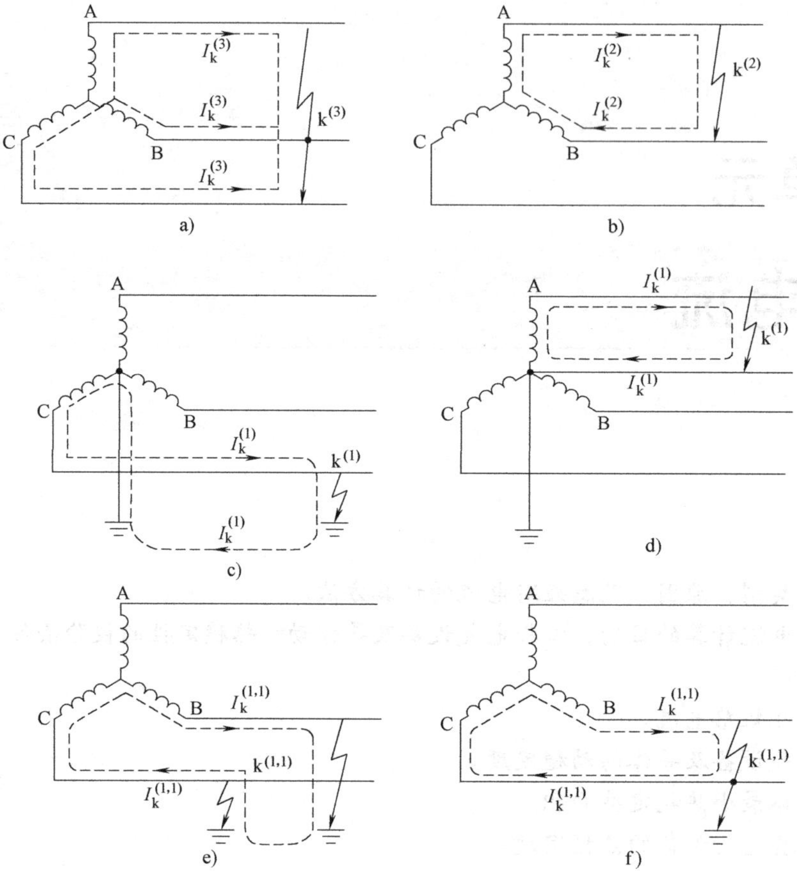

图 3-1　短路的形式（虚线表示短路电流路径）

$k^{(3)}$—三相短路　$k^{(2)}$—两相短路　$k^{(1)}$—单相短路　$k^{(1,1)}$—两相接地短路

化、过电压或机械损伤等原因造成的。短路故障的其他原因如运行人员带负荷拉、合隔离开关或者检修后未拆除接地线就送电等误操作也可引起短路。此外，鸟兽在裸露的导体上跨越或者咬坏设备和导线、电缆的绝缘层以及风雪等自然现象也能引起短路。

3. 计算短路电流的目的

短路产生的后果极为严重，为了限制短路的危害和缩小故障影响的范围，在供电系统的设计和运行中，必须进行短路电流计算，以解决下列技术问题：

1）选择电气设备和载流导体，用短路电流校验其热稳定性和动稳定性。

2）设置和整定继电保护装置，使之能正确地切除短路故障。

3）确定限流措施，当短路电流过大造成设备选择困难或不够经济时，可采取限制短路电流的措施。

4）确定合理的主接线方案和主要运行方式等。

二、无限大容量系统三相短路分析

1. 无限大容量系统

无限大容量系统是指其容量相对于用户供电系统大得多的电力系统，当用户供电系统的负荷变动甚至发生短路时，电力系统变电所馈电母线上的电压能基本保持不变。如果电力系统的电源总阻抗不超过短路电路总阻抗的5%～10%，或电力系统容量超过用户供电系统容量的50倍时，可将电力系统视为无限大容量系统。一般工矿企业供电系统都满足以上条件，可作为无限大容量电源供电系统进行短路电流计算和分析。

引入无限大容量系统这一概念的目的是简化短路计算。

无限大容量系统发生短路时的变化曲线如图3-2所示。

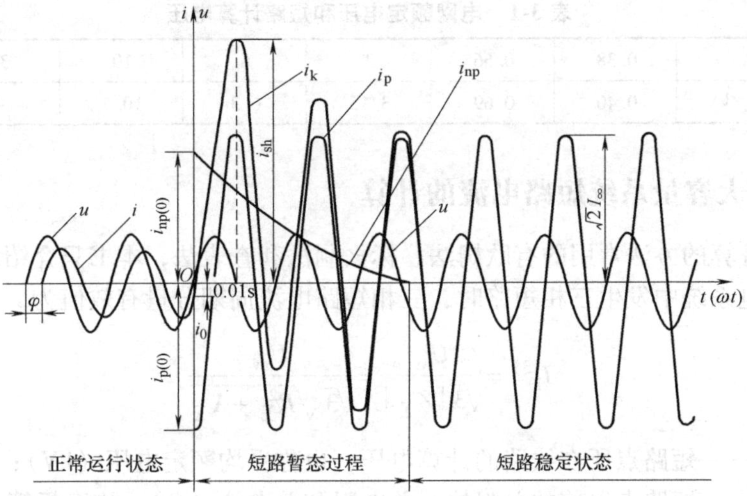

图3-2　无限大容量系统发生三相短路时的电压、电流变动曲线

短路电流 i_k 可以分解为短路电流周期分量 i_p 和短路电流非周期分量 i_{np}。

2. 短路有关的物理量

（1）三相短路电流周期分量有效值 $I_k^{(3)}$

（2）三相短路次暂态电流 $I''^{(3)}$

短路后第一个周期的三相短路电流周期分量的有效值，称为三相短路次暂态电流有效值。

（3）三相短路冲击电流 $i_{sh}^{(3)}$

三相短路冲击电流即为三相短路电流最大瞬时值。

三相短路参数的上标可省略。

三相短路冲击电流有效值 I_{sh}

高压系统 $i_{sh}=2.55I''$　　$I_{sh}=1.51I''$

低压系统 $i_{sh}=1.84I''$　　$I_{sh}=1.09I''$

（4）短路稳态电流 I_∞

短路电流非周期分量衰减完毕短路电流的有效值。对于无限大容量系统，有

$$I_\infty^{(3)}=I_k^{(3)}=I''^{(3)}$$

或写成

$$I_\infty=I''=I_k \tag{3-1}$$

（5）三相短路容量

$$S_k^{(3)}=\sqrt{3}U_{av}I_k^{(3)}$$

或写为

$$S_k=\sqrt{3}U_{av}I_k \tag{3-2}$$

式中　S_k——三相短路容量（MV·A）；

U_{av}——短路点所在线路的短路计算电压（kV），$U_{av}=1.05U_N$；

I_k——短路电流周期分量有效值（kA）。

工矿企业供电系统中电网额定电压等级所对应的短路计算电压见表 3-1。

表 3-1　电网额定电压和短路计算电压

额定电压/kV	0.38	0.66	3	6	10	35	110
短路计算电压 U_{av}/kV	0.40	0.69	3.15	6.3	10.5	37	115

三、无限大容量系统短路电流的计算

短路电流计算的方法常用的有欧姆法、标幺制法和查表法，本书只介绍欧姆法。

在企业供电系统中发生三相短路时，三相短路电流周期分量有效值为

$$I_k^{(3)}=\frac{U_{av}}{\sqrt{3}\,|Z_\Sigma|}=\frac{U_{av}}{\sqrt{3}\sqrt{R_\Sigma^2+X_\Sigma^2}} \tag{3-3}$$

式中　U_{av}——短路点所在线路的计算电压，也称平均额定电压（kV）；

Z_Σ、R_Σ、X_Σ——短路点以前的总阻抗、总电阻和总电抗（Ω）；均已折算到短路点所在处电压等级。

对于高压供电系统，因回路中各元件的电抗占主要成分，短路回路的电阻可忽略不计，则三相短路电流的周期分量有效值为

$$I_k^{(3)}=\frac{U_{av}}{\sqrt{3}X_\Sigma} \tag{3-4}$$

三相短路容量为

$$S_k^{(3)}=\sqrt{3}U_{av}I_k \tag{3-5}$$

1. 电力系统（电源）的阻抗计算

电力系统的电阻相对于电抗来说很小，不予考虑。

电力系统的电抗 X_s 为

$$X_s=U_{av}^2/S_{oc} \tag{3-6}$$

式中　S_{oc}——电源母线上的短路容量（或近似用电源母线出口断路器的断流容量）（MV·A）；

U_{av}——短路点所在线路的平均额定电压（kV）。

2. 变压器的阻抗计算

变压器的电阻 R_T 为

$$R_T\approx\Delta P_{NT}\left(\frac{U_{av}}{S_{NT}}\right)^2 \tag{3-7}$$

大容量变压器电阻可忽略。

变压器的电抗 X_T 为

$$X_T \approx \frac{U_z\%}{100}\frac{U_{av}^2}{S_{NT}} \tag{3-8}$$

式中　S_{NT}——变压器的额定容量（V·A）；

U_{av}——变压器低压侧的短路计算电压（V）；

ΔP_{NT}——变压器的短路损耗（W），可查阅有关手册或产品样本；

$U_z\%$——变压器的短路电压百分数，可查阅有关手册或产品样本。

3. 电力线路的阻抗计算

电力线路的电阻 R_{WL} 为

$$R_{WL} = R_0 l \tag{3-9}$$

式中　l——线路长度（km）；

R_0——线路单位长度电阻，查手册得相应截面积导线的单位长度电阻。

线路电阻 R_l 也可按下式计算，即

$$R_{WL} = l/(\gamma S) \tag{3-10}$$

式中　l——线路长度（m）；

S——导线截面积（mm^2）；

γ——电导率[㊀]［$m/(\Omega \cdot mm^2)$］。

电力线路的电抗 X_{WL} 为

$$X_{WL} = X_0 l \tag{3-11}$$

电力线路每相的单位长度的电抗平均值见表 3-2。

表 3-2　电力线路单位长度的电抗平均值

线路名称	$X_0/(\Omega/km)$	线路名称	$X_0/(\Omega/km)$
35～220kV 架空线路	0.40	35kV 电缆线路	0.12
3～10kV 架空线路	0.35	3～10kV 电缆线路	0.08
0.38/0.22kV 架空线路	0.36	1kV 以下电缆线路	0.06

电缆的电阻在不同工作温度下的电导率见表 3-3。

表 3-3　电缆的电导率　　［单位：$m/(\Omega \cdot mm^2)$］

电缆名称	20℃	65℃	80℃
铜芯软电缆	53	42.5	
铜芯铠装电缆		48.6	44.3
铝芯铠装电缆	32	28.8	

高压线路的电抗远比总电阻大，一般可只计电抗不计电阻。在计算低压侧短路时也只有当短路电路的 $R_\Sigma > X_\Sigma/3$ 才需计算电阻。在短路回路中若有变压器存在，应将不同电压下的各元件阻抗都折算到同一电压下（短路点的电压），才能做出等效电路，计算其总等效阻抗。

阻抗换算的公式为

㊀ 有国标中电导率的单位为西门子/米（S/m）。

$$R' = R\left(\frac{U_{av2}}{U_{av1}}\right)^2 \tag{3-12}$$

$$X' = X\left(\frac{U_{av2}}{U_{av1}}\right)^2 \tag{3-13}$$

式中　R'、X'——折算后的等效电阻与电抗（Ω）；

R、X——元件的实际电阻与电抗（Ω）；

U_{av1}——元件所在电网的短路计算电压（kV）；

U_{av2}——短路点所在电网的短路计算电压（kV）。

例 3-1　某供配电系统如图 3-3 所示。已知电力系统出口断路器的额定断流容量为 500MV · A，两台变压器的型号为 S11-1250/10（$U_z\%=6.5$），试求企业变电所高压 10kV 母线上 $k-1$ 点短路和低压 380V 母线上 $k-2$ 点短路的三相短路电流和短路容量。

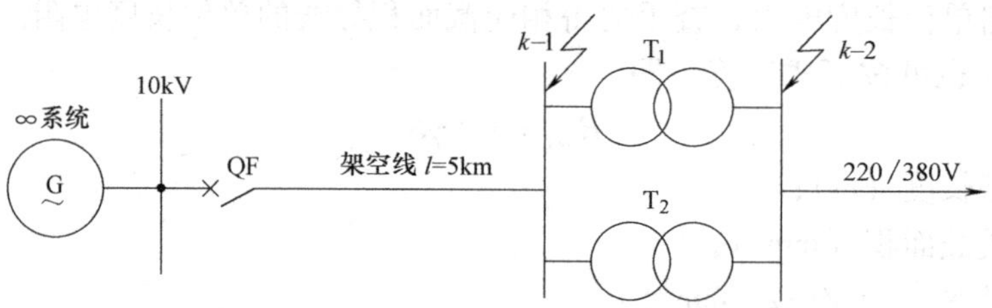

图 3-3　例 3-1 的短路计算电路图

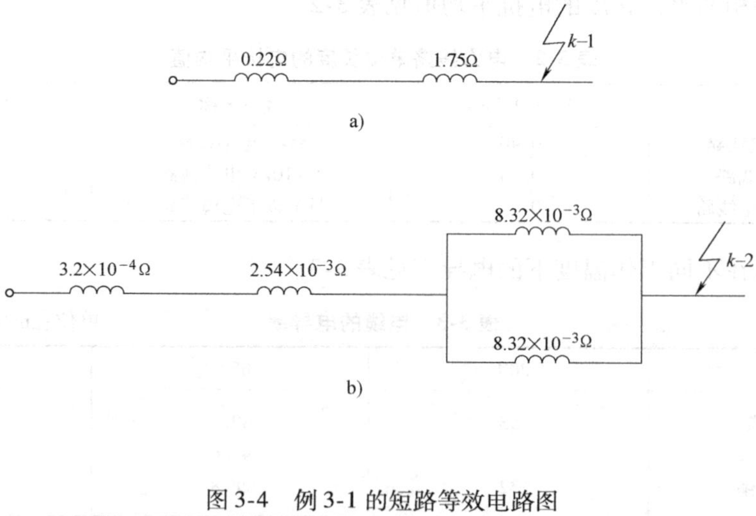

图 3-4　例 3-1 的短路等效电路图

解：1. 求 $k-1$ 点的三相短路电流和短路容量（$U_{av1}=10.5$kV）

（1）计算短路电路中各元件的电抗及总电抗

1）电力系统的电抗。电源母线出口断路器的断流容量 $S_{oc}=500$MV · A，因此

$$X_S = \frac{U_{av1}^2}{S_{oc}} = \frac{10.5^2}{500}\Omega = 0.22\Omega$$

2）架空线路的电抗。由表 3-2 查得 $X_0=0.35\Omega/\text{km}$，因此

$$X_{WL} = X_0 l = 0.35\times 5\Omega = 1.75\Omega$$

3）$k-1$ 点短路总电抗为

$$X_{\Sigma(k-1)} = X_S + X_{WL} = (0.22 + 1.75)\Omega = 1.97\Omega$$

（2）计算三相短路电流和短路容量

1）三相短路电流周期分量有效值为

$$I_{k-1}^{(3)} = \frac{U_{av}}{\sqrt{3}X_{\Sigma(k-1)}} = \frac{10.5}{\sqrt{3}\times 1.97}\text{kA} = 3.08\text{kA}$$

2）三相短路次暂态电流和稳态电流有效值为

$$I''^{(3)} = I_{\infty}^{(3)} = I_{k-1}^{(3)} = 3.08\text{kA}$$

3）三相短路冲激电流及第一个周期短路全电流有效值为

$$i_{sh}^{(3)} = 2.55I''^{(3)} = 2.55\times 3.08\text{kA} = 7.85\text{kA}$$

$$I_{sh}^{(3)} = 1.51I''^{(3)} = 1.51\times 3.08\text{kA} = 4.65\text{kA}$$

4）三相短路容量为

$$S_{k-1}^{(3)} = \sqrt{3}U_{av1}I_{k-1}^{(3)} = \sqrt{3}\times 10.5\times 3.08\text{MV}\cdot\text{A} = 56.0\text{MV}\cdot\text{A}$$

2. 求 $k-2$ 点的三相短路电流和短路容量（$U_{av2} = 0.4\text{kV}$）

（1）计算短路电路中各元件的电抗及总电抗

1）电力系统的电抗折算值为

$$X'_S = \frac{U_{av1}^2}{S_{oc}}\left(\frac{U_{av2}}{U_{av1}}\right)^2 = \frac{0.4^2}{500}\Omega = 3.2\times 10^{-4}\Omega$$

2）架空线路的电抗折算值为

$$X'_{WL} = X_0 l\left(\frac{U_{av2}}{U_{avc1}}\right)^2 = 0.35\times 5\times\left(\frac{0.4}{10.5}\right)^2\Omega = 2.54\times 10^{-3}\Omega$$

3）电力变压器的电抗。$U_z\% = 6.5$，因此

$$X_T \approx \frac{U_z\% U_{av2}^2}{100S_{NT}} = \frac{6.5}{100}\times\frac{(0.4)^2}{1.250} = 8.32\times 10^{-6}\text{k}\Omega = 8.32\times 10^{-3}\Omega$$

4）$k-2$ 点短路的等效电抗为

$$X_{\Sigma(k-2)} = X'_S + X'_{WL} + X_{T1} \parallel X_{T2}$$

$$= X'_{T1} + X'_{T2} + \frac{X_{T1}X_{T2}}{X_{T1}+X_{T2}} = \left(3.2\times 10^{-4} + 2.54\times 10^{-3} + \frac{8.32\times 10^{-3}}{2}\right)\Omega = 7.02\times 10^{-3}\Omega$$

（2）计算三相短路电流和短路容量

1）三相短路电流周期分量有效值为

$$I_{k-2}^{(3)} = \frac{U_{av2}}{\sqrt{3}X_{\Sigma(k-2)}} = \frac{0.4}{\sqrt{3}\times 7.02\times 10^{-3}}\text{kA} = 32.9\text{kA}$$

2）三相短路次暂态电流和稳态电流有效值为

$$I''^{(3)} = I_{\infty}^{(3)} = I_{k-2}^{(3)} = 32.9\text{kA}$$

3）三相短路冲激电流及第一周期短路全电流有效值为

$$i_{sh}^{(3)} = 1.84I''^{(3)} = 1.84\times 32.9\text{kA} = 60.58\text{kA}$$

$$I_{sh}^{(3)} = 1.09I''^{(3)} = 1.09\times 32.9\text{kA} = 35.86\text{kA}$$

4）三相短路容量为

$$S_{k-2}^{(3)}=\sqrt{3}U_{av2}I_{k-2}^{(3)}=\sqrt{3}\times0.4\times32.9\text{MV}\cdot\text{A}=22.8\text{MV}\cdot\text{A}$$

欧姆法进行短路电流计算的步骤小结：

1）绘出计算电路图。

2）绘出短路等效电路图。

3）确定短路计算点。

4）计算电路中各元件的阻抗 。

5）求出其等效总阻抗。

6）计算短路电流和短路容量。

四、两相短路电流的计算

无限大容量系统发生两相短路时，其两相短路电流可由下式求得

$$I_k^{(2)}=\frac{\sqrt{3}}{2}I_k^{(3)} \tag{3-14}$$

式中，$I_k^{(2)}$、$I_k^{(3)}$ 分别为两相短路电流、三相短路电流。

课题二　电气设备及导体的短路校验

一、概述

电力系统出现短路故障后，由于负载阻抗被短接，电源到短路点的短路阻抗很小，使电源至短路点的短路电流比正常工作电流大几十倍甚至几百倍。在大的电力系统中，短路电流可达几万安培至几十万安培。强大的短路电流通过电器和导体，一方面会产生很大的电动力，即电动效应；另一方面会产生很高的温度，即热效应。这两种短路效应，对电气设备和导体的安全运行威胁极大。

电气设备和导体应在一定的条件下经受住短路电流力和热的作用，不至于被损坏或产生永久性变形，称为其动稳定和热稳定合格。为了正确选择电气设备和载流导体，保证电气设备可靠工作，必须用短路电流的电动力效应和热效应对电气设备进行校验。

二、短路电流的电动力效应

导体通过电流时相互间电磁作用产生的力，称为电动力。正常工作时电流不大，电动力很小。短路时，特别是短路冲击电流流过瞬间，产生的电动力最大。

1. 三相平行载流导体间的电动力

三相平行的导体，中间相导体受到的电动力比两侧导体的电动力大。

如果三相线路中发生三相短路，则三相短路冲击电流 $i_{sh}^{(3)}$ 在中间相导体产生的电动力最大，其值（单位为N）为

$$F^{(3)}=\sqrt{3}i_{sh}^{(3)2}\frac{l}{a}\times10^{-7} \tag{3-15}$$

式中　$F^{(3)}$——中间相导体产生的电动力（N）；

l——导体的两相邻支持点间的距离（m）；

a——两平行导体轴线间的距离（m）；

$i_{sh}^{(3)}$——三相短路冲击电流（A）。

2. 一般电器的动稳定条件

要求电器的极限通过电流峰值（动稳定电流）大于最大短路电流冲击值，即

$$i_{es} \geqslant i_{sh} \tag{3-16}$$

式中 i_{es}——电器的动稳定电流峰值（kA）；

i_{sh}——三相短路电流冲击值（kA）。

校验电气设备或导体的动稳定时，应采用三相短路冲激电流。

对于成套电气设备，因其相邻支持点的距离 l、导线间的中心距 a 均为定值，故最大电动力只与电流大小有关。因此，成套设备的动稳定性常用设备极限通过电流或动稳定电流 i_{es}表示。当成套设备的允许极限通过电流峰值（或最大值）$i_{es} > i_{sh}$时，设备的机械强度就能承受冲击电流的电动力，即电气设备的抗力强度合格；否则不合格，应按动稳定性要求重选。

三、短路电流的热效应

短路时由于继电保护装置动作切除故障，短路电流的持续时间很短，可近似认为很大的短路电流在很短时间内产生很大的热量。

短路产生的热量一般采用等效方法计算，用短路稳态电流计算实际短路电流产生的热量。由于稳态短路电流不同于短路全电流，需要假定一个时间，称为假想时间 t_i。在此时间内，短路稳态电流所产生的热量等于短路全电流 $i_{k(t)}$ 在实际短路持续时间内所产生的热量，短路电流产生的热量可按下式计算，即

$$\int_0^{t_k} i_{k(t)}^2 \mathrm{d}t = I_\infty^2 t_i \tag{3-17}$$

在无限大容量系统中发生短路，短路发热假想时间可按下式计算，即

$$t_i = t_k + 0.05 \tag{3-18}$$

式中 t_k——短路持续时间，它等于继电保护动作时间 t_{op}和断路器断路时间 t_{oc}之和，即

$$t_k = t_{op} + t_{oc} \tag{3-19}$$

断路器的断路时间可查阅有关产品手册，一般对慢速断路器取 0.2s，快速和中速断路器可取 0.1 ~0.15s。

1. 一般电器的热稳定条件

对开关等一般电气设备，因导体材料及截面积均已确定，故达到极限温度所需的热量只与电流及通过的时间有关，其热稳定条件为

$$I_{ts}^2 t \geqslant I_\infty^2 t_i \tag{3-20}$$

式中 I_{ts}——设备在 t 内能承受的热稳定电流（kA），可由产品样本中查得；

t——设备热稳定电流所对应的时间（s），可由产品样本中查得；

t_i——短路电流作用的假想时间（s）；

I_∞——稳态短路电流（kA）。

例 3-2 已知某变电所的主变压器额定容量为 8000kV · A，额定电压为 35/10.5kV，10kV 母线上的短路电流为 18kA，继电保护动作时间为 1.2s，若变压器二次总开关采用

ZN3-10 型断路器（技术数据见表 3-4），校验动热稳定性。

表 3-4　真空户内断路器的主要技术数据

型号	额定电压/kV	额定电流/A	开断电流/kA	动稳定电流峰值/kA	热稳定电流/kA
ZN3—10 Ⅰ	10	630	8	20	8(4s)
ZN3—10 Ⅱ		1000	20	50	20(2s)
ZN4—10/1000		1000	17.3	44	17.3(4s)
ZN4—10/1250		1250	20	55	20(4s)
ZN5—10/630		630	20	50	20(2s)
ZN5—10/1000		1000	20	50	20(2s)
ZN5—10/1250		1250	25	63	25 (2s)

解：选择 ZN3—10 Ⅱ型真空断路器

$$I_k = 18\text{kA}$$

$$i_{sh} = 2.55 I_k = 45.9\text{kA}$$

$i_{es} = = 50\text{kA} > 2.55 I_k = 45.9\text{kA}$，动稳定度满足要求。

$I_{st}^2 t = 20^2 \times 2 = 800 > I_\infty^2 t_i = 18^2 \times 1.2 = 388.8$，热稳定度符合要求。

所以，选用 SN10—10 Ⅱ型真空断路器满足动、热稳定性要求。

2. 导线、母线和电缆的热稳定条件

导线、母线和电缆短路最小热稳定截面积为

$$A_{min} = I_\infty \sqrt{\frac{t_i}{C}} \tag{3-21}$$

式中　A_{min}——导体最小热稳定截面积（mm^2）；

C——导体热稳定系数，C 值查表 5-11；

I_∞——稳态短路电流（A）；

t_i——短路电流作用的假想时间（s）。

将计算出的最小热稳定截面积与选用的导体截面积比较，当所选标准截面积 $A \geqslant A_{min}$ 时，热稳定度即合格。

例 3-3　某变电所母线采用 TMY-80×10 的硬铜母线，已知母线短路时三相短路电流稳态值为 33kA，母线短路保护动作时间为 0.6s，低压断路器的断路时间为 0.1s。求母线满足短路热稳定度的最小允许截面积。已知硬铜母线的热稳定系数 $C = 171\text{A}\sqrt{\text{s}}/\text{mm}^2$。

解：

$$t_i = (0.6 + 0.1 + 0.05)\text{s} = 0.75\text{s}$$

$$I_\infty = 33\text{kA} = 33 \times 10^3 \text{A}$$

$$A_{min} = I_\infty \frac{\sqrt{t_i}}{C} = 33 \times 10^3 \times \frac{\sqrt{0.75}}{171}\text{mm}^2 = 167\text{mm}^2$$

母线满足短路热稳定度的最小允许截面积为167mm^2，母线实际截面积为800mm^2，因此，母线的热稳定度满足要求。

技能训练　电力电缆故障探测

一、实训目的

1）通过实训，了解电力电缆的基本结构。

2）学会电力电缆故障探测分析方法。

二、实训设备

兆欧表

三芯电力电缆

模拟故障电缆

三、实训电路

1. 电缆绝缘电阻的测量（详细测量步骤可参阅第五单元的技能训练）

测量电路如图3-5所示。

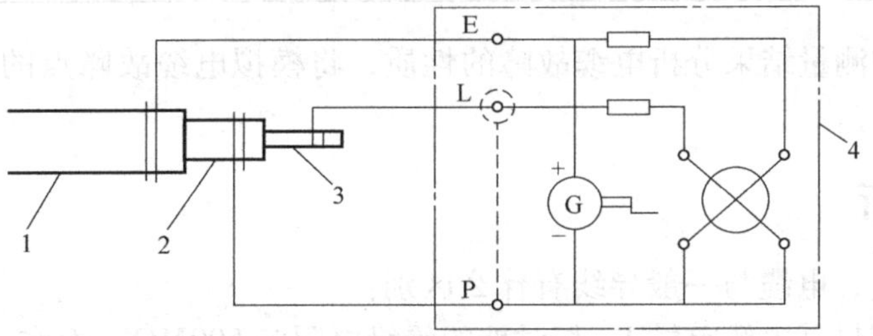

图3-5　用兆欧表测量电缆绝缘电阻

1—电缆外皮　2—绝缘层　3—电缆芯线　4—兆欧表

E—接地端子　L—线路端子　P—保护端子

2. 电缆故障的探测分析

利用一束四根导线，包括黄（L_1相）、绿（L_2相）、红（L_3相）、黑（电缆外皮）来模拟待探测的三芯故障电缆。实验前由其他同学对此模拟电缆人为地制造断线、短路、接地故障，并将故障部分用胶布缠好，作为故障电缆供实训用。

四、实训步骤

1）观察实际的电力电缆外形结构。

2）按实训电路图3-5所示接好测量线路，用兆欧表测量相与相及相对外皮（地）的绝缘电阻。

3）按照图 3-6 接好测量电路，按表 3-5 所示测量要求用兆欧表分别测量电缆首端和末端相对外皮（地）及相与相间的绝缘电阻，将测量结果记入表 3-5 中。

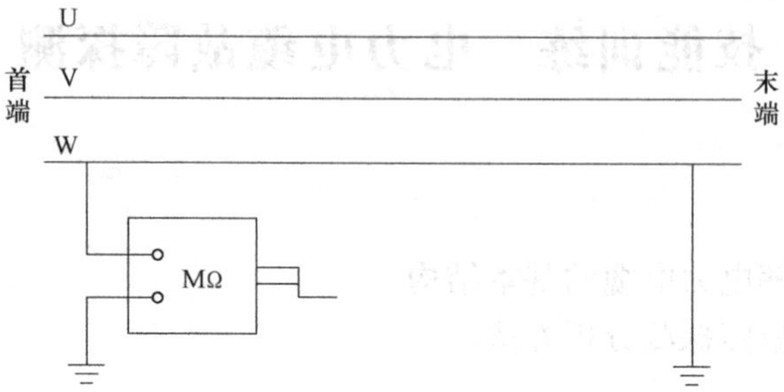

图 3-6　电缆故障探测示意图

表 3-5　电缆绝缘电阻的测量数据

测量顺序	绝缘电阻/MΩ					
	相-地			相-相		
在首端测量	L_1	L_2	L_3	L_1-L_2	L_2-L_3	L_3-L_1
在末端测量						
末端短接接地在首端测量						

4）按表 3-5 的测量结果分析电缆故障的性质，将模拟电缆故障点的胶布拆开，验证该故障是否与实际相符。

五、实训分析

1）从结构上看，电缆与一般导线有什么区别？

2）用兆欧表测量某电缆首端 L_1 相对地的绝缘电阻为 500MΩ，而在其末端测量 L_1 相对地的绝缘电阻为 5000Ω，该电缆 L_1 相的芯线可能出现了什么故障？

思考与练习

3-1　什么是短路？短路的类型有哪些？

3-2　造成短路的原因是什么？

3-3　什么是无限大电源容量系统？

3-4　什么是三相短路电流假想时间？并用代数式表示出来。

3-5　什么是三相短路冲击电流值？它与三相次暂态短路电流有什么关系？

3-6　在无限大容量系统中，两相短路电流与三相短路电流有什么关系？

3-7　用欧姆法计算短路电流时，短路回路中各元件的电抗值如何计算？

3-8　短路有哪些形式？哪种形式的短路可能性最大？哪种形式的短路危害最为严重？

3-9　有一 35kV 变电所通过一条长 4km 的 10kV 架空线路（$X_0=0.35\Omega/\text{km}$）供电给某

厂装有一台 S11-1000/10 型（$U_z\% = 6.5$）电力变压器的变电所。35kV 变电所出口断路器的断流容量为 500MV · A。试用欧姆法求该厂变电所 10kV 高压母线上和 380V 低压母线上的短路电流 I_k、I''、I_∞、i_{sh}和短路容量 S_k。

3-10　某 10kV 电缆其首端的三相短路容量为 48MV · A，短路电流假想时间为 0.7s，按热稳定条件验算电缆最小截面积应不小于多少（$C = 100$）？

第四单元

电气设备选择及运行操作

【教学目标】

知识目标：

了解电弧的概念及灭弧措施。

熟悉常用高、低压电气设备的结构组成、工作原理、技术参数及作用。

掌握电气设备选择的一般原则。

技能目标：

能进行高压成套配电装置运行维护及典型器件常见故障处理。

学会办理工作票，掌握倒闸操作方法，能进行停电、送电、验电、放电、检修、故障处理等操作。

会进行电流互感器、电压互感器的接线与维护。

课题一　电气设备的选择原则

一、按使用环境选择电气设备的类型

根据电气设备装设地点不同，可分为户外式、户内式；根据不同的工作环境可分为普通型、防污型、湿热型、高原型和矿用型等。在选择电气设备时，首先考虑电气设备的工作环境条件，选择出适宜的型号。

二、按正常工作参数选择电气设备

1. 按电网额定电压选择电气设备

所选电气设备的额定电压应不低于所在电网的额定电压，即

$$U_N \geqslant U_{NW} \tag{4-1}$$

式中　U_N——电气设备的额定电压；

U_{NW}——电网的额定电压。

2. 按最大长时负荷电流选择电气设备的额定电流

电气设备的额定电流 I_N 应不小于通过它的最大长时负荷电流 I_{ca}（或计算电流），即

$$I_N \geqslant I_{ca} \tag{4-2}$$

三、按故障条件校验电气设备

按正常条件选择的电气设备，当短路电流通过时应保证各部分发热温度和所受电动力不超过允许值，因此必须按短路情况进行校验。

1. 热稳定校验

短路电流通过电气设备时，电器的各部件温度（或发热效应）应不超过短时允许发热温度。即

$$Q_{ts} \geqslant Q_k \tag{4-3}$$

或

$$I_{ts}^2 t_{ts} \geqslant I_\infty^2 t_i \tag{4-4}$$

式中　Q_{ts}——电气设备允许通过的短时热效应 $[(kA)^2 \cdot s]$；

Q_k——短路电流产生的热效应 $[(kA)^2 \cdot s]$；

I_{ts}——电气设备的额定热稳定电流（kA）；

t_{ts}——电气设备热稳定时间（s）；

I_∞——稳态短路电流（kA）；

t_i——短路假想时间（s）。

2. 动稳定性校验

短路电流通过电气设备时，电气设备各部件应能承受短路电流所产生的机械力效应，不发生变形损坏，即

$$i_{es} \geqslant i_{sh} \tag{4-5}$$

式中　i_{es}——电气设备额定动稳定电流峰值（kA）；

i_{sh}——短路冲击电流峰值（kA）。

3. 分断能力的校验

对于需要分断短路电流的设备如断路器、熔断器，还需校验其分断能力，即

$$I_{br} \geqslant I'' \tag{4-6}$$

或

$$S_{br} \geqslant S'' \tag{4-7}$$

式中　I_{br}、I''——电气设备的开断电流及其设备安装处的次暂态短路电流有效值（kA）。

S_{br}、S''——电气设备的开断容量及其设备安装处的短路容量（MV·A）。

课题二　高压电气设备

高压电气设备主要指高压断路器、高压隔离开关、高压熔断器和高压负荷开关等。

一、高压断路器

高压断路器是供电系统中最重要的设备之一。它有完善的灭弧装置，是一种专门用于断开或接通电路的开关设备。正常运行时控制设备或线路接入或退出运行；设备或线路发生故

障时，能快速切除故障回路，保证无故障部分正常运行。

1. 电弧及灭弧方法

（1）电弧

断路器切断通有电流的回路时，在动触头和静触头之间产生的白光称为电弧。电弧的特点是温度很高，光亮度很强。只要电源电压大于10～20V，电流大于80～100mA，在动、静触头分开瞬间，触头间隙就会出现电弧。研究表明：电弧表面温度可达3000～4000℃，电弧中心的温度可达10000℃以上，电弧可使触头表面熔化或烧毁。

在触头间还存在电弧时，电路中仍有电流通过，电路尚未切断。

（2）开关电器中常用的灭弧方法

1）速拉灭弧法。迅速拉长电弧，可使电弧中的电场强度骤降，加速电弧的熄灭。这种灭弧方法是开关电器中普遍采用的一种基本的灭弧法。

2）冷却灭弧法。降低电弧的温度，有助于电弧的熄灭。这种灭弧方法在开关电器中的应用也比较普遍。

3）吹弧灭弧法。利用外力（如气流、油流或电磁力）来吹动电弧，使电弧加速冷却，同时拉长电弧，从而加速电弧的熄灭。

按吹弧方向分，可分为横吹和纵吹两种，如图4-1所示。按外力的性质分，可分为气吹、油吹、电动力吹和磁吹等方式，如图4-2所示。

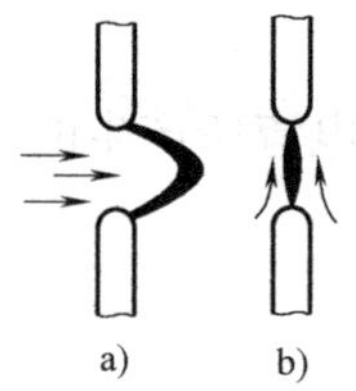

图4-1　吹弧方式

a）横吹　b）纵吹

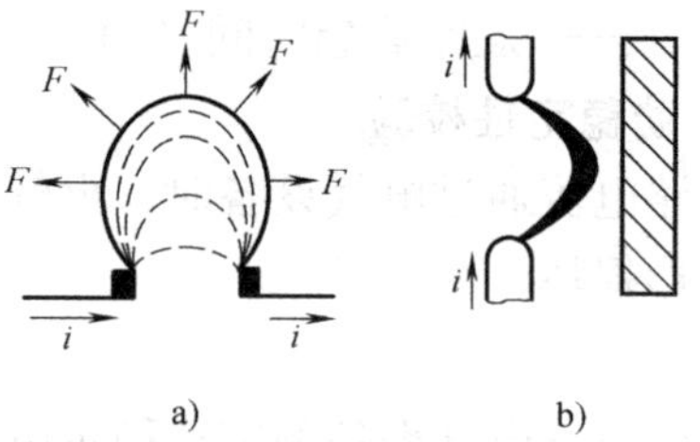

图4-2　外力吹弧

a）电动力吹弧　b）磁力吹弧

4）狭缝灭弧法。使电弧在固体介质的狭缝中运动，促使电弧迅速熄灭。填料式熔断器属于狭缝灭弧法。

5）长弧切短法。触头间的电弧在电磁力作用下，进入与电弧垂直放置的、彼此绝缘的金属栅片内（由A处移向B处），将一个长弧分成若干个短弧，如图4-3示。这种方法常用于低压交流开关中。

6）其他灭弧法。

① 真空灭弧法。真空灭弧法是将开关触头装在真空容器内，产生的电弧（真空电弧）较小，且在电流第一次过零时就能将电弧熄灭。真空断路器就是利用这种原理来熄灭电弧的。

② 六氟化硫（SF_6）灭弧法。SF_6气体具有优良的绝缘性能和灭弧性能，绝缘强度约为空气的3倍，可极大地提高开关的断流容量和减少灭弧所需时间。

电气设备的灭弧性能往往是衡量其运行可靠性和安全性的重要指标之一。

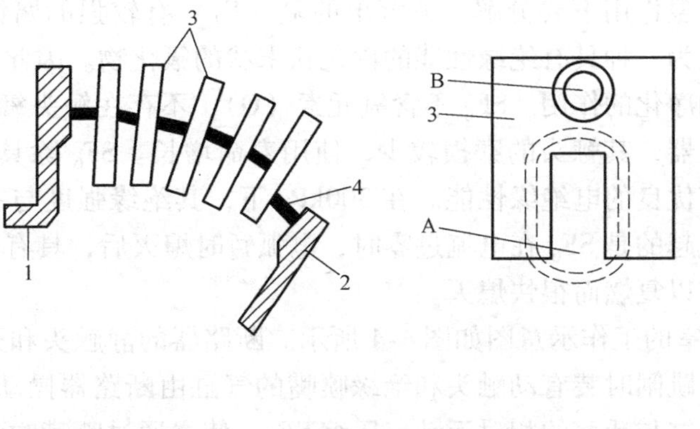

图 4-3　长电弧切割成若干短电弧

1—静触头　2—动触头　3—金属栅片　4—电弧

2. 高压断路器种类

按采用灭弧介质分类，高压断路器主要分为油断路器、六氟化硫断路器和真空断路器等。目前广泛应用的是六氟化硫断路器和真空断路器。高压断路器全型号的表示和含义如下：

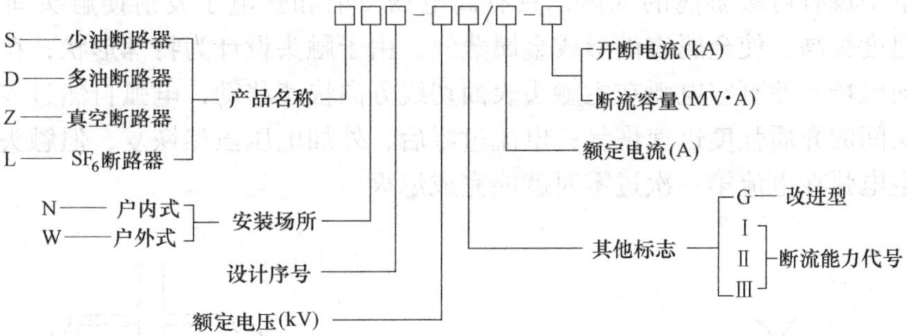

（1）油断路器

油断路器按其用油量的多少分为多油与少油两大类。多油断路器现已淘汰。

少油断路器中的油只作为灭弧介质。当断路器跳闸时，产生电弧，在油流的横吹、纵吹及机械运动引起油吹的综合作用下，使电弧迅速熄灭。

SN10-10 型少油断路器是我国统一设计的，具有结构简单、用油少、体积小、运行比较安全以及可节约大量的油和钢材的优点。按其断流容量分为Ⅰ、Ⅱ、Ⅲ型。由于少油断路器开断性能差和油的易燃、易爆性而正在逐渐被淘汰。新建变电所一般选用真空断路器或六氟化硫断路器。

（2）六氟化硫断路器

六氟化硫断路器是利用六氟化硫（SF_6）气体作为绝缘和灭弧介质的断路器，是 20 世纪 50 年代后发展起来的一种新型断路器。由于 SF_6 气体具有优良的绝缘性能和灭弧特性，其发展较快。可以在 6～500kV 系统使用，目前主要用在 110kV 及以上的电力系统中。

SF_6 是一种无色、无味、无毒且不易燃的惰性气体，在150℃以下时，化学性能相当稳定。但它在电弧的高温作用下要分解，分解出的氟（F_2）有较强的腐蚀性和毒性，且能与触头的金属蒸气化合为一种具有绝缘性能的白色粉末状的氟化物。因此这种断路器的触头一般都设计成具有自动净化的作用。SF_6 不含氧元素（O），不存在触头氧化的问题。因此 SF_6 断路器较之空气断路器，其触头的磨损较少，使用寿命增长。SF_6 除具有上述优良的物理、化学性能外，还具有优良的电绝缘性能。在300kPa下，其绝缘强度与一般绝缘油的绝缘强度大体相当。特别优越的是 SF_6 在电流过零时，电弧暂时熄灭后，具有迅速恢复绝缘强度的能力，从而使电弧难以复燃而很快熄灭。

SF_6 断路器灭弧室的工作示意图如图4-4所示。断路器的静触头和灭弧室中的压气活塞是相对固定不动的：跳闸时装有动触头和绝缘喷嘴的气缸由断路器操动机构通过连杆带动，离开静触头，造成气缸与活塞的相对运动，压缩 SF_6，使之通过喷嘴吹弧，从而使电弧迅速熄灭。

（3）真空断路器

真空断路器是利用真空作为绝缘和灭弧介质的断路器。真空断路器按安装地点分为户内式和户外式；真空断路器是变电站实现无油化改造的理想设备。目前主要用在35kV及以下供电系统中。

真空断路器的触头为圆盘状，被放置在真空灭弧室内，如图4-5所示。在触头刚分离时，由于真空中没有可被游离的气体，只有高电场发射和热电子发射使触头间产生真空电弧。电弧的温度很高，使金属表面形成金属蒸气，由于触头设计为特殊形状，在电流通过时产生一个横向磁场，使真空电弧在主触头表面切线方向快速移动，电弧自然过零时，电弧暂时熄灭，触头间的介质强度迅速恢复；电流过零后，外加电压虽然恢复，但触头间隙不会再被击穿，真空电弧在电流第一次过零时就能完成熄灭。

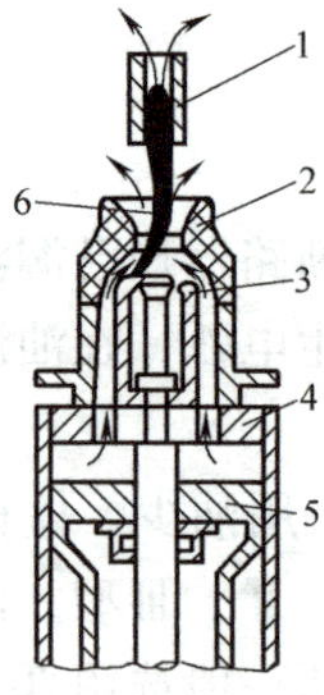

图4-4 SF_6 断路器灭弧室工作示意图

1—静触头 2—绝缘喷嘴 3—动触头

4—气缸（连同动触头由操动机构传动）

5—压气气活塞（固定） 6—电弧

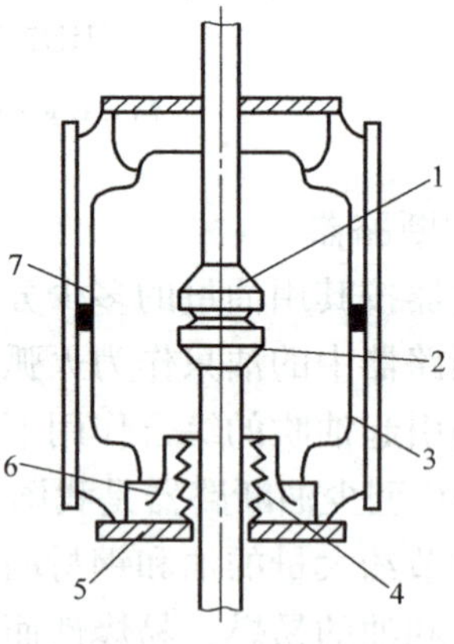

图4-5 真空断路器灭弧室的结构

1—静触头 2—动触头 3—屏蔽罩

4—波纹管 5—与外壳封接的金属法兰盘

6—波纹管屏蔽罩 7—玻壳

高压断路器的技术参数除按额定电压、额定电流、动稳定度、热稳定度选择外，还必须按断路器的功能校验其开断电流（或额定断流容量）。

二、高压隔离开关

高压隔离开关的主要功能是隔离高压电源，以保证其他设备和线路的安全检修及人身安全。隔离开关断开后，具有明显的可见断开间隙，绝缘可靠。隔离开关没有灭弧装置，不能带电拉、合闸。与断路器配合使用时，必须保证隔离开关的"先通后断"，即送电时应先合隔离开关，后合断路器；停电时应先断开断路器，后断开隔离开关。通常应在隔离开关与断路器之间设置闭锁机构，以防止误操作。

10kV 高压隔离开关型号较多，常用的有 GN8、GN19、GN24、GN28、GN30 等系列，GN8-10 型高压隔离开关的外形结构如图 4-6 所示。

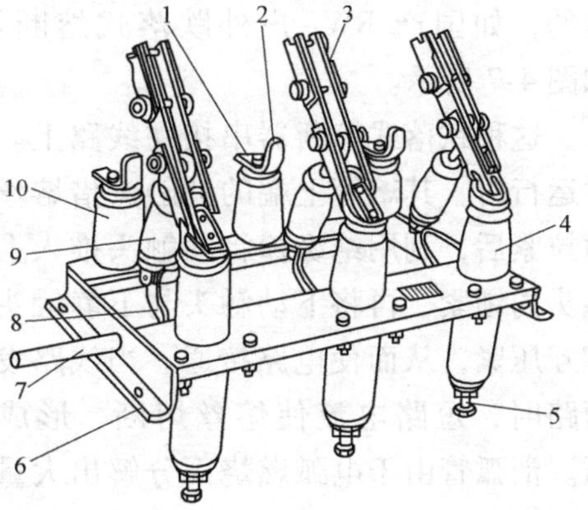

图 4-6　GN8-10 型高压隔离开关外形结构

1—上接线端　2—静触头　3—动触头　4—套管绝缘子　5—下接线端　6—框架　7—转轴　8—拐臂　9—升降绝缘子　10—支柱绝缘子

隔离开关可用来通断一定的小电流，如励磁电流不超过 2A 的空载变压器、电容电流不超过 5A 的空载线路及电压互感和避雷器电路等。

高压隔离开关按安装地点分为户内式和户外式两大类；按有无接地开关又可分为不接地、单接地、双接地三类。高压隔离开关的型号表示和含义如下：

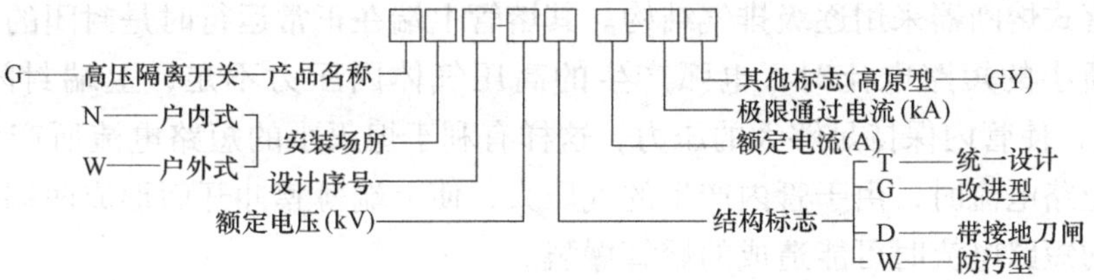

隔离开关按电网电压、额定电流及环境条件选择，并按短路电流校验其动、热稳定性。

三、高压熔断器

高压熔断器是一种过电流保护元件，由熔件与熔管两部分组成。当过载或短路时，电流增大，熔件熔断，达到切除故障保护设备的目的。

1. 高压熔断器的种类

高压熔断器分户内、户外式与并联电容器单台保护用高压熔断器（BRW 型）三种类型。高压熔断器型号表示和含义如下：

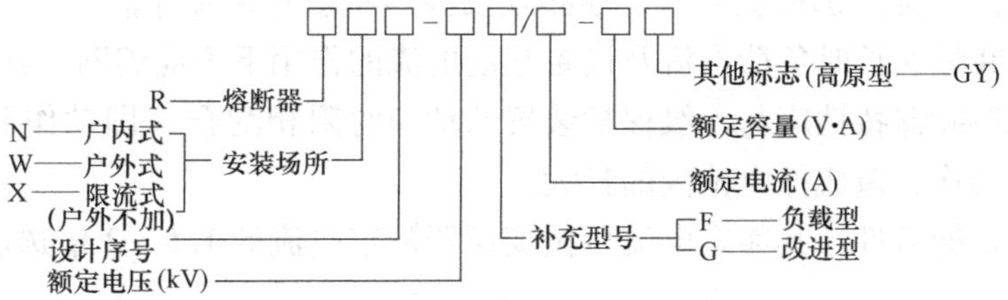

高压熔断器灭弧方式一种是熔管内壁为产气材料，在电弧作用下分解出大量的气体，使熔管内气压剧增，达到灭弧目的；或利用所产生的气体吹弧，达到熄弧目的，如国产 RW_4 户外跌落式熔断器，如图4-7所示。

这种跌落式熔断器串接在线路上。正常运行时，其熔管上端的动触头借熔丝张力拉紧后，利用绝缘棒将动触头推入上静触头内锁紧，再将下动触头与下静触头也相互压紧，从而使电路接通。当线路发生短路时，短路电流使熔丝熔断，形成电弧。消弧管由于电弧燃烧而分解出大量气体，使管内压力剧增，并沿管道形成强烈的气流纵向吹弧，使电弧迅速熄灭。熔丝熔断后，熔管的上动触头因失去张力而下翻，使锁紧机构释放熔管，在触头弹力及熔管自重作用下，回转跌开，造成明显可见的断开间隙。

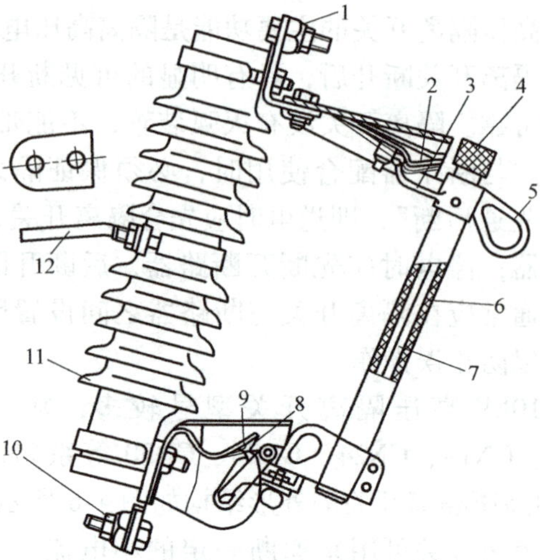

图4-7 户外跌落式熔断器

1—上接线端子 2—上静触头 3—上动触头 4—管帽 5—操作环 6—熔管 7—铜熔丝 8—下动触头 9—下静触头 10—下接线端子 11—瓷绝缘子 12—固定安装板

这种跌落式熔断器采用逐级排气结构。其熔管上端在正常运行时是封闭的，可防止雨水浸入。在分断小的短路电流时，电弧产生的高压气体因压力不足，上端封闭形成向下端（单端）排气，使管内保持足够大的压力，这样有利于熄灭小的短路电流所产生的电弧。而在分断大的短路电流时，由于管内产生的气压大，使上端薄膜冲开而形成两端排气，有助于防止分断大的短路电流时可能造成的熔管爆裂。

另一种是利用石英砂作为灭弧介质，填充在熔管内，熔件熔断后，电弧与石英砂紧密接触，弧电阻很大起到了限制短路电流的作用，使电流未达到最大值时即可熄灭，所以又叫限流熔断器。国产 RN1-10、RN2-10 及 RW9-35 等均属此类产品。RN 型熔断器外形如图4-8所示，其熔管剖面示意图如图4-9所示。

国产6~35kV熔断器的熔件，其额定电流等级有3.5A、10A、15A、20A、30A、40A、50A、75A、100A、125A、150A、200A等。

2. 高压熔断器的选择

高压熔断器除按工作环境条件、电网电压、长时最大负荷电流（对保护电压互感器的熔断器不考虑负荷电流）选择型号外，还必须校验熔断器的断流容量。

所选熔件应在最大长时负荷电流及设备起动电流的作用下不应熔断，在短路电流作用下可靠熔断；要求熔断器特性应与上级保护装置的动作时限相配合（即动作要有选择性），以免保护装置越级动作，造成停电范围的扩大。

对保护变压器的熔件，其额定电流可按变压器额定电流的1.5~2倍选取。

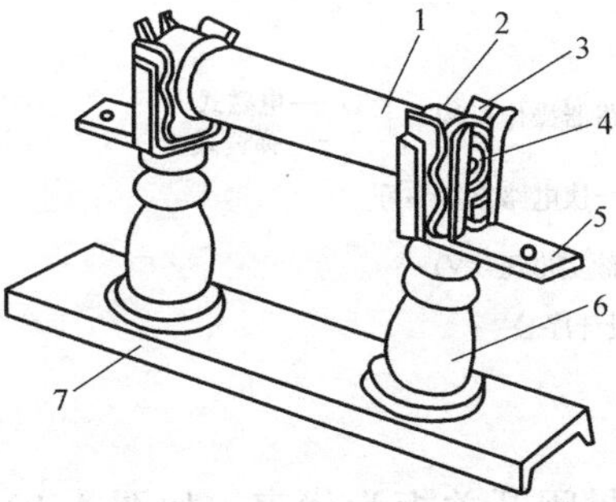

图 4-8　RN 型熔断器外形
1—瓷熔管　2—金属管帽　3—弹性触座
4—熔断指示器　5—接线端子
6—瓷绝缘子　7—底座

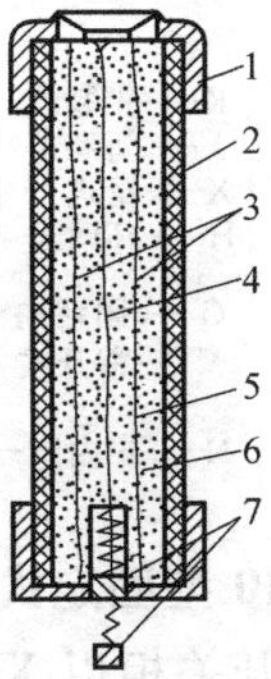

图 4-9　RN 型熔管剖面示意图
1—管帽　2—熔管　3—工作熔体　4—指示熔体
5—锡球　6—石英砂填料　7—熔断指示

四、高压成套配电装置

1. 配电装置概述

配电装置是电气一次接线的工程实施，是变电所的重要组成部分。它是按电气主接线的要求，由开关电器、载流导体和必要的辅助设备所组成的电工建筑物，在正常情况下用来接受和分配电能，发生事故时能迅速切断故障部分，以恢复非故障部分的正常工作。

成套配电装置是将各种有关的开关电器、测量仪表、保护装置和其他辅助设备按照一定的方式组装在统一规格的箱体中，组成一套完整的配电设备。使用成套配电装置，可使变电所布置紧凑、整齐美观，操作和维护方便，并可加快安装速度，保证安装质量，但造价较高。

成套配电装置分一次电路方案和二次电路方案。一次电路方案是指主回路的各种开关、互感器、避雷器等元件的接线方式。二次方案是指测量、保护、控制和信号装置的接线方式。电路方案不同，配电装置的功能和安装方式也不相同，用户可根据需要选择不同的一次、二次电路方案。

成套配电装置按电压及用途分，可分为高压开关柜、低压配电屏及动力、照明配电箱等。

老系列的高压开关柜全型号的表示和含义如下：

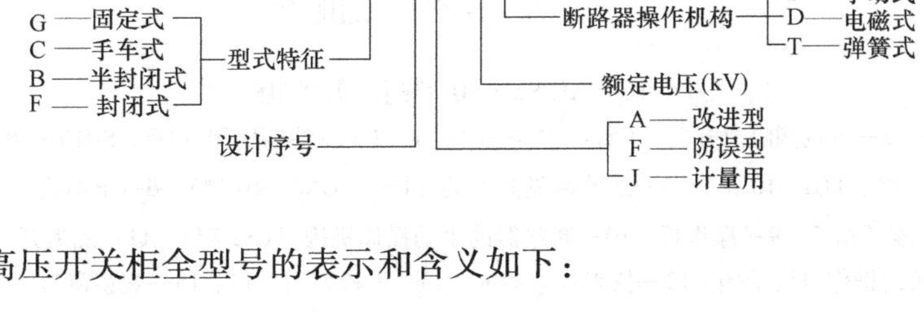

新系列的高压开关柜全型号的表示和含义如下：

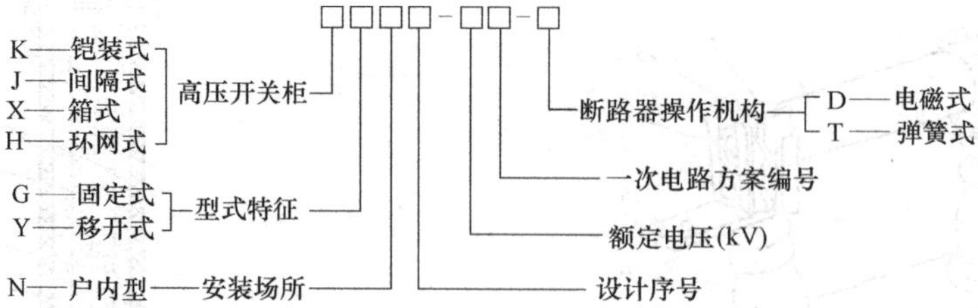

2. XGN2—10 型固定式高压开关柜

固定式高压开关柜以 XGN2—10 箱型固定式金属封闭开关柜为代表，如图 4-10 所示。XGN2—10 型高压开关柜为角钢或弯板焊接骨架结构，柜内分为母线室、断路器室、继电器室，室与室之间用钢板隔开。该型开关柜为双面维护，从前面可监视仪表，操作主开关和隔离开关，监视真空断路器及开门检修主开关；从后面可寻找电缆故障，检修维护电缆头等。断路器室高度 1800mm，电缆头高度 780mm，维护人员可方便地站在地面上检修。隔离开关采用旋转式隔离开关，当隔离开关打开至分断位置时，动触刀接地，在主母线和主开关之间形成两个对地断口，从而保证了检修人员的安全。母线室母线呈品字形排列，顶部为可拆卸结构，贯通若干台开关柜的长条主母线可方便地安装固定。柜中部有贯穿整个排列的二次小

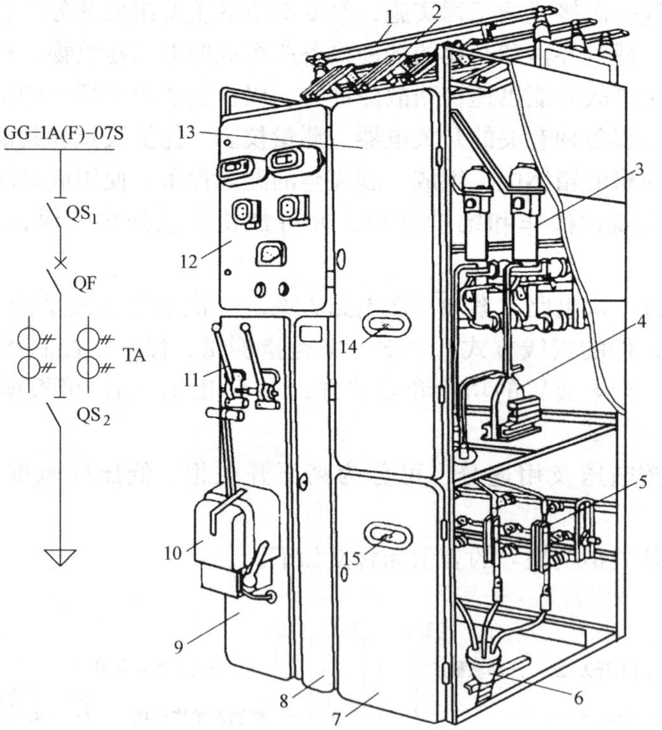

图 4-10 XGN2—10 型高压开关柜

1—母线 2—母线侧隔离开关（QS_1，GN8—10 型） 3—少油断路器（QF，SN10—10 型） 4—电流互感器（TA，LQJ—10 型） 5—线路侧隔离开关（QS_2，GN6—10 型） 6—电缆头 7—下检修门 8—端子箱门 9—操作板 10—断路器的手动操作机构（CS2 型） 11—隔离开关的操作机构手柄 12—仪表继电器屏 13—上检修门 14、15—观察窗口

母线及二次端子室。可方便检查二次接线。柜底部有贯穿整个排列的接地母线，保证可靠的接地连接。

XGN2—10 箱式柜主开关、隔离开关、接地开关、柜门之间均采用强制性闭锁方式，具有完善的“五防”（防误分、合断路器；防带负荷拉合隔离刀闸；防带电合接地刀闸；防带接地线合断路器；防误入带电间隔）功能。主开关传动操作设计与机械联锁装置统筹考虑，结构简单，动作可靠。

XGN2—10 箱式开关柜需双面维护，应离墙安装，柜前为操作通道，柜后为维护通道；该柜宽为 1100mm（Ⅲ型开关为 1200mm）、深为 1200mm（带旁路开关时为 1800mm）、高为 2650mm。其布置如图 4-11 所示。

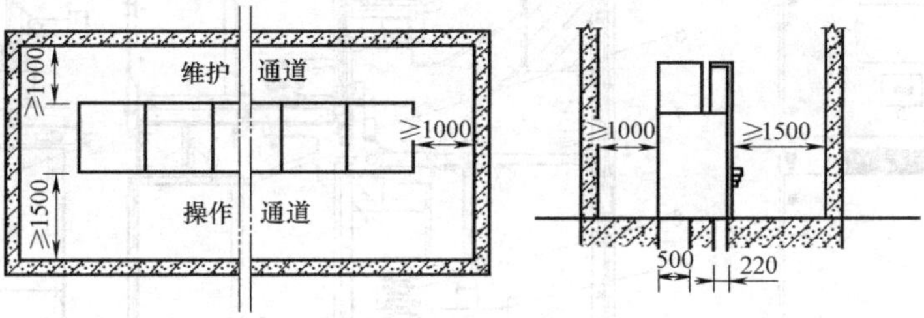

图 4-11　XGN2—10 箱式开关柜配电布置图（单位：mm）

3. KYN28—12 型铠装式金属封闭高压开关柜

开关柜的基本结构由固定的柜体和真空断路器手车组成。柜体的外壳和各功能单元的金属隔板均采用螺栓联接。其内部安装的电气元件如图 4-12 所示。开关柜外壳防护等级是 IP4X，断路器室门打开时的防护等级为 IP2X。开关柜可配用真空断路器手车，也可配用固定式负荷开关。

开关柜按用途可分为若干功能单元。

1）外壳和隔板。开关柜的外壳和隔板由优质钢板制成，具有很强的抗氧化、耐腐蚀功能，且刚度和机械强度比普通低碳钢板高。三个高压室的顶部都装有压力释放板。出现内部故障时，高压室内气压升高，由于柜门已可靠密封，高压气体将冲开压力释放板释放出来。相邻的开关柜由各自的侧板隔开，拼柜后仍有空气缓冲层，可以防止开关柜被故障电弧贯穿熔化。低压室 D 装配成独立隔室，与高压区域分隔开。隔板将断路器室 B 和电缆隔室 C 隔开，即使断路器手车移开（此时活门会自动关闭），也能防止操作者触及母线隔室 A 和电缆隔室 C 内的带电部分。卸下紧固螺栓就可移开水平隔板，便于电缆密封终端的安装。

手车隔室、母线隔室、电缆隔室、仪表隔室（低压室）的外壳均独立接地。

2）开关柜内的小室。断路器手车装在有导轨的断路器室 B 内，可在运行、试验/隔离两个不同位置之间移动。当手车从运行位置向试验/隔离位置移动时，活门会自动盖住静触头，反向运行则打开。手车能在开关柜门关闭的情况下操作，通过门上的观察窗可以看到手车的位置、手车上的 ON（断路器合闸）/OFF（断路器分闸）按钮、合分闸状态指示器和储能/释放状况指示器。

3）断路器手车。手车可采用手动进行移动。框架由合金钢板拼装而成，上面装断路器和其他设备。具有弹簧触头系统的触臂装在断路器的极柱上，当手车插入到运行位置时起电气连接作用。手车于开关柜之间的信号、保护和控制线，用一个控制线插头连接。手车刚插

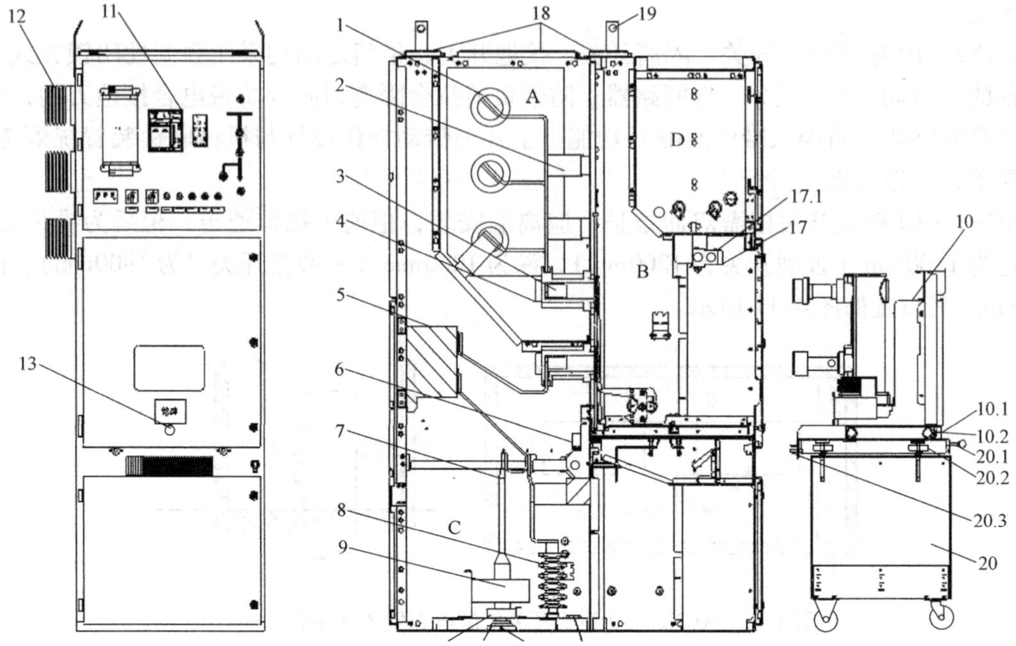

图 4-12　KYN28-12 进线或出线柜基本结构剖面图

A—母线隔室　B—断路器隔室　C—电缆隔室　D—低压室

1—泄压装置　2—外壳　3—分支母线　4—母线套管　5—主母线　6—静触头装置

7—静触头盒　8—电流互感器　9—接地开关　10—电缆　11—避雷器　12—接地母线

13—装卸式隔板　14—隔板（活门）　15—二次插头　16—断路器手车

17—加热去湿器　18—可抽出式隔板　19—接地开关操作机构　20—控制小线槽　21—底板

入开关柜就固定在试验/隔离位置，同时也可靠地连接到开关柜的接地系统。手车的所在位置，能通过观察窗或装在低压室面板上的手车电气位置指示器看到。

除真空断路器外，手车可配真空接触器、隔离装置和计量设备等。

4）母线室。母线从一个开关柜引至另一个开关柜，通过分支母线和套管固定。矩形的分支母线直接用螺栓连接到主母线上，不需任何连接夹。所有母线和分支母线都用热缩套管覆盖。套管板和套管将柜与柜之间的母线隔离起来，并有支撑作用。对电动应力大的开关柜，一般需要这种支持。

5）电缆室。电流互感器和接地开关装在电缆室后部。电缆室也可安装避雷器。当电缆室门打开后，有足够的空间供施工人员进入柜内安装电缆（最多可并接 6 根）。盖在电缆入口处的底板可采用非导磁的不锈钢板，是开缝的、可拆卸的，便于现场施工。底板中穿越一、二次电缆的变径密封圈开孔应与所装电缆相适应，以防小动物进入。

对于湿度较大的电缆沟，建议用防火泥、环氧树脂将开关柜进行密封。

6）低压室。开关柜的二次元件装在低压室内及门上。控制线线槽空间宽裕，并有盖板，左侧线槽用来引入和引出柜间连线，右侧线槽用来敷设开关柜内部连线。低压室侧板上有控制线穿越孔，以便控制电源的连接。

防止误操作的联锁/保护：断路器和接地开关在分闸位置时，手车能从试验/隔离位置移动到运行位置。在这种分闸状态下，反向移动也行（机械联锁）；手车已完全处于试验或运行位置时，断路器才能合闸（机械和电气联锁）；手车在试验或运行位置而没有控制电压时，断路器不能合闸，仅能手动分闸（电气联锁）；手车在运行位置时，控制线插头被锁定，不能拔出；手车在试验/隔离位置或移开时，接地开关才能合闸（机械联锁）；接地开关合时，手车不能从试验/隔离位置移向运行位置（机械联锁）。

五、供电系统倒闸操作和操作票的填写

倒闸操作是指电气设备或电力系统由一种状态变换到另一种运行状态，由一种运行方式转变为另一种运行方式的一系列有序的操作。

倒闸操作是电力系统运行中一项经常进行的重要工作，如果发生差错，会造成电力系统或人身事故，甚至导致电力系统瓦解或人员伤亡，因而必须规定严密的制度。倒闸操作必须在电力系统值班调度员统一指挥下，按照规定操作程序向发电厂、变电所或下一级调度值班人员发布操作命令，然后由以上人员按照命令操作，或者由值班调度员直接进行遥控操作。

1. 倒闸操作原则

（1）设备的停、送电操作原则

电气设备停、送电操作时，先停一次设备，后停保护、自动装置；送电操作时，先加用保护、自动装置，后投入一次设备。

设备停电时，先断开设备各侧断路器，然后拉开断路器两侧隔离开关；设备送电时，先合上设备断路器两侧隔离开关，最后合上该设备断路器。目的是为了有效防止带负荷拉、合隔离开关设备。送电时，合隔离开关及断路器的顺序应是从电源侧逐步送向负荷侧，设备停电时，与设备送电时顺序相反。

（2）变压器的操作原则

变压器投入或退出运行对系统影响较大，因此，变压器并列运行必须满足下列条件：电压比相等，允许相差5%；短路电压相等，允许相差10%；联结组标号必须相同。

变压器送电时，先合电源侧断路器，停电时先断负荷侧断路器。

（3）线路停、送电操作原则

线路停电操作应先断开断路器，然后拉开线路侧隔离开关，最后拉母线侧隔离开关，线路送电操作与此相反。

线路断路器在断开情况下，先合线路侧隔离开关还是母线侧隔离开关对供电系统都没多大影响。之所以要求停、送电遵循一定的操作顺序，主要是为了防止万一发生带负荷拉、合隔离开关时，将事故缩小在最小范围之内。例如，在进行倒闸操作时，某条10kV线路的断路器未断开，此时若先拉开线刀闸时，发生带负荷拉隔离开关故障，保护动作会使该线路的断路器分闸，仅停本线路。而若先拉开母线侧隔离开关则发生带负荷拉隔离开关故障，保护动作会将该线路上一级开关跳闸。对35kV变电站而言，如果跳开主变低压侧开关，那么，母线上所有连接元件停电，事故范围就将扩大。另外，在负荷很大时，还有可能引起弧光短路，烧坏设备，引起人身触电。

（4）断路器的操作原则

高压断路器具备完善的灭弧装置，正常运行时，用来接通和断开负荷电流；故障时，用来切断短路电流，保证非故障设备的正常运行。

长期停运的断路器，在正式执行操作前应通过远程控制方式进行试操作 2～3 次，无异常后，方能按操作票拟定方式操作。

断路器检修后恢复运行时，操作前应检查为保证人身安全所设置的安全措施已拆除。操作前，还要投入断路器有关保护和自动装置；操作前后，断路器分、合闸位置指示正确，三相一致。另外，操作过程中，应同时监视有关电压、电流、功率等表计指示以及断路器控制把手指示灯的变化。操作控制把手时，用力不得过猛，防止损坏控制把手。断路器合闸后应检查其内部有无异常气味。

（5）隔离开关的操作原则

隔离开关的重要作用是在检修时在供电系统中能够造成明显断开点，使检修设备与电源隔离，保证检修人员的安全。另外隔离开关与断路器配合，可达到安全经济运行的目的。隔离开关不能用来接通（断开）负荷电流，但在电流很小或容量很低且具体规定时，也可以用隔离开关分、合电路。

操作隔离开关前，应检查相应断路器分、合闸位置是否正确，以防止带负荷拉合隔离开关操作中，如果发现绝缘子严重破损，隔离开关传动杆严重损坏等缺陷时，不得进行操作。如果隔离开关被闭锁不能操作时，应查明原因，不得随意解除闭锁。拉、合隔离开关后，应到现场检查其实际位置，以免因控制回路中传动机构故障，出现拒分、拒合现象，同时应检查隔离开关触头位置是否符合规定要求，以防止出现不到位现象。操作隔离开关后，要将防误闭锁装置锁好，以防止下次发生误操作，如果隔离开关有声响，应查明原因，不得硬性拉、硬性合。

（6）继电保护及自动装置的投入及停用原则

设备正常运行时，应按有关规定加用继电保护及自动装置。在倒闸操作时，一次设备运行方式对继电保护动作特性、保护范围是有影响的，应将其继电保护运行方式、整定值做相应调节。继电保护故障、二次回路故障影响保护装置正确动作时，应将继电保护停用。加用继电保护时，先投保护装置电源，后加保护出口压板。停用与此相反，其目的是防止投、送保护时继电器保护误动作。

电气设备送电前，应按照规定将保护投入运行（受一次设备运行方式影响的除外），电气设备停电后，应将相关保护停用。

2. 操作票的填写

1）配电室名称的填写。填写全称，不能简称或代号。应先填写站名，后填写电压等级。如：供电×队　××kV　配电室

2）操作票的编号。变电站（发电厂）倒闸操作票的编号由供电中心统一编号，并在印刷时一并排印，使用单位应按编号顺序依次使用，编号不能随意改动，不得出现空号、跳号、重号、错号。

3）操作任务的填写。操作任务的填写要简单明了，做到能从操作任务中看出操作对象、操作范围及操作要求。操作任务应填写设备双重名称，即电气设备中文名称和编号。

每张操作票只能填写一个操作任务。一个操作任务是指根据同一操作命令为了相同的操

作目的而进行一系列相关联并依次进行的不间断倒闸操作过程。

一项连续操作任务不得拆分成若干单项任务而进行单项操作。一个操作任务用多张操作票时，在首张及以后几张操作票的最后一行填写“接下页×××号操作票”，×××号指下一页操作票编号，在第二张及以后几张填写“接上页×××号操作票”，×××号指上一页操作票编号。为了同一操作目的，根据调度指令进行中间有间断的操作，应分别填写操作票。分项操作时，在操作项目终止、开始旁边应填写相应的时间。

3. 典型倒闸操作范例

倒闸操作是多种多样的，现仅以图 4-13 所示 10kV 进线设备倒闸操作票的送电、停电操作为例，说明倒闸操作步骤。

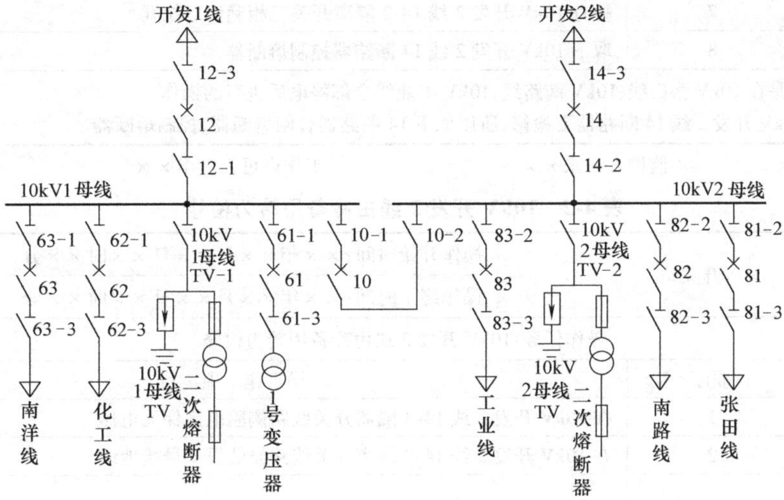

图 4-13　10kV 变电站一次接线图

正常运行方式下，10kV 开发 1 线在 10kV1 母线运行，12 断路器、12-1 隔离开关、12-3 隔离开关在合闸位置。10kV 开发 2 线在 10kV2 母线运行，14 断路器、14-2 隔离开关、14-3 隔离开关在合闸位置。10kV 分段 10 断路器在拉开位置，10-1 隔离开关、10-2 隔离开关在合闸位置。10kV 分段 10 断路器自投装置在投入位置。10kV 南洋线、10kV 化工线、10kV1 母线 TV、1 号变压器在 10kV1 母线运行，10kV 南洋线 63 断路器、63-1 隔离开关、63-3 隔离开关均在合闸位置。10kV 化工线 62 断路器、62-1 隔离开关、62-3 隔离开关均在合闸位置。1 号变压器 61 断路器、61-1 隔离开关、61-3 隔离开关均在合闸位置。10kV1 母线 TV-1 隔离开关在合闸位置。10kV 工业线、10kV2 母线 TV、10kV 南路线、10kV 张田线在 10kV2 母线运行，10kV 工业线 83 断路器、83-2 隔离开关、83-3 隔离开关均在合闸位置，10kV 南路线 82 断路器、82-2 隔离开关、82-3 隔离开关均在合闸位置。10kV 张田线 81 断路器、81-2 隔离开关、81-3 隔离开关均在合闸位置，10kV2 母线 TV-2 隔离开关在合闸位置。

表 4-1 ~ 表 4-5 给出了几种倒闸操作票的填写实例。

表 4-1　10kV 开发 2 线由运行转为冷备用

××　开关站		操作开始时间：××年××月××日××时××分
		操作终了时间：××年××月××日××时××分
操作任务：10kV 开发 2 线由运行转为冷备用		
	顺序	操 作 项 目
√	1	拉开 10kV 开发 2 线 14 断路器
√	2	检查 10kV 开发 2 线 14 断路器三相确保已拉开
√	3	取下 10kV 开发 2 线 14 断路器合闸熔断器
√	4	拉开 10kV 开发 2 线 14-3 隔离开关
√	5	检查 10kV 开发 2 线 14-3 隔离开关三相确保已拉开
√	6	拉开 10kV 开发 2 线 14-2 隔离开关
√	7	检查 10kV 开发 2 线 14-2 隔离开关三相确保已拉开
√	8	取下 10kV 开发 2 线 14 断路器控制熔断器

注：1. 此操作是在 10kV 张田线、10kV 南路线、10kV 工业线全部停电后进行的操作。

2. 由于 10kV 开发 2 线 14 断路器要检修，所以取下 14 断路器合闸熔断器、控制熔断器。

操作人：王××　　监护人：张××　　工作许可人：李××

表 4-2　10kV 开发 2 线由冷备用转为检修

××　开关站		操作开始时间：××年××月××日××时××分
		操作终了时间：××年××月××日××时××分
操作任务：10kV 开发 2 线由冷备用转为检修		
	顺序	操 作 项 目
√	1	在 10kV 开发 2 线 14-3 隔离开关线路侧验电确保无电压
√	2	在 10kV 开发 2 线 14-3 隔离开关线路侧装设 3 号接地线

注：1. 装设接地线必须先接接地端，后接导体端，且必须接触良好，严禁用缠绕方式接地。

2. 验电要用合格的相应的电压等级的专用验电器。

3. 必须对线路 A、B、C 三相逐一验电确保无电压。

4. 当验明设备无电压后，对检修设备接地并三相短路。

5. 装设接地线时，工作人员应使用绝缘棒或戴绝缘手套，人体不得碰触接地体。

6. 操作人在装设接地线时，监护人严禁帮助操作人拉拽接地线，以免失去监护作用。

操作人：王××　　监护人：张××　　工作许可人：李××

表 4-3　10kV 开发 2 线 14 断路器由冷备用转为检修

××　开关站		操作开始时间：××年××月××日××时××分
		操作终了时间：××年××月××日××时××分
操作任务：10kV 开发 2 线 14 断路器由冷备用转为检修		
	顺序	操 作 项 目
√	1	在 10kV 开发 2 线 14 断路器与 14-3 隔离开关间验电确保无电压
√	2	在 10kV 开发 2 线 14 断路器与 14-3 隔离开关间设 1 号接地线
√	3	在 10kV 开发 2 线 14 断路器与 14-2 隔离开关间验电确保无电压
√	4	在 10kV 开发 2 线 14 断路器与 14-2 隔离开关间装设 2 号接地线

操作人：王××　　监护人：张××　　工作许可人：李××

表 4-4　10kV 开发 2 线 14 断路器由检修转为冷备用

××　开关站		操作开始时间：××年××月××日××时××分
		操作终了时间：××年××月××日××时××分
操作任务:10kV 开发 2 线 14 断路器由检修转为冷备用		
	顺序	操　作　项　目
√	1	拆除 10kV 开发 2 线 14 断路器与 14-3 隔离开关间 1 号接地线
√	2	检查 10kV 开发 2 线 14 断路器与 14-3 隔离开关间 1 号接地线已拆除
√	3	检查 10kV 开发 2 线 14 断路器与 14-3 隔离开关确保无接地短路
√	4	拆除 10kV 开发 2 线 14 断路器与 14-2 隔离开关间 2 号接地线
√	5	检查 10kV 开发 2 线 14 断路器与 14-2 隔离开关间 2 号接地线已拆除
√	6	检查 10kV 开发 2 线 14 断路器与 14-2 隔离开关确保无接地短路

注：1. 拆除接地线必须先拆除导体端，后拆除接地端。
2. 拆除导体端必须 A、B、C 三相全部拆除。
3. 必须 A、B、C 三相逐一检查确保无接地短路。
4. 拆除接地线时，工作人员应使用绝缘棒或绝缘手套，人体不得接触接地体。
5. 拆除接地体后，操作人应将拆除的接地线从导体端至接地端依次盘起并扎好。
6. 将扎好的接地线按其编号放入固定存放地点，存放点的编号要与接地线编号对应。

操作人：王××　　　　监护人：张××　　　　工作许可人：李××

表 4-5　10kV 开发 2 线由检修转为冷备用

××　开关站		操作开始时间：××年××月××日××时××分
		操作终了时间：××年××月××日××时××分
操作任务:10kV 开发 2 线由检修转为冷备用		
	顺序	操　作　项　目
√	1	拆除 10kV 开发 2 线 14 断路器与 14-3 隔离开关间 3 号接地线
√	2	检查 10kV 开发 2 线 14 断路器与 14-3 隔离开关间 3 号接地线确保已拆除
√	3	检查 10kV 开发 2 线 14 断路器与 14-3 隔离开关确保无接地短路

操作人：王××　　　　监护人：张××　　　　工作许可人：李××

课题三　互　感　器

互感器是电流互感器和电压互感器的合称，它是测量仪表、继电保护等二次设备获取一次回路信息的传感器。互感器将一次电路的大电流、高电压变成小电流和低电压。

互感器的主要作用是：

1）使仪表、继电器等二次设备与主电路绝缘。既可避免主电路的高电压直接引入仪表、继电器等二次设备，又可防止仪表、继电器等二次设备的故障影响主电路，提高一、二次电路的安全性和可靠性，有利于人身安全。

2）用来扩大仪表、继电器等二次设备的应用范围。通过采用不同电流比或电压比的互感器就可测量任意高的电流或电压。而且由于采用了互感器，可使二次仪表、继电器等设备的规格统一。

一、电流互感器

1. 基本结构原理

电流互感器（Current Transformer，CT，文字符号为 TA），又称仪用变流器，是一种按照电磁感应原理制成的电气装置，基本结构原理如图 4-14 所示。

电流互感器主要由铁心，一、二次绕组，接线端子及支承件等组成。它的结构特点是：一次绕组匝数很少，有的电流互感器还没有一次绕组，利用穿过其铁心的一次电路作为一次绕组，相当于匝数为 1，并且一次绕组导线截面积较粗；而二次绕组匝数较多，导线截面积较细。工作时，一次绕组串接在一次电路中，而二次绕组则与仪表、继电器等的电流线圈相串联，形成一个闭合回路。二次绕组的额定电流设计为 5A。

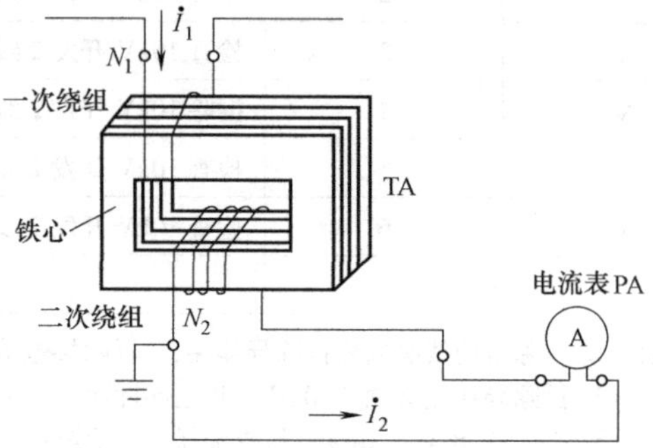

图 4-14 电流互感器的基本结构原理图

根据电磁感应原理，电流互感器的一次电流 I_1 与其二次电流 I_2 之间的关系为

$$I_1 = \frac{N_2}{N_1} I_2 = K_I I_2 \tag{4-8}$$

式中 N_1、N_2——电流互感器一、二侧绕组的匝数；

K_I——电流比，$K_I = I_{1N}/I_{2N}$，I_{1N}、I_{2N}为电流互感器一、二次绕组的额定电流。

2. 电流互感器的类型

（1）电流互感器的型号及含义

电流互感器全型号的表示和含义如下：

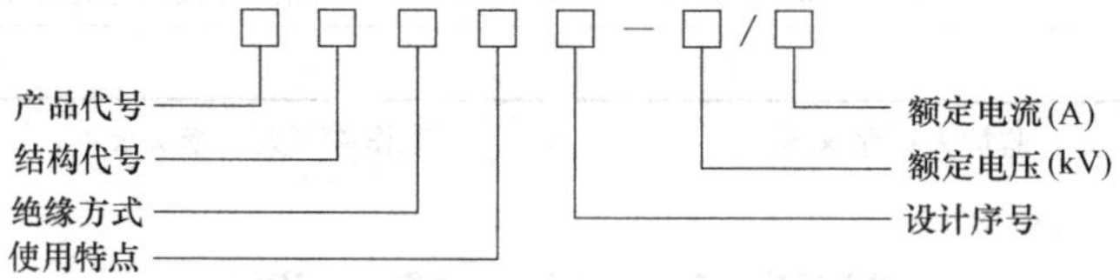

产品代号：L——电流互感器。

结构代号：A——穿墙式；B——支柱式；C——瓷箱式；D——贯穿单匝式；F——贯穿多匝式；J——接地保护；K——塑料外壳；M——母线式；Q——线圈式；R——装入式。

绝缘方式：C——瓷绝缘；J——树脂浇注；Z——浇注绝缘。

使用特点：B——保护用；D——差动保护用；J——加大容量；L——铝线式；Q——加强型；W——户外用；X——小体积柜用；S——手车柜用。

（2）电流互感器的分类

电流互感器的种类较多，按一次侧匝数的多少可分为单匝式和多匝式，单匝式有母线式、心柱式和套管式，多匝式有线圈式和线环式；按一次电压的高低可分为高压电流互感器和低压电流互感器；按用途可分为测量用电流互感器和保护用电流互感器两大类；按准确度等级分，测量用电流互感器有0.1、0.2、0.5、1、3、5级，保护用电流互感器有5P、10两个准确度等级。按使用环境又可分为户内式和户外式两种。

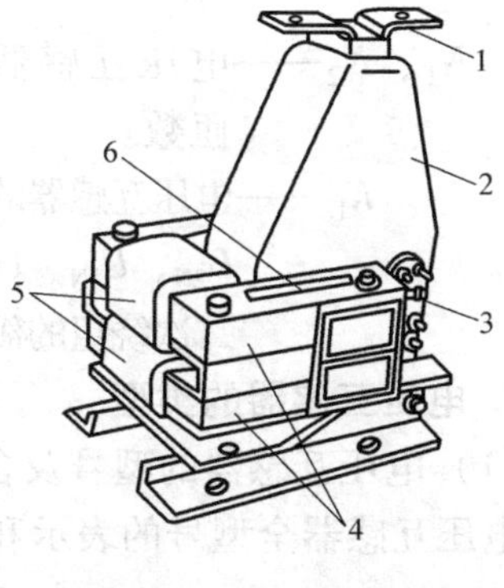

图4-15　LQJ-10型电流互感器外形图
1—一次接线端子　2—一次绕组（树脂浇注）
3—二次接线端子　4—铁心　5—二次绕组
6—警示牌（上写“二次侧不得开路”等字样）

图4-15所示是户内高压LQJ-10型电流互感器的外形图。它有两个铁心和两个二次绕组，准确度等级分别为0.5级和3级，0.5级用于测量，3级用于继电保护。

图4-16所示是户内低压LMZJ1-0.5型（500A/5A～800A/5A）电流互感器的外形图。它不含一次绕组，穿过其铁心的母线就是其一次绕组（相当于1匝）。它用于500V及以下配电装置中。

图4-17所示为多匝式瓷绝缘高压电流互感器。它的两个铁心和两个二次绕组都封在外壳6之中。其绝缘瓷套管的内腔表面和外表面都涂有导电石墨，以防止金属部分与瓷套管间的空气层发生电离现象而损坏绝缘材料。

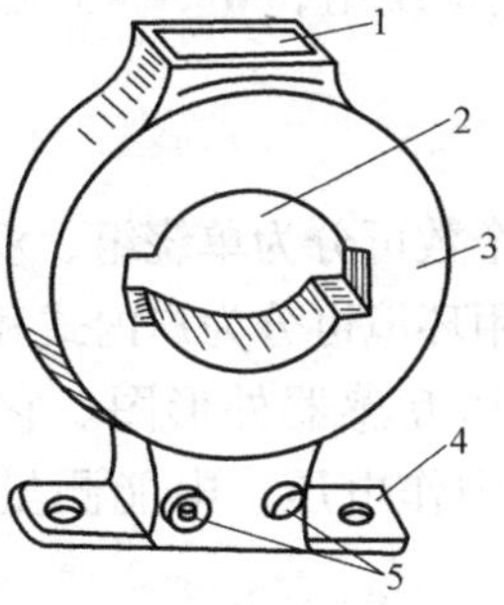

图4-16　LMZJ1-0.5型电流互感器外形图
1—铭牌　2—一次母线穿孔
3—铁心，外绕二次绕组（树脂浇注）
4—安装板　5—二次接线端子

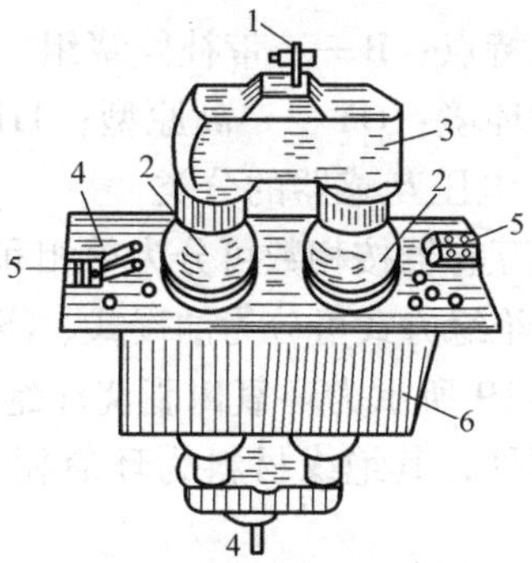

图4-17　多匝式瓷绝缘高压电流互感器
1—一次接线端子　2—瓷套管　3—接头盒
4—法兰盘　5—二次接线端子　6—密封外壳

二、电压互感器

1. 基本结构原理

电压互感器的结构原理与普通变压器类似，基本结构原理图如图4-18所示。它的结构特点是：一次绕组匝数很多，二次绕组匝数较少，相当于空载降压变压器。工作时，一次绕组并联在一次电路中，而二次绕组则接仪表、继电器的电压线圈。由于电压线圈的阻抗一般都很大，所以电压互感器工作时其二次绕组则接近于空载状态。二次绕组的额定电压一般为100V。

电压互感器一次电压 U_1 与二次电压 U_2 之间的关系为

$$U_1 = \frac{N_1}{N_2}U_2 = K_U U_2 \qquad (4\text{-}9)$$

式中　N_1、N_2——电压互感器一、二次绕组的匝数。

K_U——电压互感器的电压比，$K_U = U_{1N}/U_{2N}$，U_{1N}、U_{2N}为电压互感器一、二次绕组的额定电压。

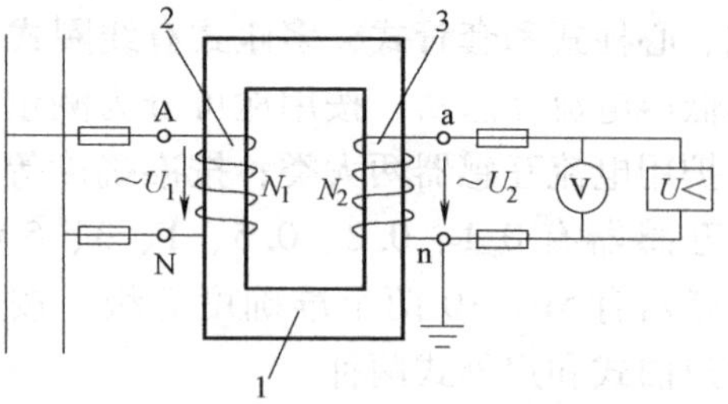

图 4-18　电压互感器的基本结构原理图

1—铁心　2—一次绕组　3—二次绕组

2. 电压互感器的类型

(1) 电压互感器的型号及含义

电压互感器全型号的表示和含义如下：

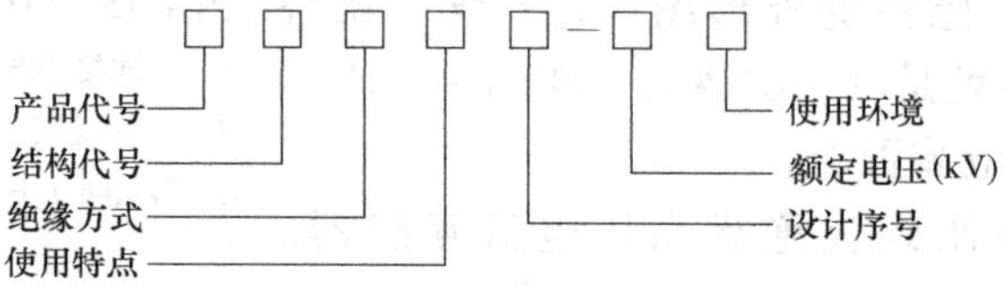

产品代号：J——电压互感器。

结构代号：D——单相；C——单相串级结构；S——三相。

绝缘方式：C——瓷绝缘；G——干式；J——油浸式；Z——浇注绝缘。

使用特点：B——带补偿绕组；J——带接地保护用的辅助绕组；W——五心柱三绕组。

使用环境：GY——高原型；TH——温热带。

(2) 电压互感器的分类

电压互感器按相数可分为单相和三相；按其绕组线圈的个数可分为单绕组、双绕组和三绕组；按其绝缘方式可分为油浸式、浇注式和干式等；按其使用环境可分为户内式和户外式。

图 4-19 所示为环氧树脂浇注绝缘的户内 JDZJ-10 型电压互感器外形图。它有双线圈和单线圈两种，其绝缘材料为环氧树脂，供小接地电流系统中作电压、电能测量及绝缘监视之用。

图 4-20 所示为油浸式单相电压互感器外形结构。互感器的铁心和绕组线圈浸在充有绝缘油的油箱内；通过固定在箱盖上的瓷套管，绕组引出线与外电路相连接。

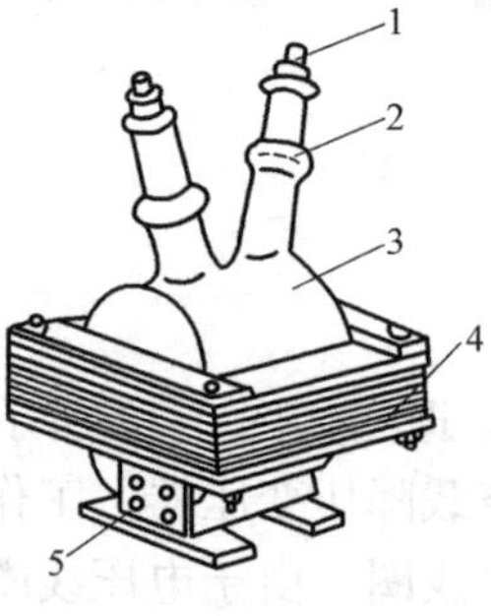

图 4-19　JDZJ-10 型电压互感器外形图

1—一次接线端子　2—高压绝缘套管　3—一、二次绕组（树脂浇注）　4—铁心　5—二次接线端子

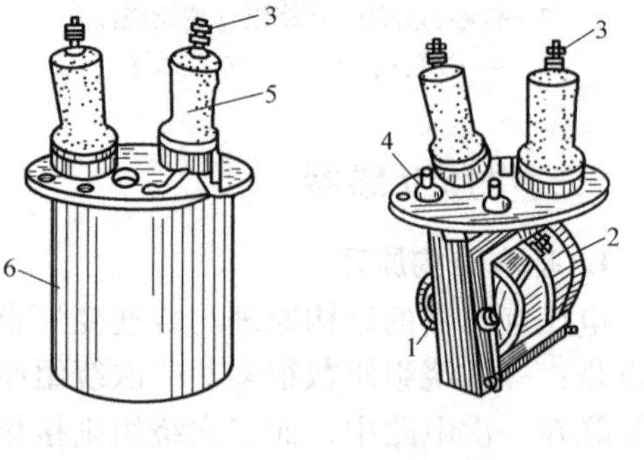

图 4-20　油浸式单相电压互感器外形结构

1—铁心　2—绕组　3—高压接线端子　4—低压接线端子　5—绝缘套管　6—油箱

三、互感器的接线与使用注意事项

1. 电流互感器的接线与使用注意事项

（1）电流互感器的接线方式

电流互感器常见的接线方式有单相接线、三相接线、两相接线和两相差接线等几种方式，如图 4-21 所示。

1）单相接线法，如图 4-21a 所示。电流线圈通过的电流，反应一次电路相应相序的电流。通常用于负荷平衡的三相电路，供测量电流、继电器保护用。

2）两相 V 形接线法（也称为两相不完全星形联结），如图 4-21b 所示。两只电流互感器分别接在任意两相线路上，这种接线方式一般用于中性点不接地的三相供电系统中，对线路进行电流测量和继电保护。

3）两相电流差接法，如图 4-21c 所示。这种接线所用设备少且流过电流互感器二次侧负载的电流为相电流的$\sqrt{3}$倍，但是，它不能反映没有接电流互感器那一相的电流变化。这种接线方式一般用作电动机和不太重要的 10kV 及以下线路的过电流保护。

4）三相星形接线法，如图 4-21d 所示。三只电流互感器分别接在三相电路上，所以无论负载是否对称，电流互感器二次电流都能分别反映出三相线路的实际电流。这种接线方式常用于较重要的继电保护电路中。

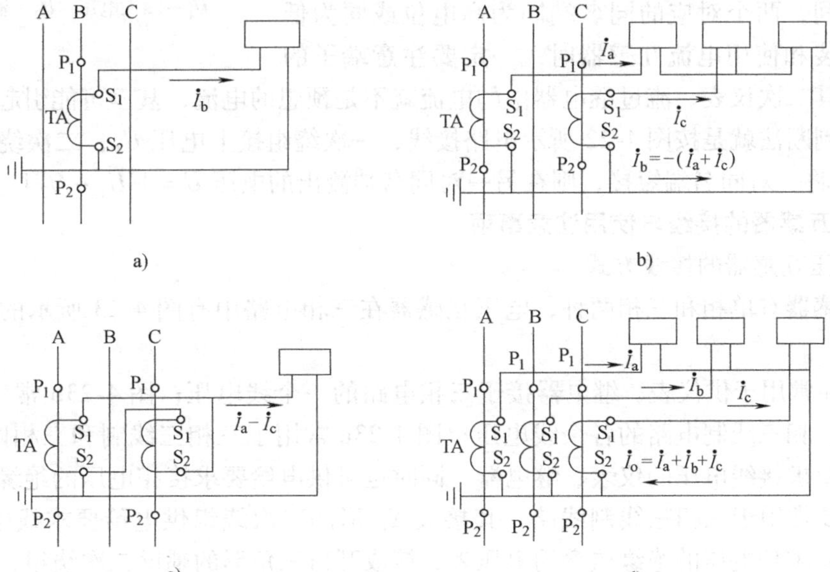

图 4-21　电流互感器接线方式

a）单相联结　b）两相 V 形联结　c）两相电流差联结　d）三相星形联结

（2）电流互感器的使用注意事项

1）电流互感器的二次侧不能开路。电流互感器在正常运行时，由于其二次回路串联的是电流线圈，阻抗很小，基本相当于短路，由电磁感应原理可知：电流互感器一次被测电流磁动势 I_1N_1 在铁心产生磁通 Φ_1；电流互感器二次测量仪表电流磁动势 I_2N_2 在铁心产生磁

通 Φ_2；电流互感器铁心合磁通为 $\Phi=\Phi_1+\Phi_2$，因为 Φ_1、Φ_2 方向相反，大小相等，互相抵消，所以 $\Phi=0$。如果二次侧开路，即 $I_2=0$，则 $\Phi=\Phi_1$，电流互感器铁心磁通很强，饱和，铁心发热，烧坏绝缘，产生漏电；励磁磁通 $\Phi=\Phi_1$，Φ 在电流互感器二次线圈 N_2 中产生很高的感应电动势 e，在电流互感器二次线圈两端形成高压，这对仪表和操作人员是很危险的。

2）电流互感器的二次侧有一端必须接地。这是为了防止其一、二次绕组间绝缘击穿时，一次侧的高电压窜入二次侧，危及人身和设备的安全。

3）电流互感器在连接时，要注意其端子的极性。电流互感器在交流回路中使用，在交流回路中电流的方向随时间在改变。电流互感器的极性指的是某一时刻一次侧极性与二次侧某一端极性相同，即同时为正或同时为负，称此极性为同极性端或同名端，用符号“∗”、“+”、“-”或“·”表示（也可理解为一次电流与二次电流的方向关系）。

国产互感器和变压器的绕组端子，均采用“减极性”标号法。电流互感器一次线圈首端标为 P_1，尾端标为 P_2；二次线圈的首端标为 S_1，尾端标为 S_2。在接线中 P_1 和 S_1 称为同极性端，P_2 和 S_2 也为同极性端。用“减极性”法所确定的“同名端”，实际上就是“同极性端”，即在同一瞬间，两个对应的同名端同为高电位或同为低电位。在安装和使用电流互感器时，一定要注意端子的极性，否则其二次仪表、流过继电器中的电流就不是预想的电流，甚至可能引起事故。

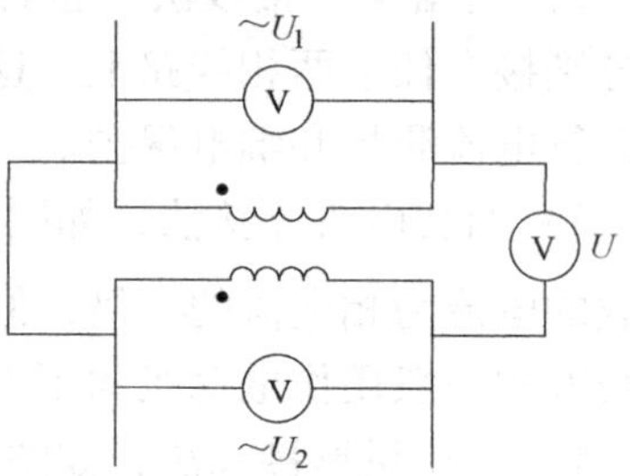

图 4-22　互感器的“减极性”判别法

U_1—输入电压　U_2—输出电压

减极性判断法就是按图 4-22 所示电路接线，一次绕组接上电压 U_1，二次绕组感应出电压 U_2，这时将一对同名端短接，则在另一对同名端测出的电压 $U=|U_1-U_2|$。

2. 电压互感器的接线与使用注意事项

（1）电压互感器的接线方式

电压互感器有单相和三相两种，电压互感器在三相电路中有图 4-23 所示的几种常见的接线方式。

图 4-23a 常用于供仪表、继电器接于三相电路的一个线电压；图 4-23b 常用于供仪表、继电器接于三相三线制电路的各个线电压；图 4-23c 常用于三相三线制和三相四线制线路，用于供电给要求接线电压的仪表、继电器，同时也可供电给要求接相电压的绝缘监察用电压表；图 4-23d 常用于三相三线制线路，其接成 Y_0 形的二次绕组供电给要求线电压的仪表、继电器以及要求相电压的绝缘监察用电压表，接成开口三角形的辅助二次绕组，接作为绝缘监察用的电压继电器。

（2）电压互感器的使用注意事项

1）电压互感器工作时其二次侧不得短路。由于电压互感器一、二次绕组都是在并联状态下工作的，如果二次侧短路，将产生很大的短路电流，有可能烧毁互感器，甚至影响一次电路的安全运行。

电压互感器的一、二次侧必须装设熔断器或采用低压断路器对其进行短路保护。

2）电压互感器的二次侧有一端必须接地。这与电流互感器二次侧有一端接地的目的相

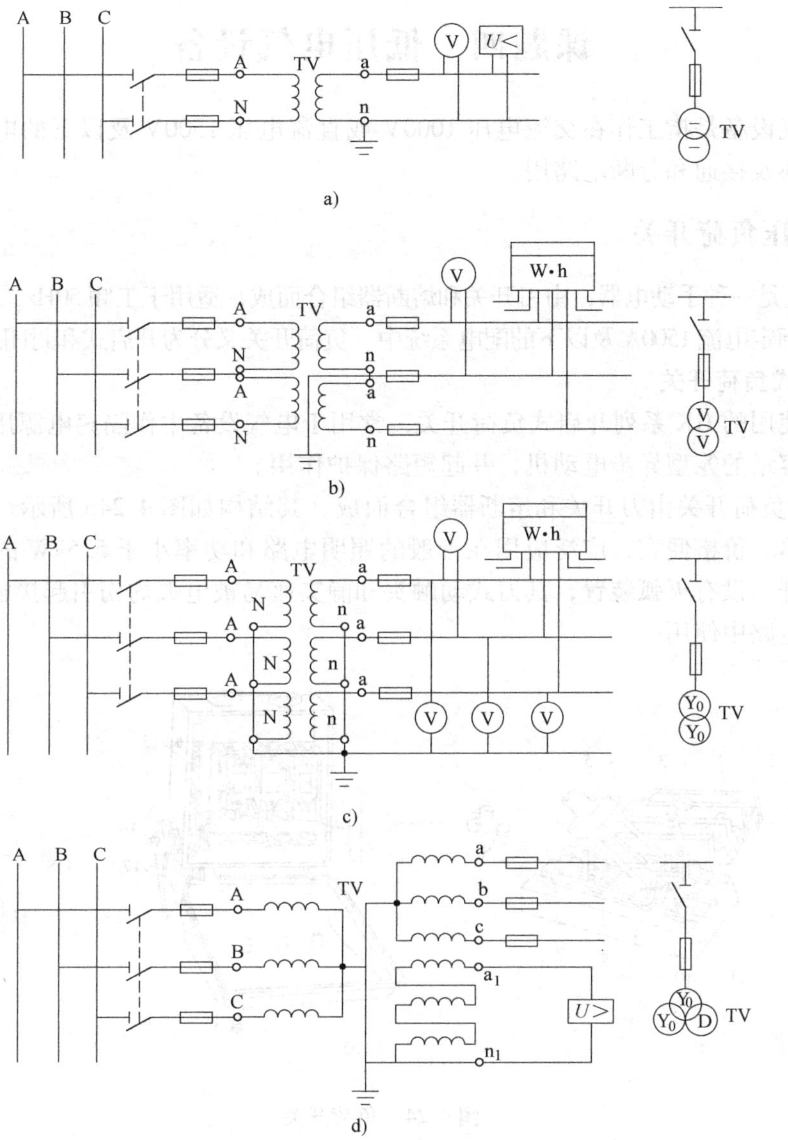

图 4-23　电压互感器的接线方式

a）一个单相电压互感器的接线　b）两个单相电压互感器接成 V/V 形

c）三个单相电压互感器接成 Y_0/Y_0 形　d）三相五心柱三绕组电压互感器接成 Y_0/Y_0/开口 D 形

同，也是为了防止一、二次绕组间的绝缘击穿时，一次侧的高电压窜入二次侧，危及人身和设备的安全。

3）电压互感器使用时应注意绕组（接线端子）的极性。单相电压互感器的一、二次绕组端子标以 A、N 和 a、n，端子 A 与 a、N 与 n 各为对应的“同名端”或“同极性端”；而三相电压互感器，一次绕组端子分别标 A、B、C、N，二次绕组端子分别标 a、b、c、n，A 与 a、B 与 b、C 与 c 及 N 与 n 分别为“同名端”或“同极性端”，其中，N 与 n 分别为一、二次三相绕组的中性点。电压互感器连接时必须正确连接端子极性。

课题四 低压电气设备

低压电气设备是指工作在交流电压1000V或直流电压1500V及以下的电气设备，主要作隔离、转换及接通和分断电路用。

一、低压负荷开关

负荷开关是一种手动电器，由刀开关和熔断器组合而成，适用于工频50Hz，额定电压380V、直流440V、额定电流1500A及以下的配电系统中。负荷开关又分为开启式和封闭式两种。

1. 开启式负荷开关

生产中使用的HK系列开启式负荷开关，常用于电气设备中作隔离电源用，有时也用于直接起动小容量的笼型异步电动机，并起短路保护作用。

HK系列负荷开关由刀开关和熔断器组合而成，其结构如图4-24a所示。开启式负荷开关的结构简单、价格便宜，广泛应用在一般的照明电路和功率小于5.5kW的电动机控制电路中。这种开关没有灭弧装置，其刀式动触头和静夹座易被电弧灼伤引起接触不良，不宜在操作频繁的电路中使用。

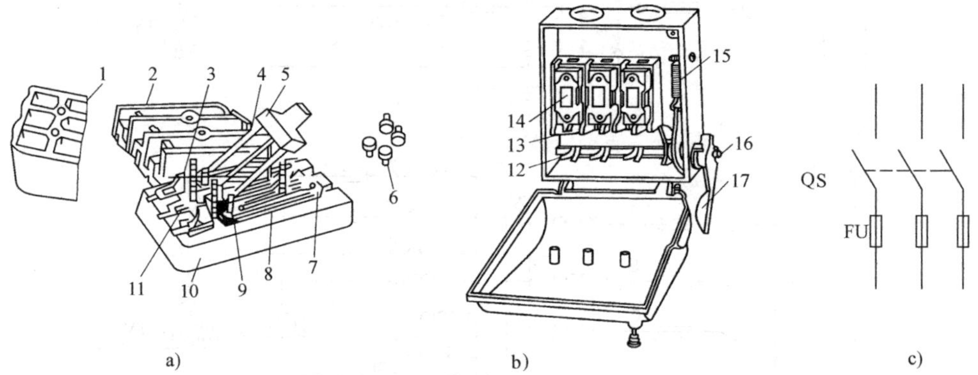

图4-24 负荷开关

a）开启式负荷开关 b）封闭式负荷开关 c）图形符号

1—上胶盖 2—下胶盖 3—插座 4、12—触刀 5—操作手柄 6—固定螺母 7—进线端 8—熔丝 9—触头座 10—底座 11—出线端 13—插座 14—熔断器 15—速断弹簧 16—转轴 17—操作手柄

2. 封闭式负荷开关

生产中使用的HH型封闭式负荷开关（俗称铁壳开关），主要由钢板外壳、触刀、操作机构、熔断器等组成，如图4-24b所示。刀开关带有灭弧装置，能够通断负荷电流，熔断器用于切断短路电流。可用于手动不频繁接通和断开带负荷的电路以及作为线路末端的短路保护，也可用于控制15kW以下的交流电动机不频繁的直接起动和停止。

封闭式负荷开关的操作结构有两个特点：一是采用储能合闸方式，即利用一根弹簧以执行合闸和分闸的功能，使开关的闭合和分断时的速度与操作速度无关，它既有助于改善开关的动作性能和灭弧性能，又能防止触头停滞在中间位置；二是设有联锁装置，以保证开关合闸后便不能打开箱盖，而在箱盖打开后，不能再合开关，起到安全保护作用。

HK 型开启式负荷开关和 HH 型封闭式负荷开关都是由负荷开关和熔断器组成，其图形符号也是由手动负荷开关 QS 和熔断器 FU 组成，如图 4-24c 所示。

二、低压断路器

低压断路器（俗称空气开关）可用来接通和分断负载电路，也可用来控制不频繁起动的电动机。其功能相当于刀开关、过电流继电器、失电压继电器、热继电器及漏电保护器等电器部分或全部的功能总和，在正常情况下可用于不频繁接通和断开电路以及控制电动机的运行。当电路发生短路、过载和失电压等故障时，能自动切断故障电路，保护线路和电气设备。低压断路器具有多种保护功能（过载、短路、欠电压保护等）、动作值可调、分断能力高、操作方便、安全等优点，所以目前被广泛应用。

常用的低压断路器是 DZ 系列塑壳式断路器，如 DZ5 系列和 DZ10 系列。低压断路器的型号及含义如下：

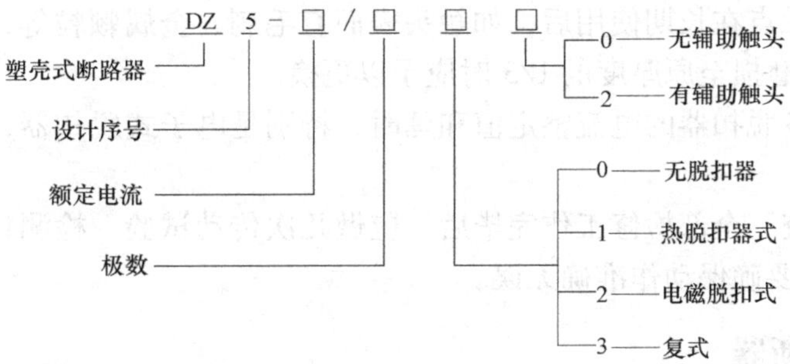

DZ5-20 型低压断路器的外形和图形符号如图 4-25 所示。它主要由动触头、静触头、灭弧装置、操作机构、热脱扣器及外壳等部分组成。

1. 低压断路器的工作原理

如图 4-26 所示，低压断路器的主触头是靠手动操作或电动合闸的。主触头闭合后，自由脱扣器将主触头锁在合闸位置上。过电流脱扣器的线圈和热脱扣器的热元件与主电路串联，欠电压脱扣器的线圈和电源并联。当电路发生短路或严重过载时，过电流脱扣器的衔铁吸合，使自由脱扣器动作，主触头断开主电路。当电路过载时，热脱扣器的热元件发热使双金属片向上弯曲，推动自由脱扣机构动作。当电路欠电压时，欠电压脱扣器的衔铁释放，也使自由脱扣器动作。分励脱扣器则作为远距离控制用，在正常工作时，其线圈是断电的，在需要远距离控制时，按下起动按钮，使线圈通电，衔铁带动自由脱扣器动作，使主触头断开。

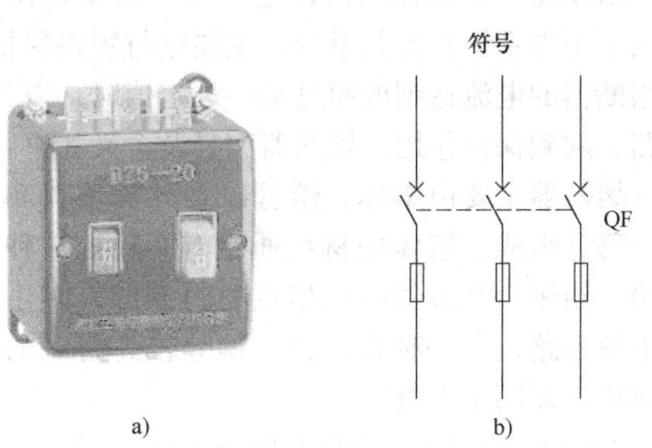

图 4-25　DZ5-20 型低压断路器
a）外形　b）符号

低压断路器的选择应满足额定电压、额定电流和断流能力的要求。

低压电气设备不必校验动稳定度和热稳定度。

2. 使用维护

1）每隔一定时间（一般为半年），应清除落于断路器上的灰尘，以保证断路器良好的绝缘。

2）操作机构在使用一段时间后（一般为1~2年），在传动机构部分应加润滑油（小容量塑壳式断路器不需要）。

3）灭弧室在因短路分断或较长时间使用后，应清除灭弧室内壁和栅片上的金属颗粒与黑烟灰。有的陶瓷灭弧室容易破损，如发现破损的灭弧室，绝不再使用，以免造成不应有的事故。长期未使用的灭弧室（如作为配件的灭弧室），在需要使用前应烘干，以保证良好的绝缘。

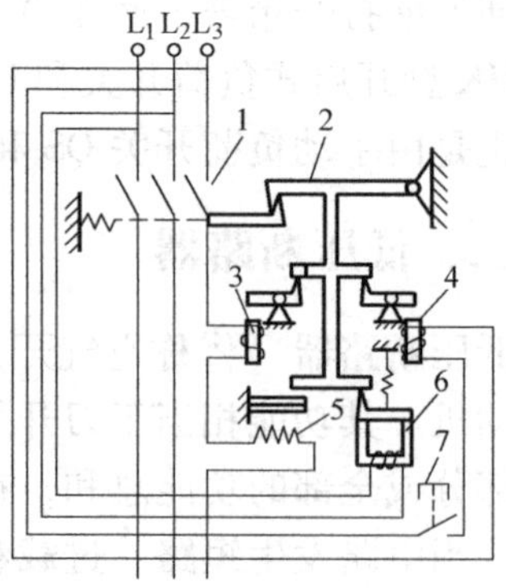

图4-26 低压断路器的工作原理图
1—主触点 2—搭钩 3—过电流脱扣器
4—分励脱扣器 5—发热元件
6—欠电压脱扣器 7—按钮

4）断路器的触点在长期使用后，如触头表面有毛刺、金属颗粒等，应予以清理，以保证良好的接触。如磨损至原厚度的1/3时应予以更换。

5）定期检查各脱扣器的电流整定值和延时，特别是电子式脱扣器，应定期用试验按钮检测其动作情况。

6）在定期检查、全部检修工作完毕后，应做几次传动试验，检测运作是否正常，特别是对于联动系统，要确保动作准确无误。

三、低压熔断器

1. 低压熔断器概述

熔断器（俗称保险器）是一种串联安装在电路中，保证电路安全运行的电气元件。广泛用于配电系统和控制系统，主要进行短路保护或严重过载保护。当电路发生短路故障，通过熔断器的电流达到或超过某一规定值时，以其自身产生的热量使熔体熔断，从而自动分断电路，起到保护作用。熔断器型号及含义如下：

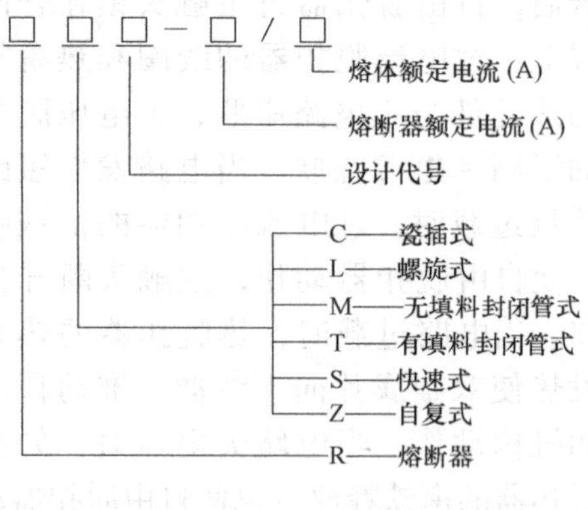

熔断器主要由熔体、熔管以及外加填料和熔座三部分组成。熔体的材料通常有两种：一种是由铅、铅锡合金或锌等低熔点材料制成，多用于小电流电路；另一种是由银、铜等较高熔点的金属制成，多用于大电流。

熔断器按结构形式分为半封闭插入式、无填料封闭管式、有填料封闭管式。常用的低压熔断器有以下几种：

1）RL系列螺旋式熔断器。RL系列螺旋式熔断器属于有填料封闭管式熔断器，主要由瓷帽、熔断管、瓷套、上接线座、下接线座及瓷座等部分组成，其结构如图4-27所示。

RL1系列熔断器的分断能力较强、结构紧凑、体积小、安装面积小、更换熔体方便、工

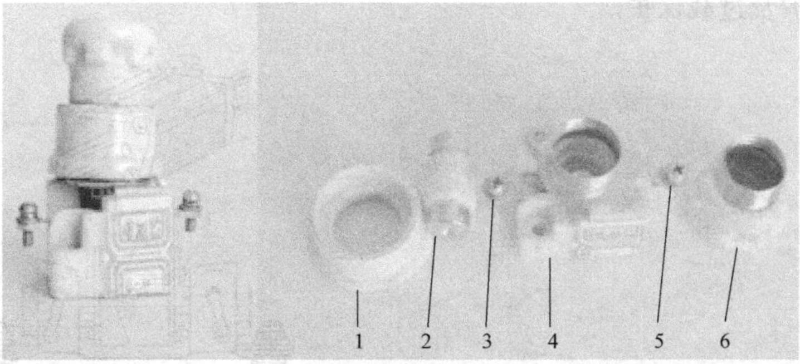

图 4-27　RL1 系列螺旋式熔断器结构

1—瓷套　2—熔断管　3—下接线座　4—瓷座　5—上接线座　6—瓷帽

作安全可靠，广泛用于控制箱、配电屏、机床设备及振动较大的场合，在交流额定电压 500V、额定电流 200A 及以下的电路中，作为短路保护器件。

2）RC1A 系列插入式熔断器。RC1A 系列插入式熔断器属于半封闭插入式，其外形和结构如图 4-28 所示。它由瓷座、瓷盖、动触头、静触头和熔体五部分组成，主要用于额定电压 380V 及以下、额定电流为 5～200A 的低压线路末端或分支电路中，作线路和用电设备的短路保护，在照明线路中还可起过载保护作用。

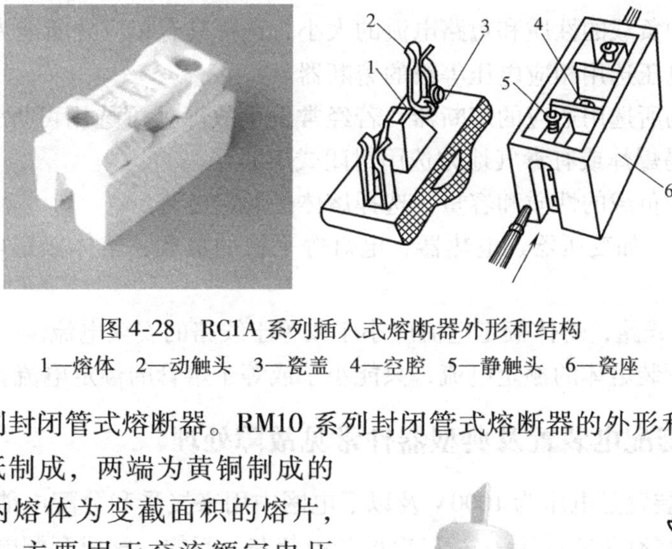

图 4-28　RC1A 系列插入式熔断器外形和结构

1—熔体　2—动触头　3—瓷盖　4—空腔　5—静触头　6—瓷座

3）RM10 系列封闭管式熔断器。RM10 系列封闭管式熔断器的外形和结构如图 4-29 所示。熔断管为钢纸制成，两端为黄铜制成的可拆式管帽，管内熔体为变截面积的熔片，更换熔体较方便，主要用于交流额定电压 380V 及以下、直流 440V 及以下、电流在 600A 以下的电力线路中。

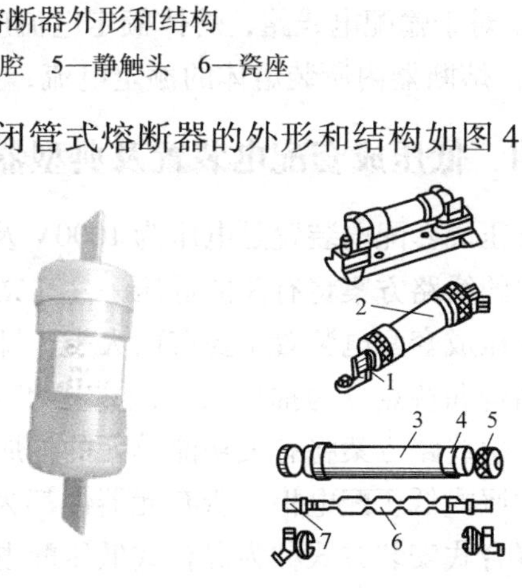

图 4-29　RM10 系列封闭管式熔断器的外形和结构

1—夹座　2—熔断管　3—钢纸管　4—黄铜套管　5—黄铜帽　6—熔体　7—刀形夹头

4）RT0 系列有填料封闭管式熔断器。RT0 系列有填料封闭管式熔断器的外形和结构如图 4-30 所示。熔体是两片网状纯铜片，中间用锡桥连接。熔体周围填满石英砂起灭弧作用，主要用于交流 380V 及以下、短路电流较大的电力输配电系统中，作为线路及电气设备的短路保护及过载保护。

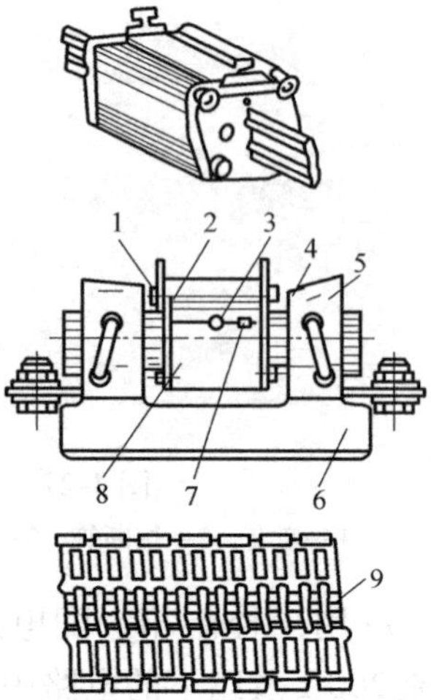

图 4-30　RT0 系列有填料封闭管式熔断器的外形和结构
1—熔断指示器　2—石英砂填料　3—指示器熔体　4—夹头
5—夹座　6—底座　7—熔体　8—熔管　9—锡桥

2. 熔断器的选用

1）根据被保护负载的性质和短路电流的大小，选择具有相应分断能力的熔断器。

2）根据网络电压选用相应电压等级的熔断器。

3）根据安装场所选用适应的熔断器，若经常发生故障处可选用可拆式熔断器，如 RL、RM 系列；易燃、易爆炸或有毒气地方选用封闭式熔断器。

4）根据被保护负载的性质和容量，选择熔体的额定电流。

① 对静止电器，如变压器、电热器、电灯等平稳的负载，熔体额定电流应等于或大于实际负载电流。

② 对于输配电线路，熔体额定电流应小于或等于线路的安全电流。

5）熔断器内所装熔体的额定电流，只能小于或等于熔管的额定电流。

四、低压成套配电装置及典型器件常见故障处理

低压成套配电装置是电压为 1000V 及以下电网中用来接受和分配电能的成套配电设备。按一定的线路方案将有关的低压一 、二次设备组装在一起的一种成套配电装置。

低压成套配电装置主要有两大类，即低压配电柜和低压配电箱。其中，低压配电柜按照自身结构和特点分为抽屉式、固定式和混合式三种形式。元器件安装在各个抽屉内，再按一、二次线路方案将有关功能单元的抽屉叠装在封闭的金属柜体内，可按需要推入或抽出，称为抽屉式低压配电柜。所有元器件都为固定安装、固定接线，称为固定式低压配电柜。元器件混合式安装方式称为混合式低压配电柜。低压配电箱主要包括两种类型：动力配电箱和照明配电箱。

1. 低压成套配电装置的全型号表示和含义

低压配电柜含义如下：

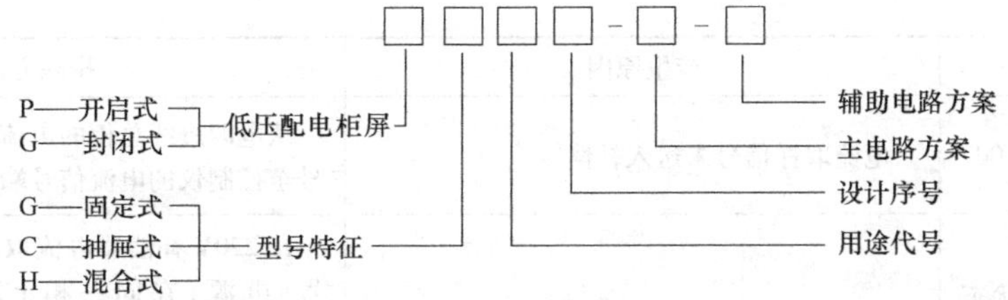

低压配电箱含义如下：

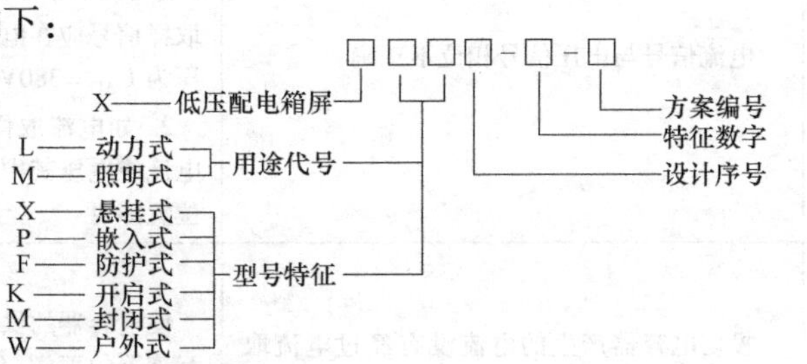

2. 低压成套配电装置典型器件故障处理

低压开关柜典型器件常见故障处理方法见表4-6。

表4-6　低压开关柜典型器件常见故障处理方法

故障现象	产生原因	排除方法
框架断路器不能合闸	1. 控制回路故障 2. 智能脱扣器动作后，面板上的红色按钮没有复位 3. 储能机构未储能或储能电路出现故障 4. 抽出式开关没有摇到位 5. 电气联锁故障 6. 合闸线圈坏	1. 用万用表检查开路点 2. 查明脱扣原因，排除故障后按下复位按钮 3. 手动或电动储能，如不能储能，再用万用表逐级检查电机或开路点 4. 将抽出式开关摇到位 5. 检查联锁线是否接入 6. 用目测和万用表检查
塑壳断路器不能合闸	1. 机构脱扣后，没有复位 2. 断路器带欠电压线圈而进线端无电源 3. 操作机构没有压入	1. 查明脱扣原因并排出故障后复位 2. 使进线端带电，将手柄复位后，再合闸 3. 将操作机构压入后再合闸
断路器经常跳闸	1. 断路器过载 2. 断路器过电流参数设置偏小	1. 适当减小用电负荷 2. 重新设置断路器参数值
断路器合闸就跳	出线回路有短路现象	切不可反复多次合闸，必须查明故障，排除后再合闸
接触器发响	1. 接触器受潮，铁心表面锈蚀或产生污垢 2. 有杂物掉进接触器，阻碍机构正常动作 3. 操作电源电压不正常	1. 清除铁心表面的锈或污垢 2. 清除杂物 3. 检查操作电源，恢复正常
不能就地控制操作	1. 控制回路有远控操作，而远控线未正确接入 2. 负载侧电流过大，使热元件动作 3. 热元件整定值设置偏小，使热元件动作	1. 正确接入远控操作线 2. 查明负载过电流原因，将热元件复位 3. 调整热元件整定值并复位
电容柜不能自动补偿	1. 控制回路无电源电压 2. 电流信号线未正确连接	1. 检查控制回路，恢复电源电压 2. 正确连接信号线

（续）

故障现象	产生原因	排除方法
补偿器始终只显1.00	电流取样信号未送入补偿器	从电源进线总柜的电流互感器上取电流信号至控制仪的电流信号端子上
电网负荷是滞后状态（感性），补偿器却显示超前（容性）或者显示滞后，但投入电容器后功率因数值不是增大，反而减小	电流信号与电压信号相位不正确	1. 220V补偿器电流取样信号应与电压信号（电源）在同一相上取样。例：电压为$U_{AN}=220V$，电流就取A相；380V补偿器电流取样信号应在电压信号不同相上取得；例：电压为$U_{AC}=380V$电流就取B相 2. 如电流取样相序正确，那可将控制器上电流或电压其中一个的两个接线端互相调换位置即可
电网负荷是滞后，补偿器也显示滞后，但投入电容器后功率因数值不变，其值只随负荷变化而变化	投切电容器产生的电流没有经过电流取样互感器	使电容器的供电主电路取至进线主柜电流互感器的下端，保证电容器的电流经过电流取样互感器

技能训练1　高压电器的认识与操作

一、实训目的

1）通过对各种常用高压电器的观察研究，了解它们的基本结构、工作原理、使用方法及主要技术性能。

2）通过对有关高压开关柜的观察研究，了解它们的基本结构、主接线方案、主要设备的布置及开关的操作方法。

3）通过拆装高压少油断路器，进一步了解其内部结构和工作原理。

二、实训设备

1. 高压开关电器

1）RN1或RN2型高压熔断器、RW型跌落式熔断器。

2）LQJ—10型电流互感器、JDZJ—10型电压互感器。

3）高压隔离开关。

4）高压断路器及操动机构。

2. 高压开关柜

1）固定式高压开关柜。

2）手车式高压开关柜。

三、实训步骤

1）观察各种高压熔断器的结构，了解其工作原理、保护性能和使用方法。

2）观察各种高压开关（包括隔离开关和断路器）及其操动机构的结构，了解其工作原理、性能和操作要求。

3）观察高压电流互感器和电压互感器的结构，了解其工作原理和使用注意事项。

4）观察各种高压开关柜的结构，了解其主接线方式和主要设备布置，并通过实际操作，了解其运行操作方法。对“防误型”开关柜，了解其如何实现“五防”要求。

5）高压少油断路器的拆装与调整。

① 拆开高压少油断路器的油桶，拆下导电杆（动触头）、固定插座（静触头）和灭弧室等，了解它们的结构、装配关系和灭弧原理。

② 组装复原断路器，并进行三相合闸同时性的检查。试验电路如图 4-31 所示。采用手动合闸，观察三只指示灯是否同时点亮，以判断三相合闸接触是否同时。如不同时，则需对导电杆的行程进行调整。

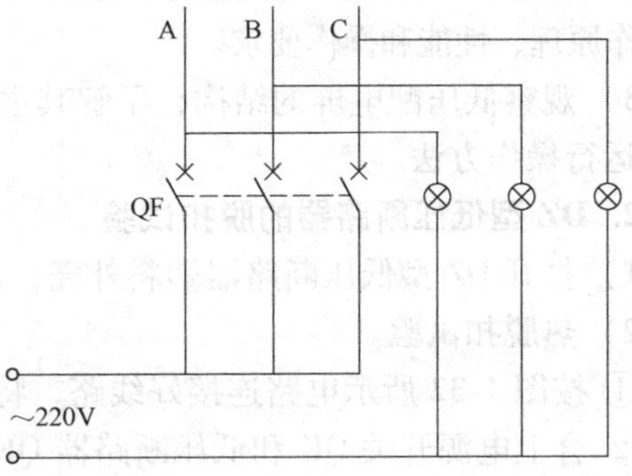

图 4-31　断路器三相合闸同时性的试验电路

四、实训报告要求

1）指出高压隔离开关和高压断路器在结构、性能和操作要求等方面各有什么特点。

2）回答为什么要进行高压断路器三相合闸同时性的检查和调整。

技能训练 2　低压电器的认识与脱扣试验

一、实训目的

1）通过对各种常用低压电器的观察研究，了解它们的基本结构、工作原理、使用方法及主要技术性能。

2）通过对低压配电屏的观察研究，了解它们的基本结构、主接线方案、主要设备的布置及开关的操作方法等。

3）通过低压断路器的脱扣试验，进一步了解低压断路器的结构和动作特性。

二、实训设备

1. 低压电器

1）低压熔断器、刀开关、熔断器式开关、负荷开关、低压断路器等。

2）固定式低压配电屏、抽屉式低压配电屏。

2. 其他设备及仪器

1）单相变压器（220/6V，5kV · A）；

2）单相调压器（220V，10 kV · A）；

3）示波器（长余辉）、电流表、电气秒表等。

三、实训步骤

1. 低压电器观察研究

1）观察各种低压熔断器的结构，了解其工作原理、保护性能和使用方法。

2）观察各种低压开关(包括刀开关、熔断器式开关、负荷开关、低压断路器)结构，了解其工作原理、性能和操作要求。

3）观察低压配电屏的结构，了解其主接线方案和主要设备布置，并通过实际操作，了解其运行操作方法。

2. DZ 型低压断路器的脱扣试验

1）打开 DZ 型低压断路器塑料外壳，观察其灭弧装置、热脱扣器和电磁脱扣器的结构。

2）热脱扣试验。

① 按图 4-32 所示电路连接好线路，将调压器 T_1 的输出电压调至零。

② 合上电源开关 QK 和低压断路器 QF。调节 T_1，使通过断路器 QF 的电流 $I=2I_N$，I_N 为断路器热脱扣器额定电流。

③ 断开 QK，使电气秒表回零。

④ 合上 QK，电气秒表开始计时，直到热脱扣器动作使断路器 QF 跳闸为止，电气秒表停走，由此可得热脱扣器动作时间。

⑤ 合上 QK 和 QF，调节 T_1，使通过 QF 的电流分别为 $I=3I_N$、$5I_N$、$10I_N$，重新测量热脱扣器动作时间。

⑥ 将试训所得的动作时间 t 与对应的动作电流倍数 I/I_N 记入表 4-7 中。

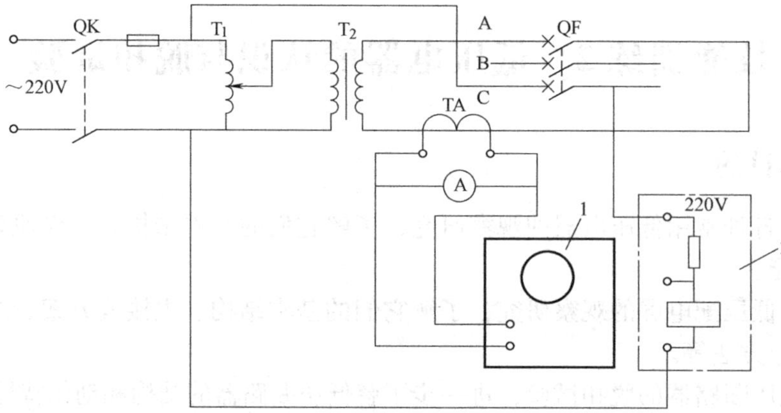

图 4-32　低压断路器脱扣试验电路

1—示波器　2—电气秒表

表 4-7　DZ 型低压断路器脱扣试验数据

动作电流倍数 I/I_N	2	3	5	10	>10
动作时间 t/s					

3）瞬时脱扣试验。

① 按实验图 4-32 所示电路连接好线路，将调压器 T_1 的输出电压调至零。

② 合上 QK 和 QF。调节 T_1，使通过 QF 的电流 $I=200$A，调节示波器 Y 轴放大器，使

200A 电流波形的幅值恰好为 1 格，并保持不变。

③ 调节 T_1，使通过 QF 的电流达到瞬时脱扣电流值，此时断路器 QF 瞬时跳闸。

④ 保持 T_1 手柄不动，使电气秒表回零。

⑤ 再合断路器 QF，记录示波器中电流波形的幅值和频率值，换算成电流和时间。

注：如果断路时间大于 0.06s，说明电流并未达到瞬时脱扣电流。此时，可调 T_1，增大电流重新测量。

⑥ 将试验所得的动作时间 t 与对应的动作电流倍数 I/I_N 记入表 4-7 中。

3. DW 型低压断路器的脱扣试验

1）打开 DW 型低压断路器灭弧罩，观察灭弧结构、触头系统、脱扣器与合闸电磁铁的结构。

2）脱扣试验。仍按实验图 4-32 所示电路连接好线路，试验方法及步骤与 DZ 型的脱扣试验相同，测定不同动作电流倍数 I/I_N 的动作时间 t 记入表 4-8 中。

表 4-8　DW 型低压断路器脱扣试验数据

脱扣器	长延时				短延时				瞬时
动作电流倍数 I/I_N									
动作时间 t/s									

四、总结

1）从结构上看，限流式熔断器与非限流式熔断器有什么不同？

2）从结构上看，DZ 型低压断路器与 DW 型低压断路器又有什么不同？

思考与练习

4-1　电弧的危害是什么？

4-2　开关电器常用的灭弧方法有哪些？

4-3　隔离开关、断路器和负荷开关有何特点？它们各有什么用途？

4-4　断路器有哪些特点？

4-5　什么是限流型熔断器？

4-6　选择电气设备的原则是什么？

4-7　已知某变电所的主变压器额定容量为 10000kV·A，额定电压为 35/10.5kV，10kV 母线的短路电流为 14.1kA，继电保护的动作时间为 1.1s，若变压器二次总开关采用 ZN3-10 型断路器（技术数据见表 3-4），试确定断路器的规格。

4-8　隔离开关、断路器的校验项目有什么不同？为什么？

4-9　如何填写操作票？

4-10　电流互感器的接线方式有哪几种？

4-11　电压互感器的接线方式有哪几种？

4-12　电流互感器的使用注意事项有哪些？

4-13　电压互感器的使用注意事项有哪些？

4-14　低压断路器的结构、作用是什么？

4-15　低压熔断器的组成、作用是什么？

4-16　低压成套配电装置典型器件常见故障处理方法有哪些？

第五单元

供电线路及运行维护

【教学目标】

知识目标：

熟悉架空线路和电缆线路的结构组成、特点、类型。

根据电力线路的使用环境，选择不同的供电线路类型以及敷设方式。

掌握架空线路和电缆线路选择原则。

技能目标：

会确定供电线路的类型。

会选择供电线路截面积。

会供电线路敷设、检修与维护方法。

课题一　电力线路概述

电力线路的作用：输送电力、连接发电厂、变电所和负载。

电力线路分为架空线路和电缆线路。

架空线路与电缆线路比较：架空线路投资费用低（较电缆线路少近一半）、架设安装容易、维护和检修方便、易于发现和排除故障等。但架空线路受自然条件影响大、占有空间大，在城市中架设影响市容美观，高压线路通过居民区有较大危险，故架空线路的使用范围受到一定的限制。

一、架空线路

架空线路由导线、电杆、横担、绝缘子、线路金具等组成，如图 5-1 所示。

1. 导线

导线必须具有良好的导电性和足够的机械强度。导线有裸导线和绝缘导线两种。架空线路一般采用裸导线。因为裸导线的散热条件比绝缘导线好，可以传输较大的电流，同时，裸导线比绝缘导线造价低，因此得到了广泛的使用。

导线通常制成绞线，有铜绞线（TJ）、铝绞线（LJ）、钢绞线（GJ）、钢芯铝绞线

（LGJ）。

导线的材料有铝、铜和钢。铜的导电性能最好，机械强度大、抗腐蚀能力强，但铜的价格高，现应用较少。铝的导电性能仅次于铜，机械强度差，但铝的重量轻、价格低，所以铝绞线是架空线路应用较多的导线。而钢的机械强度较高、价格低，但导电性能差，工厂一般不用钢线。为了加强铝绞线的机械强度，采用多股绞线的钢作为线芯，把铝线绞在线芯的外面，称钢芯铝绞线，钢芯铝绞线截面如图 5-2 所示。

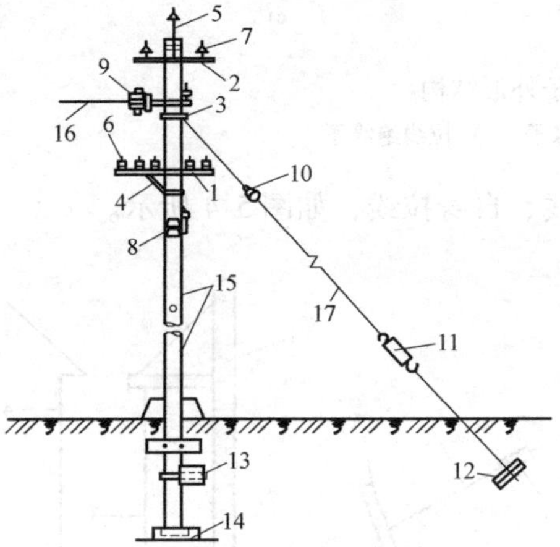

图 5-1　架空线路结构图

1—低压横担　2—高压横担　3—横担支撑　4—拉线抱箍
5—高压杆头　6—低压针式绝缘子　7—高压针式绝缘子
8—低压蝶式绝缘子　9—悬式蝶式绝缘子　10—拉紧绝缘子
11—花篮螺栓　12—地锚　13—卡盘　14—底盘　15—电杆
16—导线　17—拉线

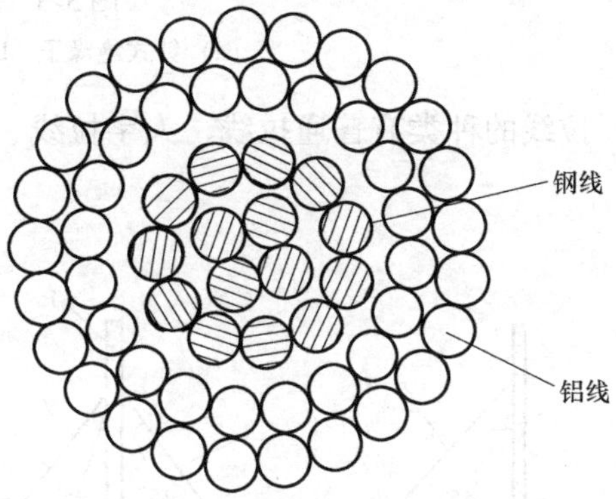

图 5-2　钢芯铝绞线截面

架空导线的应用：铝绞线常用于 10kV 及以下配电线路；钢芯铝绞线用于机械强度要求高和 35kV 及以上的输电线路；铜绞线一般只用于腐蚀严重的地区。

2. 电杆

电杆用来支持绝缘子和导线，使导线相互之间、导线对电杆和大地之间保持一定的距离，以保证供电与人身安全。

电杆有水泥杆（钢筋混凝土杆）、钢杆和铁塔架等。木杆是早期使用的材料，工厂常采用水泥杆，铁塔架应用于高压架空线路，低压线路很少使用。

3. 横担

横担的作用是固定绝缘子、保持线距。横担有铁横担、瓷横担。

4. 绝缘子

线路的绝缘子用于固定导线、绝缘。要保证绝缘子有足够的电气绝缘强度与机械强度。常用绝缘子外形结构如图 5-3 所示。

5. 线路金具

线路金具用来连接安装导线、横担和绝缘子等用到的金属部件。

6. 拉线

拉线的作用是平衡电杆各方面的拉力，稳固电杆。

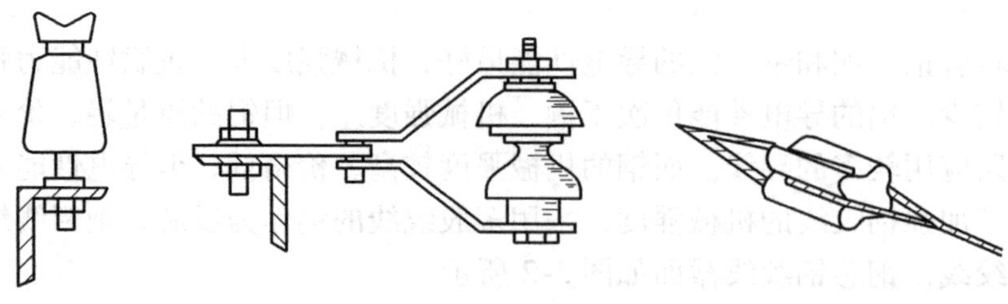

图 5-3　常用绝缘子外形结构

a）针式绝缘子　b）蝶式绝缘子　c）拉线绝缘子

拉线的种类有普通拉线、人字拉线、高桩拉线、自身拉线，如图 5-4 所示。

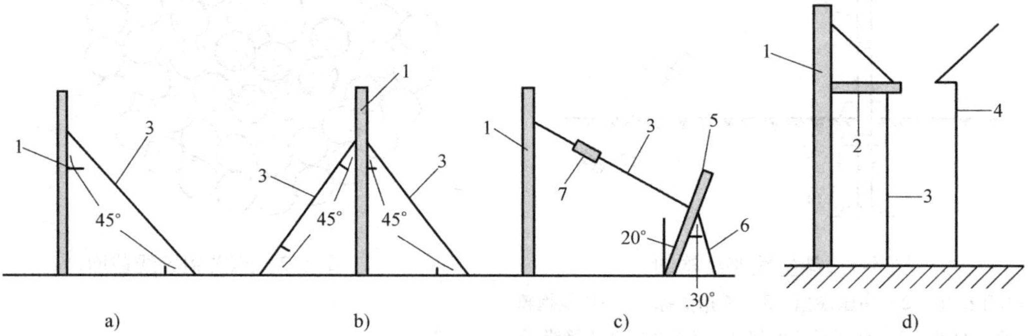

图 5-4　拉线的种类

a—普通拉线　b—人字拉线　c—高桩拉线　d—自身拉线

1—电杆　2—横木　3—拉线　4—房屋　5—拉桩　6—坠线　7—拉紧绝缘子

二、电缆线路

电缆线路与架空线路相比，虽然具有造价高、投资大、维修不方便等缺点，但是它具有运行可靠、不易受外界影响、不占地面、无碍观瞻等优点，特别是在有腐蚀性气体和有易燃易爆危险物品、不宜架设架空线路的场所，只能敷设电缆线路。

电缆线路主要由电力电缆和电缆头组成。

电力电缆由导体、绝缘层和保护层三大部分组成，有的电缆为了供电安全还需要有屏蔽层。

电缆头包括电缆中间接头和电缆终端头。

矿山井下巷道空间狭窄、空气潮湿，有岩石冒落危险，为了保证供电安全，除架线式电机车采用架空线供电外，其余全部采用电缆供电。矿用电缆按绝缘材料分为纸绝缘电缆、塑料绝缘电缆和橡胶绝缘电缆。由于纸绝缘电缆在煤矿井下已禁止使用，所以，仅介绍塑料绝缘电缆和橡胶绝缘电缆。

1. 塑料绝缘电缆

这种电缆的护套常见的有聚氯乙烯绝缘聚氯乙烯护套和交联聚乙烯绝缘聚氯乙烯护套两

种。聚氯乙烯护套有较好的电气性能以及耐水、抗腐、制造工艺简单、重量轻、运输方便、敷设高差不受限制等优点，所以条件适合时应尽量采用。交联聚乙烯则具有较好的耐热性，其长时允许温度可达 80℃，一般情况下应优先选用交联聚乙烯绝缘电缆。

铠装电缆具有高的机械强度，不易弯曲，主要用于向固定或半固定设备供电。软电缆轻便柔软易弯曲、便于移动，适用于向移动电气设备供电。

直埋敷设的电缆一般采用有外护层的铠装电缆。在不会引起机械损伤的场所，也可采用无铠装的电力电缆。图 5-5 是交联聚乙烯绝缘铠装电缆的结构图。矿井常用 MT818 标准铠装电缆的型号及用途见表 5-1。

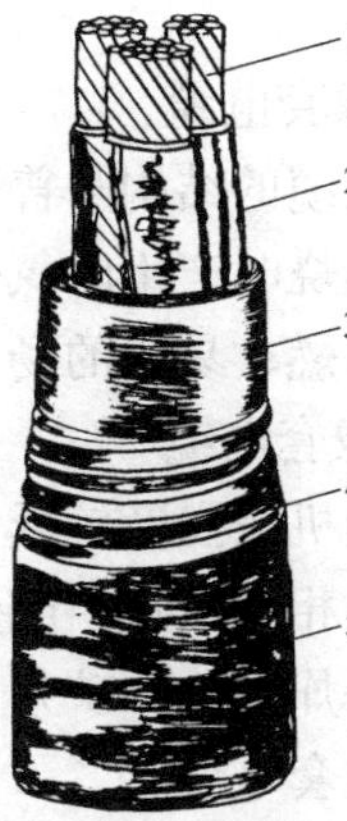

图 5-5　交联聚乙烯绝缘铠装电缆的结构图
1—缆芯（铜芯或铝芯）　2—交联聚乙烯绝缘层
3—聚氯乙烯护套（内护层）　4—钢铠（外护层）
5—聚氯乙烯外套（外护层）

表 5-1　矿井常用 MT818 标准铠装电缆的型号及用途

型号	名　称	使用场合
MVV	煤矿用聚氯乙烯绝缘聚氯乙烯护套电力电缆	敷设在室内、隧道、电缆沟及管道中，不能承受机械外力作用
MYJV	煤矿用交联聚乙烯绝缘聚氯乙烯护套电力电缆	
MVV22	煤矿用聚氯乙烯绝缘钢带铠装聚氯乙烯护套电力电缆	敷设在室内、隧道、电缆沟及直接埋在土壤中，能承受机械外力作用，不能承受较大拉力
MYJV22	煤矿用交联聚乙烯绝缘钢带铠装聚氯乙烯护套电力电缆	
MVV32	煤矿用聚氯乙烯绝缘细钢丝铠装聚氯乙烯护套电力电缆	敷设在室内、矿井及落差较大的土壤中，能承受机械外力作用，能承受较大拉力
MYJV32	煤矿用交联聚乙烯绝缘细钢丝铠装聚氯乙烯护套阻燃电力电缆	
MVV42	煤矿用聚氯乙烯绝缘粗钢丝铠装聚氯乙烯护套电力电缆	敷设在室内、矿井及落差较大土壤中，能承受较大拉力
MYJV42	煤矿用交联聚乙烯绝缘粗钢丝铠装聚氯乙烯护套阻燃电力电缆	

注：M——煤矿用阻燃性，V（第 1 个）——聚氯乙烯绝缘，YJ——交联聚乙烯绝缘，V（第 2 个）——聚氯乙烯护套，2（第 1 个）——钢带铠装，3——细钢丝铠装，4——粗钢丝铠装，2（第 2 个）——聚氯乙烯外被层。

2. 橡套绝缘电缆

橡套绝缘电缆，因其采用橡胶护套，也称橡胶电缆。橡套绝缘电缆按其结构和材料的不同，可分为普通型、阻燃型与屏蔽型三种。

（1）普通橡套电缆

普通橡套电缆的结构如图 5-6 所示。外护套为天然橡胶，容易燃烧，不宜用于有瓦斯、煤尘爆炸危险的场合。导电芯线由多根细铜丝绞合而成；相间为橡胶绝缘；防振橡胶芯起固定芯线作用，同时保证成缆后电缆呈圆形；橡胶护套用以增强电缆的机械强度和对地的绝缘强度。

（2）阻燃橡套电缆

阻燃橡套电缆的结构与普通橡套电缆相同，只是其护套采用氯丁橡胶制成。氯丁橡胶同样可燃，但它燃烧时产生的氯化氢气体不助燃，并能将火焰包围起来使之与空气隔离，很快熄灭。适于在易燃、易爆的场所使用。

（3）屏蔽橡套电缆

橡套电缆的机械强度较低，在受到砸压或其他机械损伤时，常发生相间短路，产生外露的电火花，容易引起瓦斯、煤尘爆炸事故和矿井火灾。为了防止这种事故而生产了屏蔽橡套电缆。

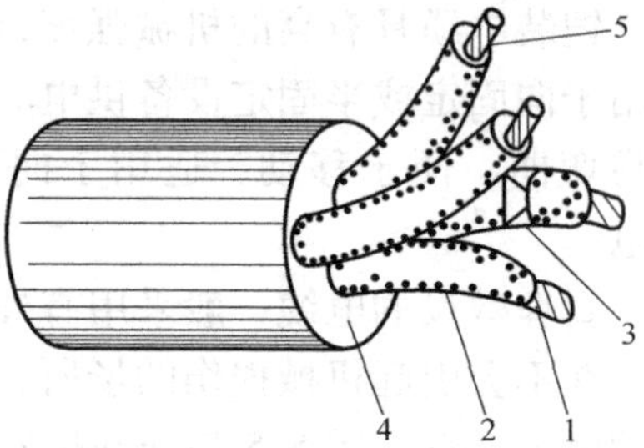

图 5-6　普通橡套电缆的结构

1—主芯线　2—分相绝缘　3—防振芯子

4—橡胶护层　5—接地芯线

屏蔽橡套电缆与普通橡套电缆的不同之处在于主芯线绝缘层外增加一层屏蔽层。屏蔽层有半导体橡胶和铜丝尼龙网两种，在屏蔽橡套电缆中接地芯线与屏蔽层连接在一起，所以，当任一主芯线绝缘遭到破坏时，首先经过屏蔽层接地，造成接地故障，使检漏装置动作切断电源。这样既可以防止严重的相间短路故障的发生，又可以防止漏电火花或短路电弧引起易燃、易爆物的燃烧和爆炸。所以，屏蔽橡套电缆特别适用于向具有爆炸危险的场所和移动频繁的电气设备送电。

低压屏蔽橡套电缆用来向采掘区的移动设备供电，高压双屏蔽橡套电缆则用来向移动变电站供电。

矿用低压屏蔽橡套电缆的结构如图 5-7 所示。图 5-7a 为向移动设备供电的屏蔽橡套电缆，图 5-7b 为向采、掘机械供电的屏蔽橡套电缆。由于采、掘机械上设有控制按钮，故该电缆中设有控制芯线。

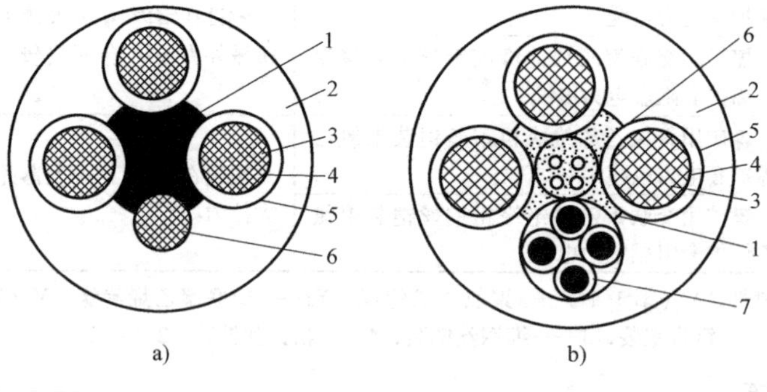

图 5-7　矿用低压屏蔽橡套电缆的结构

a）无控制芯线　b）有控制芯线

1—垫芯　2—护套　3—主芯线　4—绝缘层　5—屏蔽层　6—接地芯线　7—控制芯线

在煤矿井下的综采工作面和综掘工作面常采用移动变电站供电，为了保证安全，向移动变电站供电的高压电缆必须采用矿用移动双屏蔽监视型橡套电缆。

MYPTJ 型煤矿用移动屏蔽监视型橡套电缆的结构如图 5-8 所示。主芯线包有导电石墨粉橡套涂层的导电胶布带，能使电场电压均匀分布。在主芯线内绝缘层 3 外增加一层铜丝尼龙网分相屏蔽层 4，然后通过分相绝缘 5 将三相分开。各分相屏蔽层连接在一起作为电缆的接地芯线。在分相绝缘 5 的外面又统包一层导电胶带 6 作为总屏蔽层。电缆中的三根监视芯线 10，经导电橡胶与总屏蔽层紧密接触。

三根监视线连接在一起与接地线之间构成监视保护层。若监视线与接地线之间因电缆受到损伤绝缘下降或发生断线故障时，均可使控制它的高压配电箱跳闸，切除了故障线路，不致形成严重的相间短路，起到监视保护作用。

对照明、通信和控制电缆，应选用橡胶或塑料绝缘的专用电缆。矿井常用 MT818 标准橡套电缆的型号及用途见表 5-2。

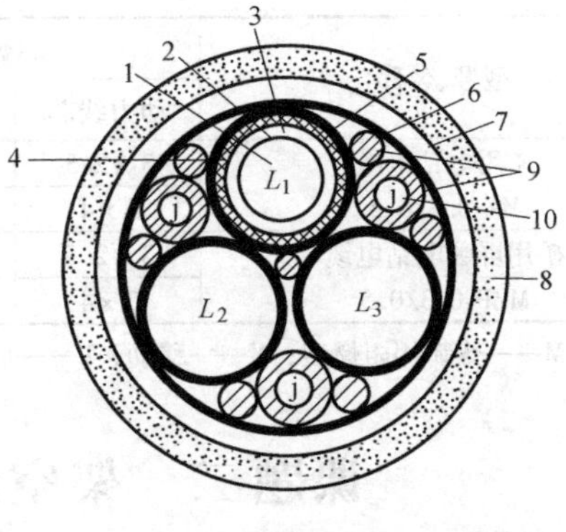

图 5-8　MYPTJ 型煤矿用移动屏蔽监视型橡套电缆的结构

1—导电线芯　2、6—导电胶带　3—内绝缘层　4—分相屏蔽层　5—分相绝缘　7—统包绝缘　8—氯丁橡胶护套　9—导电橡胶　10—监视芯线

表 5-2　矿井常用 MT818 标准橡套电缆的型号及用途

型号、名称	芯数×导体截面积			用　途
	动力线芯	地线芯	监视线芯	
矿用移动橡套软电缆 MY-0.38/0.66 矿用移动屏蔽橡套电缆 MYP-0.38/0.66	3×4	1×4		MY 型电缆用于各种井下移动采煤设备的电源连接；MYP 型电缆用于采煤机及类似设备的电源连接
	3×6	1×6		
	3×10	1×10		
	3×16	1×10		
	3×25	1×16		
	3×35	1×16		
	3×50	1×16		
	3×70	1×25		
矿用移动屏蔽橡套软电缆 MYP-0.66/1.14	3×10	1×10		MYP 型电缆用于采煤机及类似设备的电源连接
	3×16	1×16		
	3×25	1×16		
	3×35	1×16		
	3×50	1×16		
	3×70	1×25		
	3×95	1×25		
矿用可移动金属屏蔽监视型橡套软电缆 MYPTJ-6/10	3×16	3×16/3	3×2.5	用于井下移动变压器及类似设备的电源连接
	3×25	3×16/3	3×2.5	
	3×35	3×16/3	3×2.5	
	3×50	3×25/3	3×2.5	
	3×70	3×35/3	3×2.5	
	3×95	3×25/3	3×2.5	
矿用可移动金属屏蔽监视型橡套软电缆 MYPTJ-3.6/6	3×25	3×16/3	3×2.5	用于井下移动变压器及类似设备的电源连接
	3×35	3×16/3	3×2.5	
	3×50	3×25/3	3×2.5	
	3×70	3×35/3	3×2.5	
	3×95	3×35/3	3×2.5	

（续）

型号、名称	芯数×导体截面积			用　途
	动力线芯	地线芯	监视线芯	
矿用电钻电缆 MZ-0.3/0.5	3×2.5	1×2.5		用于井下电钻电源的连接
	3×4	1×4		
矿用屏蔽电钻电缆 MZP-0.3/0.5	3×2.5	1×2.5	1×2.5	
	3×4	1×4	1×4	

注：M——煤矿用阻燃型；Y——移动；P——屏蔽；T——金属；J——监视；Z——电钻用。

课题二　架空线路导线截面积的选择

架空导线截面积选择的一般原则：

1）按机械强度选择。

2）按经济电流密度选择。

3）按长时允许电流选择。

4）按允许电压损失选择。

一、按机械强度选择导线截面积

架空导线要经过搬运、架设、安装等操作，易受到机械损伤，运行又受自然条件影响较大，容易发生倒杆、断线等故障，所以架空导线有一个最小允许截面积的规定。架空导线的最小允许截面积见表5-3。这一规定不作为选择计算项目，只作为校验项目。

表5-3　架空线路按机械强度要求的最小允许截面积　（单位：mm^2）

导线材料种类	6~35kV架空线路		1kV以下线路
	居民区	非居民区	
铝及铝合金绞线	35	25	16
钢芯铝绞线	25	16	16
铜　线	16	16	16

二、按经济电流密度选择导线截面积

导线截面积大小与电网的运行费用有密切关系，导线截面积大时线路损耗小，但金属使用量与初期投资均增加。反之，减小导线的截面积，其结果与此相反。因此，总可以找到一个最理想的截面积使年运行费用最小。为了供电的经济性，导线截面积应按经济电流密度 J_{ec} 进行选择（见表5-4）。经济电流密度是指年运行费用最低时，导线单位面积上通过电流的大小。

表5-4　经济电流密度 J_{ec}

经济电流密度 J_{ec} /（A/mm^2） 导线材料		年最大负荷利用小时 T_{max}/h		
		1000~3000	3000~5000	5000以上
裸导体	铜	3	2.25	1.75
	铝（钢芯铝绞线）	1.65	1.15	0.9
	钢	0.45	0.4	0.35
铜芯电缆、橡胶绝缘电缆		2.5	2.25	2
铝芯电缆		1.92	1.73	1.54

在该表中，经济电流密度与年最大负荷利用小时有关。

年最大负荷利用小时就是线路全年的输送电量都按照最大负荷输送时所需要的时间。

按经济电流密度选择导线截面积，应先确定 T_{max}，然后根据导线材料查出经济电流密度 J_{ec}，按线路最大长时负荷电流 I_{ca}，求出经济截面积。

把年运行费用最小时的导线截面积作为经济截面积。用 A_{ec} 表示，即

$$A_{ec}=\frac{I_{ca}}{J_{ec}} \tag{5-1}$$

式中 I_{ca}——线路工作电流或计算电流（A）；

J_{ec}——经济电流密度（A/mm^2）

选取等于或稍小于 A_{ec} 的标准截面积 A，即 $A \leqslant A_{ec}$。

三、按长时允许电流选择导线截面积

导线正常发热温度不得超过额定负荷时的最高允许温度。选择截面积时须使通过相线的计算电流 I_{ca} 不超过其允许载流量 I_p，即

$$I_p \geqslant I_{ca} \tag{5-2}$$

裸导体的长时允许电流见表5-5。

表5-5 裸导体的长时允许电流（环境温度为25℃，导线最高允许温度70℃）

铜线			铝线			钢芯铝线	
导线型号	长时允许电流/A		导线型号	长时允许电流/A		导线型号	室外长时长时允许电流/A
	室内	室外		室内	室外		
TJ-4	50	25	LJ-16	105	80	LGJ-16	105
TJ-6	70	35	LJ-25	135	110	LGJ-25	135
TJ-10	95	60	LJ-35	170	135	LGJ-35	170
TJ-16	130	100	LJ-50	215	170	LGJ-50	220
TJ-25	180	140	LJ-70	265	215	LGJ-70	275
TJ-35	220	175	LJ-95	325	260	LGJ-95	335
TJ-50	270	220	LJ-120	375	310	LGJ-120	380
TJ-70	340	280	LJ-150	440	370	LGJ-150	445
TJ-95	415	340	LJ-185	500	425	LGJ-185	515
TJ-120	485	405	LJ-240	610	—	LGJ-240	610
TJ-150	570	480	—			LGJ-300	700
TJ-185	645	550	—			LGJ-400	800
TJ-240	770	650	—			—	

一般在决定导线允许载流量时，周围环境温度均取25℃作为标准，当周围空气温度不是25℃时，导线的长时允许电流应按下式进行修正。

允许载流量须乘上温度修正系数 K_θ 以求出实际的允许载流量。即

$$I_p'=K_\theta I_p \tag{5-3}$$

导体长时允许电流温度修正系数 K_θ 见表5-6。

表 5-6　导体长时允许电流温度修正系数 K_θ

K_θ 值 / 环境温度 θ_0/℃ / 允许温度 θ_{al}/℃	-5	0	5	10	15	20	25	30	35	40	45	50
90	—	—	1.14	1.11	1.07	1.04	1.00	0.96	0.92	0.88	0.83	0.79
80	1.24	1.20	1.17	1.13	1.09	1.04	1.00	0.95	0.90	0.85	0.80	0.74
70	1.29	1.24	1.20	1.15	1.11	1.05	1.00	0.94	0.88	0.81	0.74	0.67
65	1.32	1.27	1.22	1.17	1.12	1.06	1.00	0.94	0.87	0.79	0.71	0.61
60	1.36	1.31	1.25	1.20	1.13	1.07	1.00	0.93	0.85	0.76	0.66	0.54
55	1.41	1.35	1.29	1.23	1.15	1.08	1.00	0.91	0.82	0.71	0.58	0.41
50	1.48	1.41	1.34	1.26	1.18	1.09	1.00	0.89	0.78	0.63	0.45	0

例 5-1　某变电站以 35kV 架空线路向容量为 $P=3800\text{kW}$，$Q=2100\text{kvar}$ 的煤矿供电，该矿的年最大负荷利用小时为 5600h。架空线路采用 LGJ 型钢芯铝绞线。试选择其经济截面积，并校验其发热条件和机械强度。

解：(1) 选择经济截面积

$$I_{ca}=\frac{A}{\sqrt{3}U_N}=\frac{\sqrt{3800^2+2100^2}}{\sqrt{3}\times 35}\text{A}=71.6\text{A}$$

查表 5-4 可知，其 $J_{ec}=0.9\text{A/mm}^2$

$$A_{ec}=I_{ca}/J_{ec}=71.6/0.9\text{mm}^2=79.6\text{mm}^2。$$

选择比计算经济截面积稍小的标准截面积 70mm^2，即型号为 LGJ-70 的钢芯铝绞线。

(2) 校验发热条件

查表 5-5 可知，LGJ—70 在室外温度为 25℃时的允许载流量为 $I_p=275\text{A}>I_{ca}=71.6\text{A}$，所以满足发热条件。

(3) 校验机械强度

查表 5-3 可知，35kV 钢芯铝绞线的机械强度最小截面积为 $A_{min}=16\text{mm}^2<A=70\text{mm}^2$，因此，所选的导线截面积也满足机械强度要求。

四、按允许电压损失选择导线截面积

对于输电距离较长或负荷电流较大的线路，必须按允许电压损耗来选择或校验导线的截面积。线路的电压损失不宜超过规定值。

高压配电线路的电压损失，一般不超过线路额定电压的 5%。

从变压器低压侧母线到用电设备受电端的低压配电线路的电压损失，一般也不超过用电设备额定电压的 5%。

1. 线路末端有一个集中负荷时三相线路电压损失的计算

$$\Delta U=\frac{P(R_0L)+Q(X_0L)}{U_N}\tag{5-4}$$

式中　ΔU——线路的电压损失 (V)；

R_0——单位长度线路的电阻值 (Ω/km)；

X_0——单位长度线路的电抗值（Ω/km）；

L——线路的长度（km）；

P——负荷的有功功率（kW）；

Q——负荷的无功功率（kvar）；

U_N——线路的额定电压（kV）。

$$\Delta U\% = \frac{\Delta U}{1000U_N} \times 100\% = \frac{P(R_0L) + Q(X_0L)}{1000U_N^2} \times 100\% \tag{5-5}$$

要求

$$\Delta U\% \leqslant \Delta U_{al}\% \tag{5-6}$$

式中，$\Delta U_{al}\%$ 为线路允许电压损失。

2. 线路上有多个集中负荷时线路电压损失的计算

以带三个集中负荷的三相线路为例，如图5-9所示。如果各段干线使用的导线截面积和结构相同，图中 P_1、Q_1、P_2、Q_2、P_3、Q_3 为各支线的有功功率（kW）和无功功率（kvar）；R_1、X_1、R_2、X_2、R_3、X_3 为从电源到各支线负荷线路的电阻（Ω）和电抗（Ω）；L_1、L_2、L_3 为从电源到各支线负荷的长度（km）。则

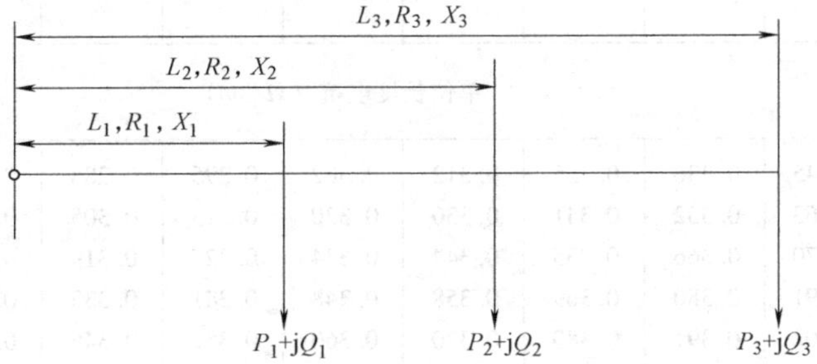

图5-9　带有三个集中负荷的三相电路

$$\Delta U\% = \frac{R_0L_1P_1 + X_0L_1Q_1 + R_0L_2P_2 + X_0L_2Q_2 + R_0L_3P_3 + X_0L_3Q_3}{1000U_N^2} \times 100\% \tag{5-7}$$

推广到相同截面积的线路上有 n 个集中负荷时的情况，线路电压损失的计算公式为

$$\Delta U\% = \frac{R_0\sum_{i=1}^{n}P_iL_i + X_0\sum_{i=1}^{n}Q_iL_i}{1000U_N^2} \tag{5-8}$$

例5-2　设有一回10kV的LJ型架空线路向两个负荷点供电，线路长度和负荷情况如图5-10所示。已知架空线线间距为1m，空气中最高温度为37℃，允许电压损耗 $\Delta U_{al}\% \leqslant 5\%$，试选择导线截面积。每千米LJ型导线的电阻率为31.7Ω · mm²/km。

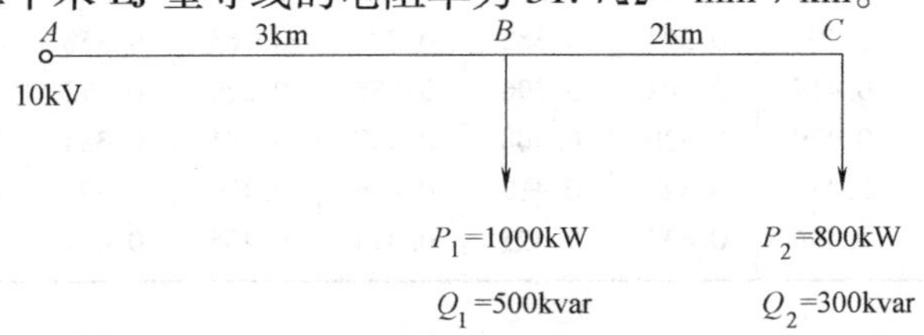

图5-10　例5-2的电路

解： 设线路 AB 段和 BC 段选取同一截面积 LJ 型铝绞线，取 $X_0=0.4\Omega/\text{km}$，则对 AB 段来说，$P_{AB}=P_1+P_2$，$Q_{AB}=Q_1+Q_2$；对 BC 段来说，$P_{BC}=P_2$，$Q_{BC}=Q_2$。

$$\text{因此可得 } \Delta U\%=\frac{R_0L_1P_1+X_0L_1Q_1+R_0L_2P_2+X_0L_2Q_2}{1000U_N^2}\times100\%$$

$$=\frac{R_0[3\times1000+(3+2)\times800]+0.4\times[3\times500+(3+2)\times300]}{1000\times10^2}\times100\%\leqslant5\%$$

代入数据可得 $R_0\leqslant0.54\Omega/\text{km}$，则

$$A\geqslant\frac{\rho}{R_0}=\frac{31.7}{0.54}\text{mm}^2=58.4\text{mm}^2$$

LJ 型、LGJ 型导线的电阻和电抗分别见表 5-7、表 5-8。

表 5-7　LJ 型导线的电阻和电抗

导线型号	LJ-16	LJ-25	LJ-35	LJ-50	LJ-70	LJ-95	LJ-120	LJ-150	LJ-185	LJ-240	LJ-300
单位长度电阻/(Ω/km)	2.07	1.33	0.96	0.66	0.48	0.36	0.28	0.23	0.18	0.14	0.11
几何均距/m	单位长度电抗/(Ω/km)										
0.6	0.365	0.345	0.336	0.325	0.312	0.302	0.295	0.288	0.281	0.273	0.267
0.8	0.377	0.363	0.352	0.341	0.330	0.320	0.313	0.305	0.299	0.291	0.284
1.0	0.391	0.370	0.366	0.355	0.344	0.334	0.327	0.319	0.313	0.305	0.298
1.25	0.405	0.391	0.380	0.369	0.358	0.348	0.341	0.333	0.327	0.319	0.302
1.5	0.416	0.402	0.391	0.380	0.370	0.360	0.352	0.345	0.339	0.330	0.322
2.0	0.434	0.421	0.410	0.398	0.388	0.378	0.371	0.363	0.356	0.348	0.341
2.5	0.448	0.435	0.424	0.413	0.399	0.390	0.382	0.377	0.371	0.362	0.355
3.0	0.459	0.448	0.435	0.423	0.410	0.401	0.393	0.388	0.382	0.374	0.367

表 5-8　LGJ 型导线的电阻和电抗

导线型号	LGJ-16	LGJ-25	LGJ-35	LGJ-50	LGJ-70	LGJ-95	LGJ-120	LGJ-150	LGJ-185	LGJ-240	LGJ-300
单位长度电阻/(Ω/km)	2.01	1.29	0.91	0.65	0.46	0.33	0.27	0.22	0.17	0.14	0.10
几何均距/m	单位长度电抗/(Ω/km)										
1.5	0.412	0.400	0.385	0.376	0.364	0.353	0.347	0.340	—	—	—
2.0	0.430	0.418	0.403	0.394	0.382	0.371	0.365	0.358	—	—	—
2.5	0.444	0.432	0.417	0.408	0.396	0.385	0.379	0.372	0.365	0.357	—
3.0	0.456	0.443	0.429	0.420	0.408	0.397	0.391	0.384	0.377	0.369	—
3.5	0.466	0.453	0.438	0.429	0.417	0.406	0.400	0.398	0.386	0.378	0.371
4.0	0.474	0.461	0.446	0.437	0.425	0.414	0.408	0.401	0.394	0.386	0.380

近似计算，对于架空线路，可取 $X_0=0.40\Omega/\text{km}$；对于电缆线路，可取 $X_0=0.08\Omega/\text{km}$。

课题三　高压电缆导体截面积的选择

电缆与架空线相比，散热条件较差，应考虑在短路条件下的热稳定问题。因此，高压电缆截面积除按经济电流密度、允许电压损失、长时允许电流选择外，还应按短路的热稳定条件进行校验。

一、按经济电流密度选择电缆截面积

根据高压电缆线路所带负荷的最大负荷年利用小时及电缆芯线材质，查出经济电流密度 Jec，然后计算最大长时负荷电流 I_{ca}，电缆的经济截面积 A_{ec} 为

$$A_{ec}=\frac{I_{ca}}{J_{ec}} \tag{5-9}$$

公式中各量的单位与架空线路中相同。

二、按长时允许电流校验所选电缆截面积

应满足

$$K_{\theta}I_{p}\geqslant I_{ca} \tag{5-10}$$

式中　I_p——环境温度为25°时，空气中电缆的长时允许电流（A）；

K_{θ}——考虑环境温度与敷设条件后的电流修正系数；

I_{ca}——通过电缆的最大长时负荷电流或称计算电流（A）。

矿用橡套电缆、6～10kV 交联聚乙烯铠装电力电缆的长时允许电流分别见表 5-9 和表 5-10。

表 5-9　矿用橡套电缆的长时允许电流

主芯线截面积/mm^2	2.5	4	6	10	16	25	35	50	70	95	120	150
工作电压小于 10kV 长时允许电流/A	28	36	46	64	85	113	138	173	215	250	295	320

注：表中环境温度为25°，导电芯线最高允许工作温度为75℃。

表 5-10　6～10kV 交联聚乙烯铠装电力电缆的长时允许电流

芯线截面积/mm^2	空气中敷设允许电流/A		直埋地敷设允许电流/A	
	铜　芯	铝　芯	铜　芯	铝　芯
3×16	102	80	100	78
3×25	134	105	128	95
3×35	157	125	153	119
3×50	191	153	185	144
3×70	233	185	221	172
3×95	280	222	261	204
3×120	324	258	296	231
3×150	378	295	335	262
3×185	428	335	375	292
3×240	498	392	428	337
3×300	570	448	482	409

注：表中环境温度为25°，导电芯线最高允许工作温度为80℃。

三、按允许电压损失校验所选电缆截面积

由于电缆的电抗值较小，一般每千米为0.06～0.08Ω，故计算电压损失时，只考虑导线电阻的影响，电抗值常忽略不计。

若以导线的电导率来计算，对于单一终端负荷有

$$A=\frac{PL}{\gamma \Delta U_1 U_N} \tag{5-11}$$

式中 A——导体截面积（mm^2）；

γ——导体电导率［（$m/(\Omega \cdot mm^2)$］，对于铜芯铠装电缆$\gamma=48.6m/(\Omega \cdot mm^2)$，对于铜芯软电缆$\gamma=42.5m/(\Omega \cdot mm^2)$，对于铝芯铠装电缆$\gamma=28.8m/(\Omega \cdot mm^2)$；

ΔU_1——线路允许电压损失；

P——有功负荷（kW）；

L——线路长度（km）；

U_N——线路的额定电压。

对于均一导线分布负荷为

$$A=\frac{\sum_{i=1}^{i=n} P_i L_i}{\gamma \Delta U_1 U_N} \tag{5-12}$$

式中 P_i——某一分布负荷有功负荷（kW）；

L_i——某一分布负荷到线路首端的线路长度（km）。

四、按短路电流校验电缆的热稳定性

$$A_{min}=\frac{I_{\infty}^{(3)}}{C}\sqrt{t_i} \tag{5-13}$$

式中 I_{∞}——最大三相稳态短路电流（A）；.

t_i——短路电流作用的假想时间（s）；

C——热稳定系数，见表5-11。

表5-11 母线导体与1～10kV电缆的热稳定系数C值/$A\sqrt{s}mm^{-2}$

芯线材料	铝			铜					
芯线绝缘材料	短路时的最高允许温度/℃								
	130	150	200	130	150	200	220	230	250
聚氯乙烯	65	—	—	100	—	—	—	—	—
橡　胶	—	87	—	—	120	—	—	—	—
交联聚乙烯	—	—	84	—	—	—	—	140	—
母　线	—	—	87	—	—	171	—	—	—

高压架空线路不必考虑短路时的热稳定性；高压电缆不考虑机械强度。

例5-3 6kV高压电缆由井下中央变电所给采区供电，采区变电所计算容量为1500kV·A，

功率因数为0.7，电缆长度为2.1km，向采区供电的中央变电所短路容量为40MV·A，高压电缆的短路电流假想时间为0.25s。选择中央变电所至采区变电所的高压电缆（矿井采区的年最大负荷利用小时为3000~5000h，高压电缆允许电压损失为5%）。

解： 井下中央变电所向采区变电所供电的高压电缆选为交联聚乙烯绝缘钢带铠装铜芯电力电缆。

（1）按经济电流密度选择电缆截面积

高压电缆的计算电流 $I_{ca}=\dfrac{S_{ca}}{\sqrt{3}U_N}=\dfrac{1500}{\sqrt{3}\times 6}A=144.3A$

选铜芯电缆，采区的年最大负荷利用小时为3000~5000h，查表5-4得经济电流密度 $J_{ec}=2.25A/mm^2$，电缆的经济截面积为

$$A_{ec}=\frac{I_{ca}}{J_{ec}}=\frac{144.3}{2.25}mm^2=64mm^2$$

初选6kV截面积为$70mm^2$的MYJV22型交联聚乙烯绝缘钢带铠装电力电缆。

（2）按长时允许电流校验所选电缆截面积

查表5-10，$70mm^2$的交联聚乙烯绝缘铠装电缆的载流量为$233A>144.3A$，符合要求。

（3）按允许电压损失校验所选电缆截面积

6kV高压电缆允许电压损失为5%，即线路允许电压损失 $\Delta U_1=6\times 5\%\,kV=0.3kV$。

$A=\dfrac{PL}{\gamma\Delta U_1 U_N}=\dfrac{1500\times 0.7\times 2.1}{48.6\times 0.3\times 6}mm^2=25.2mm^2<70mm^2$，满足电压损失的要求。

（4）按短路电流校验电缆的热稳定性

短路电流稳态值 $I_{\infty}^{(3)}=\dfrac{S_k}{\sqrt{3}U_{av}}=\dfrac{40}{\sqrt{3}\times 6.3}kA=3.67kA$

$$A_{min}=\frac{I_{\infty}^{(3)}}{C}\sqrt{t_i}=\frac{3670}{95}\times\sqrt{0.25}mm^2=19.4mm^2<70mm^2$$

所以选择MYJV22-3×70截面积的电缆完全满足要求。

课题四　采区低压电缆主芯线截面积的选择

一、选择原则

采区低压电缆主芯线截面积必须满足以下几个条件：

1）正常工作时，电缆芯线的实际温度应不超过电缆的长时允许温度，所以，应保证流过电缆的最大长时工作电流不得超过其允许持续电流。

2）正常工作时，应保证供电动机的端电压在95%~105%额定电压范围内。

3）距离远、功率大的电动机在重载情况下应保证能正常起动，并保证其起动器有足够的吸持电压。

4）所选电缆截面积必须满足机械强度的要求。

二、低压电缆主芯线截面积的选择

选择低压电缆主芯线的截面积时，支线电缆一般按机械强度初选，按允许持续电流校验

后，即可确定下来。

选择干线电缆主芯线截面积时，如干线电缆不长，应先按电缆的允许持续电流初选；当干线电缆较长时，应先按正常时的允许电压损失初选；然后再按其他条件校验。

1. 按机械强度选择

根据不同的机械设备，选择电缆的截面积不小于橡套电缆满足机械强度要求的最小截面积，见表5-12。

表5-12 橡套电缆满足机械强度要求的最小截面积

用电设备名称	最小截面积/mm^2	用电设备名称	最小截面积/mm^2
采煤机组	35~50	调度绞车	4~6
可弯曲输送机	16~35	局部通风机	4~6
一般输送机	10~25	煤电钻	4~6
回柱绞车	16~25	照明设备	2.5~4
装岩机	16~25		

2. 按长时允许电流选择

电缆的长时允许电流 I_p 应不小于通过电缆的最大长时工作电流 I_{ca}。即

$$I_p \geqslant I_{ca} \tag{5-14}$$

式中 I_p——电缆的长时允许电流（A），见表5-9；

I_{ca}——通过电缆的最大长时工作电流（A）。

干线电缆最大长时工作电流可按下式计算，即

$$I_{ca}=\frac{K_{de}\sum P_N \times 10^3}{\sqrt{3}U_N\cos\varphi_{wm}} \tag{5-15}$$

式中 $\sum P_N$——电缆所带负荷的额定功率之和（kW）；

U_N——电缆所在电网的额定电压（V）；

K_{de}——电缆线路所带负荷的需用系数，由表2-2查取；

$\cos\varphi_{wm}$——电缆所带负荷的加权平均功率因数，由表2-2查取。

3. 按正常工作时允许电压损失选择

正常工作时电网的电压损失 ΔU 应不超过电网允许的电压损失 ΔU_p，即

$$\Delta U \leqslant \Delta U_p \tag{5-16}$$

（1）低压电网的允许电压损失

按要求，正常工作时应保证供电网所有电动机的端电压不低于额定电压的95%。为了保证用电设备的供电质量，低压电网允许电压损失为

$$\Delta U_p = U_{2NT} - 0.95U_N \tag{5-17}$$

式中 ΔU_p——低压电网的允许电压损失（V）；

U_{2NT}——变压器二次侧额定电压（V）。

由式（5-17）可求得

对于380V电网 $\Delta U_p = 400 - 0.95 \times 380\text{V} = 39\text{V}$。

对于660V电网 $\Delta U_p = 690 - 0.95 \times 660\text{V} = 63\text{V}$。

对于1140V电网 $\Delta U_p = 1200 - 0.95 \times 1140\text{V} = 117\text{V}$。

（2）采区低压电网电压损失

采区低压电网的电压损失包括变压器的电压损失和线路电压损失两部分。

线路一般又包括干线和支线两部分。全部低压电网的总电压损失 ΔU 为

$$\Delta U=\Delta U_{\mathrm{T}}+\Delta U_{\mathrm{ms}}+\Delta U_{\mathrm{bl}} \tag{5-18}$$

式中 ΔU_{T}——变压器的电压损失（V）；

ΔU_{ms}——干线电缆的电压损失（V）；

ΔU_{bl}——支线电缆的电压损失（V）。

1）变压器的电压损失 ΔU_{T} 为

$$\Delta U_{\mathrm{T}}=\frac{\Delta U_{\mathrm{T}}\%}{100}U_{2\mathrm{NT}} \tag{5-19}$$

$$\Delta U_{\mathrm{T}}\%=\frac{S_{\mathrm{T}}}{S_{\mathrm{NT}}}(u_{\mathrm{r}}\%\cos\varphi_{\mathrm{T}}+u_{\mathrm{x}}\%\sin\varphi_{\mathrm{T}}) \tag{5-20}$$

式中

$$u_{\mathrm{r}}\%=\frac{\Delta P_{\mathrm{NT}}}{S_{\mathrm{NT}}}\times 100 \qquad u_{\mathrm{x}}\%=\sqrt{(u_{\mathrm{z}}\%)^2-(u_{\mathrm{r}}\%)^2} \tag{5-21}$$

式中 ΔP_{NT}——变压器的负载损耗（kW），可从变压器技术数据中查得；

$u_{\mathrm{z}}\%$——变压器的阻抗电压百分数，可从变压器技术数据中查得。

φ_{T}——变压器负荷的功率因数角。

2）负荷集中的干线电缆线路的电压损失 ΔU_{ms} 为

$$\Delta U_{\mathrm{ms}}=\frac{K_{\mathrm{de}}\sum P_{\mathrm{N}}L_{\mathrm{ms}}\times 10^3}{U_{\mathrm{N}}\gamma_{\mathrm{sc}}A_{\mathrm{ms}}} \tag{5-22}$$

式中 L_{ms}、A_{ms}、γ_{sc}——干线电缆的长度（m）、截面积（mm^2）、电导率［$\mathrm{m}/(\Omega\cdot\mathrm{mm}^2)$］；

K_{de}——干线电缆负荷的需用系数；

$\sum P_{\mathrm{N}}$——干线电缆负荷的额定功率之和（kW）。

3）支线电缆电压损失 ΔU_{bl} 为

$$\Delta U_{\mathrm{bl}}=\frac{P_{\mathrm{bl}}R}{U_{\mathrm{N}}}=\frac{P_{\mathrm{bl}}L_{\mathrm{bl}}\times 10^3}{U_{\mathrm{N}}\gamma_{\mathrm{sc}}A_{\mathrm{bl}}} \tag{5-23}$$

式中 U_{N}——支线电缆线路所在电网的额定电压（V）；

R——支线电缆的电阻（Ω）；

L_{bl}——支线电缆的长度（m）；

A_{bl}——支线电缆的截面积（mm^2）；

γ_{sc}——支线电缆导体的电导率［$\mathrm{m}/(\Omega\cdot\mathrm{mm}^2)$］；

P_{bl}——支线电缆所带负荷的计算功率值，可近似取额定功率（kW）。

4. 按允许电压损失选择干线电缆截面积

$$\Delta U_{\mathrm{ms}}\leqslant\Delta U_{\mathrm{pms}} \tag{5-24}$$

$$\Delta U_{\mathrm{pms}}=\Delta U_{\mathrm{p}}-\Delta U_{\mathrm{T}}-\Delta U_{\mathrm{bl}} \tag{5-25}$$

式中 ΔU_{pms}——干线电缆的允许电压损失（V）。

式（5-22）整理后，得出其满足电压损失的最小截面积为

$$A_{\min}=\frac{K_{\mathrm{de}}\sum P_{\mathrm{N}}L_{\mathrm{ms}}\times 10^{3}}{U_{\mathrm{N}}\gamma_{\mathrm{sc}}\Delta U_{\mathrm{pms}}} \tag{5-26}$$

根据上式的计算结果，选择标准截面积不小于计算截面积的电缆即可满足电压损失的要求。

如果电缆截面积按其他条件已经选出，此时需按电压损失的条件校验电缆截面积。校验时需按式

$$\Delta U=\Delta U_{\mathrm{T}}+\Delta U_{\mathrm{ms}}+\Delta U_{\mathrm{bl}} \tag{5-27}$$

计算出整个低压电网的电压损失，然后按式 $\Delta U\leqslant\Delta U_{\mathrm{p}}$ 进行校验。

如校验后不满足，可采取如下措施：

1）加大电缆截面积，一般加大干线电缆的截面积。

2）更换大容量的变压器，以减小变压器的电压损失。

3）移动变电所的位置，使其靠近工作面。

4）调整变压器的分接头，此方法在设计中不考虑。

5. 按起动时的电压损失校验电缆截面积

由于电动机起动电流大，起动时电压损失大，必须满足电动机和磁力起动器的起动条件的要求，否则无法起动。一般只需校验供电功率最大、供电距离最远的干线，如该干线满足起动要求，其他干线必能满足要求。

1）确定电动机的最小起动电压。满足电动机最小起动转矩所需要的最小起动电压 U_{stmin}，可按下式求出，即

$$U_{\mathrm{stmin}}=U_{\mathrm{N}}\sqrt{\frac{K}{\alpha}} \tag{5-28}$$

式中 U_{N}——电动机的额定电压（V）；

K——电动机的最小起动转矩倍数，见表5-13；

α——电动机额定电压时的起动转矩 M_{smin} 与电动机额定转矩 M_{N} 之比（α 值可查电动机技术数据），矿用隔爆型电动机一般可取2～2.5。

表5-13　电动机的最小起动转矩倍数

用电设备名称	$K=M_{\mathrm{stmin}}/M_{\mathrm{N}}$
联合截煤机	1.0～1.2
刮板输送机	1.2～1.4
带式输送机	1.1～1.3
无极绳绞车	1.2～1.3
通风机及水泵	0.5～0.6

2）起动时支线电压损失应选择起动时电压损失最大的一条支线计算，即

$$\Delta U_{\mathrm{blst}}=\sqrt{3}I_{\mathrm{st}}\frac{L_{\mathrm{bl}}}{\gamma_{\mathrm{sc}}A_{\mathrm{bl}}}\cos\varphi_{\mathrm{st}} \tag{5-29}$$

$$I_{\mathrm{st}}=I_{\mathrm{stN}}\frac{U_{\mathrm{stmin}}}{U_{\mathrm{N}}} \tag{5-30}$$

式中　U_{blst}——电动机的起动电压（V）；

I_{stN}——电动机的额定起动电流（A）；

I_{st}——电动机的实际起动电流（A）；

$\cos\varphi_{st}$——支线所带电动机起动时的功率因数，可查电动机的技术数据。

为了满足起动器吸持电压的要求，应使起动器安装处的电压为

$$U \geqslant 0.75U_N \tag{5-31}$$

$$U = U_{stmin} + \Delta U_{blst} \tag{5-32}$$

3）起动时干线电缆的电压损失。按干线所带电动机中最大一台起动，其他正常工作条件计算，即

$$\Delta U_{msst} = \frac{L_{ms}}{\gamma_{sc}A_{ms}}\left(\sqrt{3}I_{st}\cos\varphi_{st} + \frac{K_{de}\Sigma P_{Nre}\times 10^3}{U_N}\right) \tag{5-33}$$

式中　L_{ms}——干线电缆的长度（m）；

A_{ms}——干线电缆的截面积（mm^2）；

γ_{sc}——干线电缆的电导率［$m/(\Omega \cdot mm^2)$］；

I_{st}、$\cos\varphi_{st}$——与式（5-29）中符号相同；

K_{de}——除起动电动机外，干线中其他用电设备的需用系数，可由表2-2查得；

ΣP_{Nre}——除起动电动机外，干线中其他用电设备额定功率之和（kW）；

U_N——用电设备的额定电压（V）。

4）起动时变压器的电压损失。按变压器所带电动机中最大一台起动，其他正常工作条件计算，即

$$\Delta U_{Tst}\% = \frac{1}{I_{2NT}}\left[u_r\%\left(I_{st}\cos\varphi_{st} + \frac{K_{de}\Sigma P_{Nre}\times 10^3}{\sqrt{3}U_N}\right) + u_x\%\left(I_{st}\sin\varphi_{st} + \frac{K_{de}\Sigma P_{Nre}\times 10^3}{\sqrt{3}U_N}\tan\varphi_{wmre}\right)\right] \tag{5-34}$$

$$\Delta U_{Tst} = \frac{\Delta U_{Tst}\%}{100}U_{2NT} \tag{5-35}$$

$$\Delta U_{st} = \Delta U_{Tst} + \Delta U_{msst} + \Delta U_{blst} \tag{5-36}$$

电动机起动时，其端电压应不小于电动机的最小起动电压。即

$$U_{st} = U_{2NT} - \Delta U_{st} \geqslant U_{stmin} \tag{5-37}$$

例5-4　某采区工作面供电系统如图5-11所示，设备容量及电缆长度示于图中，已知变压器的实际负荷容量 $S_T = 294.2kV \cdot A$。试选择标有长度的电缆型号和截面积。

解：（1）采煤机支线电缆的选择

1）按机械强度选，查表5-12初选为$35mm^2$。

2）按长时允许负荷电流选，查表5-9得35 mm^2 电缆长时负荷电流为138A，大于采煤机的额定电流119A。

确定选用MYP-0.38/0.66，3×35+1×16型矿用移动屏蔽橡套电缆。

（2）干线电缆的选择

1）按电压损失选择干线电缆截面积。支线电压损失（设采煤机的负荷系数 $K_{LO}=0.8$；效率 $\eta=0.9$），由式（4-11）得

$$\Delta U_{bl} = \frac{PR}{U_N} = \frac{K_{LO}P_NL_{bl}\times 10^3}{U_N\gamma_{sc}A_{bl}\eta} = \frac{0.8\times 100\times 150\times 10^3}{660\times 42.5\times 35\times 0.9}V = 13.6V$$

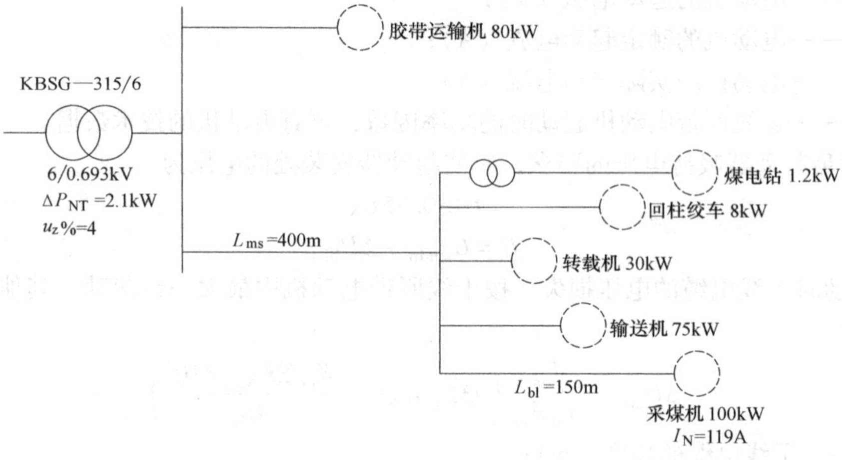

图 5-11　工作面供电系统

变压器电压损失（取变压器的加权平均功率因数 $\cos\varphi_{wm}=0.7$）为

$$\Delta U_T\% = \frac{S_T}{S_{NT}}(u_r\%\cos\varphi_T + u_x\%\sin\varphi_T) = \frac{294.2}{315}\times(0.667\times0.7+3.94\times0.71)=3.05$$

$$\Delta U_T = \frac{\Delta U_T\%}{100}U_{2NT} = \frac{3.05}{100}\times693\text{V} = 21.1\text{V}$$

式中

$$u_r\% = \frac{\Delta P_{NT}}{S_{NT}}\times100 = \frac{2.1}{315}\times100 = 0.667$$

$$u_x\% = \sqrt{(u_z\%)^2-(u_x\%)^2} = \sqrt{4^2-0.667^2} = 3.94$$

干线电缆的允许电压损失为

$$\Delta U_{pms} = \Delta U_p - \Delta U_T - U_{bl} = (66-21.1-13.6)\text{V} = 31.3\text{V}$$

满足电压损失的干线最小截面积（取需用系数 $K_{dc}=0.75$）为

$$A_{ms} = \frac{K_{de}\sum P_N L_{ms}\times10^3}{U_N\gamma_{sc}\Delta U_{pms}} = \frac{0.75\times(100+75+30+8+1.2)\times400\times10^3}{660\times42.5\times31.3}\text{mm}^2 = 73.2\text{mm}^2$$

选择芯线截面积为 95mm^2 的铜芯电缆。

2）按长时允许电流选择干线电缆截面积。干线电缆的长时工作电流（取 $\cos\varphi_{wm}=0.7$）为

$$I_{ca} = \frac{K_{de}\sum P_N\times10^3}{\sqrt{3}U_N\cos\varphi_{wm}} = \frac{0.75\times(100+75+30+8+1.2)}{\sqrt{3}\times660\times0.7}\text{A} = 201\text{A}$$

查表 5-9，95mm^2 矿用移动屏蔽橡套电缆的长时允许电流为 250A，大于其工作电流 201A。所以，确定选用 MYP-0.38/0.66，3×95+1×16 型矿用移动屏蔽橡套电缆。

（3）按起动条件校验电缆截面积

1）采煤机电动机的最小起动电压。

① 按满足电动机的最小起动转矩检验。采煤机按直接起动、其他电气设备都正常运行的条件进行校验。已知采煤机技术参数给出：额定起动转矩与额定转矩之比 $\alpha=2.5$；额定

起动电流 $I_{stN}=711A$；起动功率因数 $\cos\varphi_{st}=0.5$。由表5-13查得，$K=1.1$。

采煤机的最小起动电压，由式（5-28）得

$$U_{stmin}=U_N\sqrt{\frac{K}{a}}=660\times\sqrt{\frac{1.2}{2.5}}V=457V$$

② 按满足起动器吸力线圈有足够的吸持电压校验。采煤机在最小起动电压下的起动电流，由式（5-30）得

$$I_{st}=I_{stN}\frac{U_{stmin}}{U_N}=711\times\frac{457}{660}A=492A$$

采煤机支线电缆的起动电压损失由式（5-29）得

$$\Delta U_{blst}=\sqrt{3}I_{st}\frac{L_{bl}}{\gamma A_{bl}}\cos\varphi_{st}=\sqrt{3}\times492\times\frac{150}{42.5\times35}\times0.5V=86V$$

起动器安装处的电压由式（5-32）得

$$U_{stmin}+\Delta U_{blst}=(457+86)V=543V\geqslant0.75U_N=0.75\times660V=495V$$

满足起动器吸持电压的要求。

2）采煤机起动时电网电压损失的计算

① 上面已计算出支线电压损失 $\Delta U_{bst}=86V$。

② 采煤机直接起动时干线电缆的电压损失。除起动电动机外，其他接线用电设备的需用系数 $K_{de}=0.8$，由式（5-33）得干线电缆损失为

$$\Delta U_{msst}=\frac{L_{ms}}{\gamma_{sc}A_{ms}}\left(\sqrt{3}I_{st}\cos\varphi_{st}+\frac{K_{de}\sum P_{Nre}10^3}{U_N}\right)$$

$$=\frac{400}{42.5\times95}\left(\sqrt{3}\times492\times0.5+\frac{0.8\times(30+8+1.2)\times10^3}{660}\right)V=47V$$

③ 采煤机起动时变压器内部电压损失。除采煤机外，变压器所带其他用电设备的需用系数 $K_{de}=0.75$，$\cos\varphi_{\omega mre}=0.7$，由式（5-34）、式（5-35）得变压器内部电压损失为

$$\Delta U_{Tst}\%=\frac{1}{I_{2NT}}\left[u_r\%\left(I_{st}\cos\varphi_{st}+\frac{K_{de}\sum P_{Nre}\times10^3}{\sqrt{3}U_N}\right)+u_x\%\left(I_{st}\sin\varphi_{st}+\frac{K_{de}\sum P_{Nre}\times10^3}{\sqrt{3}U_N}\tan\varphi_{wmre}\right)\right]$$

$$=\frac{1}{264}\times\left[\begin{array}{l}0.667\times\left(492\times0.5+\frac{0.75\times194.2\times10^3}{\sqrt{3}\times660}\right)+3.94\times\\\left(492\times0.866+\frac{0.75\times194.2\times10^3}{\sqrt{3}\times660}\times1.02\right)\end{array}\right]=9.19$$

$$\Delta U_{Tst}=\frac{\Delta U_{Tst}\%}{100}U_{2NT}=\frac{9.19}{100}\times693V=64V$$

④ 采煤机起动时的总电压损失为

$$\Delta U_{st}=\Delta U_{Tst}+\Delta U_{msst}+\Delta U_{blst}=(64+47+86)V=197V$$

采煤机起动时其电动机端电压为

$$U_{st}=U_{2NT}-\Delta U_{st}=(693-197)V=496V\geqslant U_{stmin}=457V$$

由以上计算知，所选电缆截面积满足采煤机起动条件的要求。

课题五　电力线路的运行维护

一、架空线路的敷设及运行维护

1. 敷设路径的选择原则

1）线路短、转角少、交叉跨越少。

2）交通运输要方便，以利于施工和维护。

3）尽量避开河洼和雨水冲刷地带及有爆炸危险、化学腐蚀、工业污秽、易发生机械损伤的地区。

4）应与建筑物保持一定的安全距离，禁止跨越易燃屋顶的建筑物，避开起重机械频繁活动地区。

5）应与工矿企业厂（场）区和生活区的规划协调，在矿区尽量避开煤田，少压煤。

6）妥善处理与通信线路的平行接近问题，考虑其干扰和安全的影响。

2. 架空线路的敷设

（1）档距与弧垂

如图5-12所示，架空线路的档距是指同一线路上两相邻电杆之间的水平距离。线路档距的大小一般为：3～10kV线路在城区为40～50m，在郊区为50～100m，低压线路在城区为30～50m，在郊区为40～60m。

导线的弧垂是指架空线路的最低点与两端电杆导线悬挂点的垂直距离。导线的弧垂不宜过大和过小。

（2）导线在电杆上的排列方式

三相四线制的低压线路，一般水平排列。电杆上的零线应靠近电杆或尽量设在靠近建筑物侧。零线不应高于相线。

高压配电线路与低压配电线路同杆架设时，低压配电线路应架设在下方。

三相三线制的线路的导线，可水平排列也可三角形排列；多回路线路的导线，宜采用三角形、水平混合排列或垂直排列。

3. 架空线路巡视时应注意的问题

由于架空线路长期处于露天之下，线路的杆塔、导线和绝缘子不仅承受着正常的机械荷重和电力负荷，而且还经常受到各种自然条件的影响，如风、雨、冰雪、雷电等，这种影响将使线路各元件逐渐损坏。因此对于架空线路，应做好以下几方面的运行维护工作。

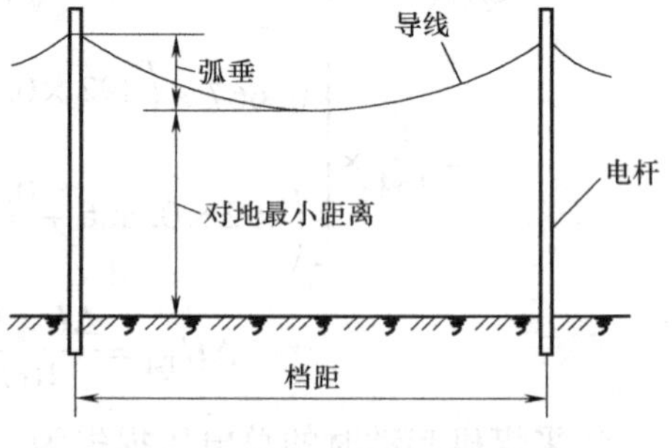

图5-12　架空线路的档距与弧垂

1）定期巡视。巡视周期应根据架空线路的运行状况，沿线环境及重要性等综合确定。一般情况下，35kV及以上架空线路每两个月至少巡视1次，10kV及以下架空线路每季度至少巡视1次，一般对厂区架空线路每个月巡视1次。

2）遇有恶劣天气时，应根据架空线路、周围环境的不同特点，进行不同性质的特殊巡视。

3）根据架空线路所带负荷情况，适当进行夜间巡视。

4）架空线路发生故障后，应根据变电站出线开关保护动作情况进行故障后的巡视。

4. 架空线路的维修方法

（1）钢筋混凝土电杆

1）杆面有裂纹时，应用水泥砂浆填缝，并将表面涂平。在靠近地面处出现裂缝时，除用水泥砂浆填缝外，并在地面上下 1.5m 段内涂沥青。

2）杆面上的混凝土被侵蚀剥落时须将酥松部分凿去，先用清水洗净，然后用高一级的混凝土补强；如钢筋外露，应先彻底除锈，用 1∶2 水泥砂浆涂 1 ~2mm 后，再浇灌混凝土。

（2）金属杆件

1）金属杆件的零件因锈蚀或其他原因降低了机械强度，而需要加强时，应用镶接板补强，如不能焊接时，可用螺钉连接。

2）焊接缝上的裂口，特别是在主要构件上，应尽先使用气焊或电焊焊好，如焊接有困难时，则应立即用螺钉连接，加镶接板补强。

3）弯曲或变形的杆件或部件，应予以校正或更换。

4）焊补处的镶接板及其他未镀锌的杆件或部件应涂刷油漆。

5）金属杆塔部件涂刷油漆的周期，要根据表层的状况来决定，一般每五年一次。在决定涂刷油漆的期限内，应定期进行局部涂漆，以延长铁塔或整个部件涂漆的期限。这时必须特别注意结构的主要连接点及水平放置的杆件或部件。

6）铁塔的金属底脚，根据其保护层的情况，刷以煤焦油或石油沥青。

（3）导线及避雷线

1）如导线的断股在运行允许范围以内时，可在破损或断裂处用补修管或用与该导线相同的金属绑扎的方法修理。

2）导线或避雷线因断股减小的截面积，超过允许运行范围时，均应剪断破损部分，用连接器接上。

3）根据弧垂的变动需要拉紧或移动导线（或避雷线）时，应以整个耐张段为单位进行。

4）调整悬垂绝缘子串的位置时，必须松开线夹。

（4）混凝土基础

1）铁塔及钢筋混凝土电杆，由于基础下沉发生倾斜时，必须将基础校正，必要时应重新浇混凝土基础。

2）混凝土基础表面有裂纹时，应用水泥砂浆涂抹，使其表面硬化，紧密光滑不透水。

3）底脚螺钉松动时，应凿开周围水泥重新浇灌。如螺母松动，应充分拧紧。

4）混凝土基础因腐蚀、受冻或浇灌不良发生酥松现象时，必须重新浇灌。

5）金属部件应再涂沥青漆防锈，涂漆前应先涂红丹粉。

（5）其他

1）导线及杆塔上有外物时，应尽快清除。

2）应依照 DL/T 5092—1999《(110—500)kV 架空送电线路设计技术规程》的规定，整理恢复杆塔上各项标志和警告牌。

3）所有在线路上检修的工程，均应做好记录；检修工作应进行验收。

二、电缆线路的敷设及运行维护

1. 电缆敷设的一般原则

1）电缆类型要符合所选敷设方式的要求。例如直埋地电缆应有铠装和防腐层保护。

2）如果敷设条件许可，可给电缆考虑1.5% ~2%的长度余量，作为检修时备用。

3）电缆敷设的路径要力求少弯曲，弯曲半径与电缆外经的倍数关系应符合有关规定，以免弯曲扭伤。

4）垂直敷设的电缆和沿陡坡敷设的电缆，其最高与最低点之间的最大允许高度差不应超过规定值。

5）以下地点的电缆应穿钢管保护（注意钢管内径不能小于电缆外径的两倍）：电缆从建筑物引入、引出或穿过楼板及主要墙壁处；从电缆沟引出到电杆，或沿墙敷设的电缆距地面2m高度及埋入地下小于0.25m深度的一段；电缆与道路、铁路交叉的一段。

6）直埋地电缆埋地深度不得小于0.7m，并列埋地电缆相互间的距离应符合规定（如10kV电缆间不应小于0.1m）。电缆沟距建筑物基础应大于0.6m，距电杆基础应大于1m。

7）不允许在煤气管、天然气管及液体燃料管的沟道中敷设电缆；一般不要在热力管道的明沟或隧道中敷设电缆，特殊情况时可允许少数电缆放在热力管道沟道的另一侧或热力管道的下面，但必须保证不致使电缆过热；允许在水管或通风管的明沟或隧道中敷设少数电缆，或电缆与之交叉。

8）户外电缆沟的盖板应高出地面（但注意厂区户外电缆沟盖板应低于地面0.3m，上面铺以沙子或碎土），户内电缆沟的盖板应与地板平。电缆沟从厂区进入厂房处应设防火隔板，沟底应有不小于0.5%的排水坡度。

9）电缆的金属外皮、金属电缆头及保护钢管和金属支架等，均应可靠接地。

2. 电缆线路的敷设方式

（1）直接埋地敷设

直接埋地施工简单，电缆散热性能好；维护检修困难，易受机械损伤、化学腐蚀等；用于埋设根数不多（少于6根）的地方。如图5-13所示，电缆的埋设深度不应小于700mm，穿越农田时不应小于1000mm，应在冻土层以下。在引入建筑物、与地下建筑物交叉及绕过地下建筑物处，可浅埋，但应采取保护措施。在线路的终端、转弯处、电缆接头处和沿线每隔50~100m处的地面上，应设永久性路径标志。在电缆上应铺盖水泥板或砖块，以便将来挖土时，表明下面埋有电缆。直埋地下的电缆，应采用铠装电缆并有防腐层。向重要负荷供电的两路电源电缆，应尽量不敷设在同一土沟内。电缆与其他设施平行与交叉敷设时的最小间距和要求应符合有关规定。

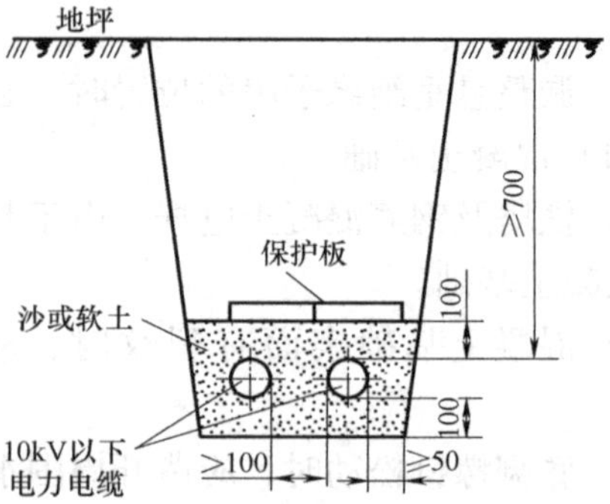

图5-13　电缆的直接埋地敷设

（2）在电缆沟内敷设

电缆沟分户内电缆沟、户外电缆沟和厂区电缆沟三种，如图 5-14 所示。当电缆线路与地下管道交叉不多，地下水位较低，对不容易积灰积水的场所，且电缆根数较多时，可采用电缆沟敷设。电缆沟的沟底应有 5% 的坡度，以防沟内积水。此种敷设方式投资稍高，但检修方便，占地面积少，所以在配电系统中用得很广。

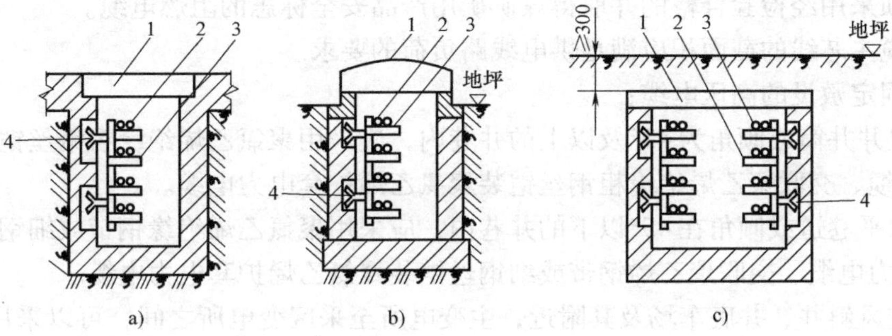

图 5-14　电缆在电缆沟内敷设

a）户内电缆沟　b）户外电缆沟　c）厂区电缆沟

1—盖板　2—电缆　3—电缆支架　4—预埋铁件

（3）架空与沿墙敷设

电缆架空敷设是采用专用卡子、帆布带或铁钩等，将电缆吊挂在镀锌钢绞线上。电缆沿墙敷设是采用扁铁或钢筋制作电缆钩将电缆吊挂于建筑物的墙壁上或梁、柱上。

（4）电缆桥架敷设

电缆桥架敷设具有占用空间少、投资省、建设周期短等优点，如图 5-15 所示。

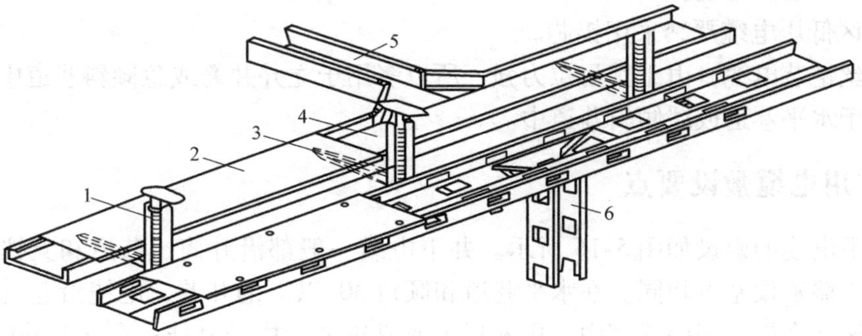

图 5-15　电缆桥架

1—支架　2—盖板　3—支臂　4—线槽　5—水平分支线槽　6—垂直分支线槽

课题六　矿用电缆的使用及故障处理

一、矿用电缆的使用环境要求

各种型号的矿用电缆的使用环境和敷设方式都有一定的要求，使用时应根据不同的环境特征选择，考虑原则主要是安全、经济和施工方便。选择井下电缆时应遵守下列规定。

1）电缆敷设地点的水平差应与规定的电缆允许敷设的水平差相适应。

2）电缆应带有供保护接地用的足够截面积的导体。

3）严禁采用铝包电缆。

4）必须采用经检验合格的并取得煤矿矿用产品安全标志的阻燃电缆。

5）电缆主芯线的截面积应满足供电线路负荷的要求。

6）对固定敷设的高压电缆：

① 在立井井筒或倾角为45°及以上的井巷内，应采用聚氯乙烯绝缘粗钢丝铠装聚氯乙烯护套电力电缆、交联聚乙烯绝缘粗钢丝铠装聚氯乙烯护套电力电缆。

② 在水平巷道或倾角在45°以下的井巷内，应采用聚氯乙烯绝缘钢带或细钢丝铠装聚氯乙烯护套电力电缆、交联聚乙烯钢带或细钢丝铠装聚氯乙烯护套电力电缆。

③ 在进风斜井、井底车场及其附近，主变电所至采区变电所之间，可以采用铝芯电缆；其他地点必须采用铜芯电缆。

7）移动变电站应采用监视型屏蔽橡套电缆。

8）固定敷设的低压动力电缆，应采用 MVV 铠装电缆或非铠装电缆或对应电压等级的移动橡套软电缆。

9）非固定敷设的高低压电缆，必须采用符合 MT818 标准的橡套软电缆。移动式和手持式电气设备都应使用专用橡套电缆。

10）1140V 设备使用的电缆必须用带有分相屏蔽的橡套绝缘屏蔽电缆；采掘工作面中660V 或 380V 设备，应使用带有分相屏蔽的橡套绝缘屏蔽电缆。

11）固定敷设的照明、通信、信号和控制用的电缆，应采用铠装或非铠装通信电缆、橡套电缆和矿用塑料电缆。

12）采区低压电缆严禁采用铝芯。

对于钢丝铠装电缆，由于其耐拉力强，所以多用于立井井筒或急倾斜巷道中；而钢带铠装电缆多用于水平巷道或缓倾斜巷道中。

二、矿用电缆敷设要点

煤矿井下电缆的敷设如图 5-16 所示。井下电缆一般都沿井筒、巷道和支柱敷设，敷设方法与地面沿墙敷设基本相同。在水平巷道和倾角 30°以下的井巷，电缆沿巷道壁用吊钩悬挂；在木支架或金属支架的巷道中，用木耳子或帆布带沿柱子悬挂；在立井井筒和倾角 30°及以上的井巷，电缆应用夹子、卡箍或其他夹持装置，固定在巷道壁上。矿井井下电缆的敷设要求与地面基本相同，也应选择安全的路径和最短的路径；电缆的弯曲半径、敷设的高度差、与其他管线的间距和敷设的具体要求等均应符合有关规定。

三、矿用电缆的常见故障及检修方法

1. 电缆故障种类

电力电缆故障是由于电缆的绝缘损坏而引起的，故障的类型大体上分为两大类：低阻的短路、开路（断路）故障；高阻的泄漏故障和闪络性故障。

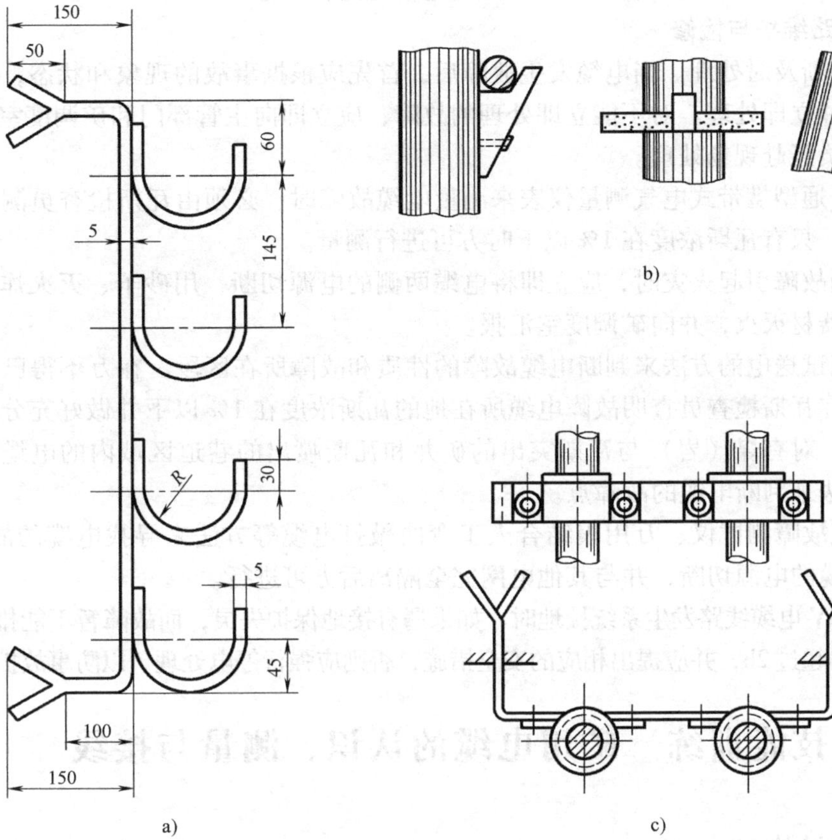

图 5-16 煤矿井下电缆的敷设

a）电缆吊钩 b）沿柱子悬挂 c）用夹子、卡箍夹持

2. 电缆着火

电缆容易着火的主要原因是因为电缆本身具有可燃部分，防止矿用橡套电缆着火的措施有：

1）必须采用合格的矿用不延燃橡套电缆。

2）必须有继电保护，其整定参数必须符合要求。

3）采用带有漏电闭锁和短路闭锁的开关，防止强行送电。

4）保证电缆热补质量。

5）电缆的悬挂要符合《煤矿安全规程》要求。

6）避免外力打击电缆。

7）开关在电缆短路跳闸后，不查明原因不得反复强行送电。

3. 电缆故障的寻找方法

电缆常见的故障一般有断芯线和一相接地。一相对地的故障可由检漏装置检测出来，断芯线的故障则可由兆欧表或试电笔来测定。故障点的寻查，首先应根据具体情况找出可疑区域，然后进一步确定其故障点。测定故障区最好分段进行，铠装电缆故障区多数在受碰撞或者挤压处，橡套电缆最容易发生故障的区域为电缆入口处、遭到砸压及受拉力处。有断线的橡套电缆如果在可疑点拉伸，会出现电缆不均匀伸长，由此来判定故障点。如果是一相对地故障，应找出橡套破口处或者滴水处，用试电笔检查是否漏电。

4. 电缆线路维护与检修

1）正确判断及时处理。当电缆发生故障后，首先应根据事故的现象和状态，正确判断事故的类别，并立即处理。对不能立即处理的故障，应立即向主管部门和矿调度室汇报，迅速组织有关人员赶赴现场处理。

2）当用普通型携带式电气测量仪表来测量电缆故障时，必须由瓦斯检查员测量使用地点的瓦斯含量，只有瓦斯浓度在1%以下时方可进行测量。

3）电缆因故障引起火灾时，应立即将电缆两侧的电源切断，用砂子、灭火炸弹、干粉灭火器等灭火器材灭火，并向矿调度室汇报。

4）不准用试送电的方法来判断电缆故障的性质和故障所在区段。在万不得已的情况下使用时，只有在瓦斯检查员查明故障电缆所在地的瓦斯浓度在1%以下并做好充分的灭火准备后方可进行。对有煤（岩）与瓦斯突出的矿井和瓦斯喷出的巷道区域内的电缆故障，严禁用试送电方法来判断电缆的故障点。

5）用电缆故障测试仪、万用表结合人工弯曲敲打电缆等方法来寻找电缆的故障点时，必须在故障电缆的电源切断，并与其他电网完全隔离后方可进行。

6）井下6kV电缆线路发生系统接地时，如果遇有接地保护失灵，而故障暂不能排除时，接地时间最长不得超过2h，并应提出相应的安全措施，否则应强行停电处理，以防事故扩大。

技能训练　矿用电缆的认识、测量与接线

一、实训目的

1）了解矿用电缆的结构。

2）掌握电缆绝缘电阻的测量方法。

3）学会矿用橡套电缆的连接。

二、实训设备、仪器

1）矿用电缆：MVV20、MZ、MCP、MYPJ型各电压等级的电缆1m或稍长。

2）1000V兆欧表1块。

3）接线工具：电工工具、电缆刀、压接钳、压模、锯弓、100#纱布、电缆冷补胶、三氯乙烷、剪刀、聚酯薄膜等。

三、实训内容与步骤

1. 观察各种矿用电缆的结构

1）首先分清塑料铠装电缆与各种橡套电缆并弯曲各种电缆以体会其柔软程度。

2）观察橡套电缆的结构及特征：包括芯线（根数、截面积、材料等）、相间绝缘和统包绝缘、垫芯，用火点燃统包绝缘，观察其阻燃性能。看看屏蔽层的材料和特征，对MYPJ型电缆应找出其监视线。

3）根据自己的体会将观察结果记入实训报告中。

2. 矿用电缆绝缘电阻的测量

测量绝缘电阻时，对额定电压为1000V及以下的电缆用1000V兆欧表；对1000V以上电压的电缆用2500V兆欧表。

1）准备。拆去电缆一切对外连线前先将电缆放电，放电时间不少于1min，对电容量大（电缆较长）的电缆应放电2min以上。用干燥清洁的软布，擦去电缆头表面的污垢。

2）验表。将兆欧表的两个表笔开路，摇手柄观察指针指向∞；将兆欧表的两个表笔短接，摇手柄观察指针指向0，说明兆欧表良好。

3）接线。将兆欧表放在水平位置，把电缆接地芯线或电缆钢铠接于兆欧表的“地”（“E”或“3”）端子上，电缆芯线接兆欧表的“线”（“L”或“Ω”）上。实训接线如图5-17所示。

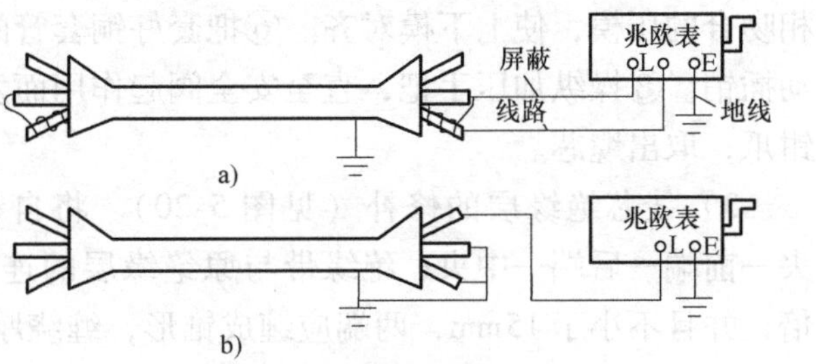

图5-17　测量电缆绝缘电阻

a）测量每相对地绝缘（加屏蔽）

b）测量每相对地绝缘（不加屏蔽）

4）测量。以恒定速度（约120r/min）转动兆欧表手柄，兆欧表指针逐渐上升，指针稳定时记录绝缘电阻值后，应先拆除兆欧表至电缆头的一根（如标有“线路”的）导线后才能停止转动兆欧表。并将测量结果记入表5-14。

表5-14　塑料绝缘电缆绝缘电阻测量

电缆类型	相间绝缘电阻/MΩ			判断绝缘
	U-V	V-W	W-U	

5）收尾。试完后或复试时必须将电缆充分放电，时间不少于2min。

6）分析。根据测量结果参照表5-15，判断绝缘电阻是否正常。

表5-15　电缆最小绝缘电阻参考值

额定电压/kV	1及以下	3	6~10	20~35
绝缘电阻/MΩ	10	200	400	600

3. 电缆间的连接

以橡套电缆为例：

1）做接头。①将两段电缆头护套各剥除规定长度，在割除段的两端削成锥形，锥形段的长度上应不小于电缆的外径，并且不小于40mm。然后拆除线芯的统包布带。②各芯线按阶梯式剪切，使各接头位置按照余量L_1（2cm）加连接铜管的长度L_2加芯线余量L_3（1cm）错开，如图5-18所示。③按照总长度L将各电缆芯

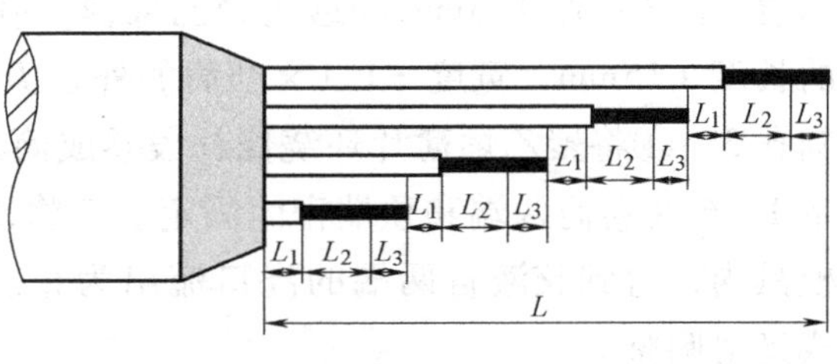

图5-18　电缆接头剥切长度示意图

线的绝缘护套剥切。④用克丝钳将芯线的铜丝捋直。⑤用砂纸逐一打磨芯线和铜连接管内壁氧化层。

2）连接芯线。所用工具压接钳外形如图5-19所示。①用棉纱擦净线头表面的污垢和潮气。②所接电缆的两根线芯接头分别从铜管两端插入，插接后的两侧线头在管内相互交叉合拢长度应大于铜套管长度，并且线头端应稍伸出铜套管3～5mm。③逆时针旋动卸荷阀钮，活塞退回原位后，再顺时针旋紧旋钮。④抽出活动插销，打开钳爪。⑤更换与连接铜管直径相吻合的压模，使上下模对齐。⑥把套好铜套管的线芯放入压模中央。⑦闭上钳爪，插入活动插销。⑧操纵加压手把，直至安全阀起作用而发出声响。即可松开卸荷阀旋钮卸荷，打开钳爪，取出缆芯。

3）线芯绝缘层的修补（见图5-20）。将自粘带半幅重叠紧密绕包。缠绕方向为：中央—前端—后端—中央；绝缘带与原绝缘层的连接部分长度应不小于绝缘线芯外径的1.5倍，并且不小于15mm，两端应缠成锥形，缠绕厚度应为原绝缘层厚度的1.2倍。

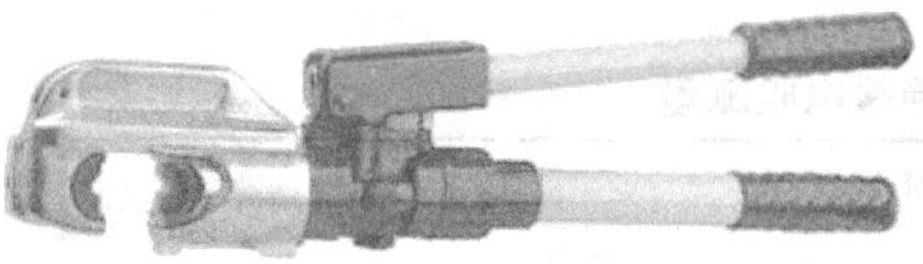

图5-19　压接钳外形

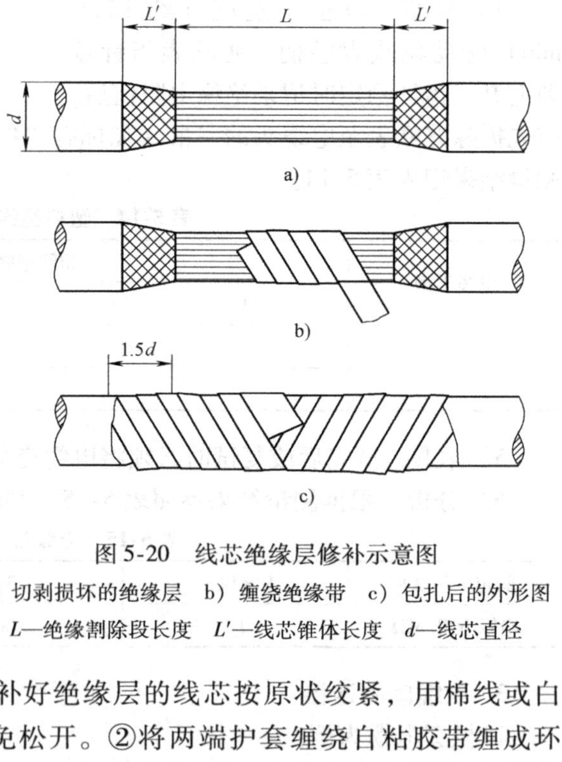

图5-20　线芯绝缘层修补示意图

a）切剥损坏的绝缘层　b）缠绕绝缘带　c）包扎后的外形图

L—绝缘割除段长度　L'—线芯锥体长度　d—线芯直径

4）护套层的修补（见图5-21）。①将修补好绝缘层的线芯按原状绞紧，用棉线或白布带撕成的线束8将修补过的线芯捆住，以免松开。②将两端护套缠绕自粘胶带缠成环状凸肩2。③用厚1.5mm的透明聚乙烯薄片作为浇铸修补模具。裁剪长度＝两端凸肩之间的长度＋15mm；宽度＝1.1×凸肩的外径$D_1\pi$，薄片中间和两边剪有3个ϕ10mm的浇注圆孔3。④将聚乙烯薄片环绕修补段卷成筒状，两端搭在凸肩上，圆孔向上，用塑料粘胶带1、6在卷筒两端和顶端密闭固定。⑤将冷补胶两份混合搅拌好后从漏斗注入卷制好的模具内，直到胶液自两端的浇口流出为止。⑥待胶固化后脱模。⑦修剪毛边，将外形修成光滑圆整。

5）绝缘检查。外观无缺陷，且用兆欧表测试绝缘电阻合格即可。

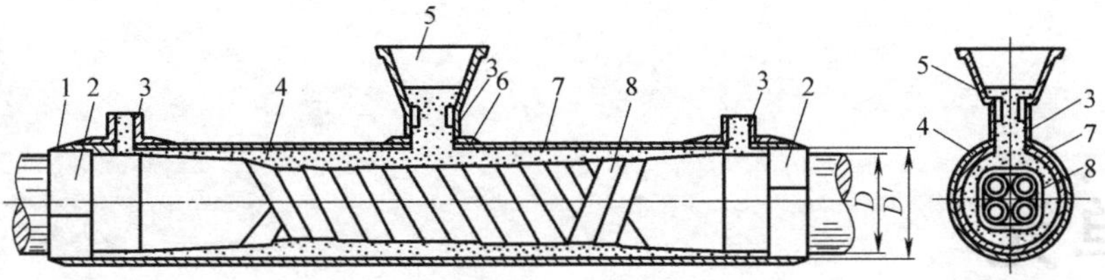

图 5-21　护套修补示意图

1、6—塑料粘胶带固定　2—自粘橡胶带缠成环状凸肩　3—浇口　4—聚乙烯薄片卷制模具　5—浇注漏斗　7—浇浇筑护套层　8—包扎线束

思考与练习

5-1　架空线路主要由哪些部分组成？

5-2　架空线路导线截面积的选择原则是什么？

5-3　电缆线路截面积的选择原则是什么？

5-4　什么叫经济截面积？

5-5　电力电缆有哪几种类型？各适用于何场合？

5-6　电缆的敷设方式有哪几种？各种敷设方式有何特点？

5-7　有一条 LGL 铝绞线的 35kV 线路，计算负荷为 4880kW，$\cos\varphi=0.88$，年最大负荷利用小时为 4500h，试选择其经济截面积，并校验其发热条件和机械强度。

5-8　某用户变电所装有一台 1600kV · A 的变压器，若该用户以 10kV 交联聚乙烯铜芯电缆以直埋方式做进线供电，年最大负荷利用小时为 4000h，地温最高为 25℃。试选择该电缆的经济截面积。

5-9　架空线路和电缆线路敷设原则是什么？

5-10　架空线路的维修方法有哪些？

第六单元

供电系统的继电保护

【教学目标】

知识目标：

熟悉继电保护装置的类型、作用以及接线方式。

掌握继电保护装置的整定和校验方法。

技能目标：

能看懂继电保护装置原理图和展开图。

会选择继电保护装置。

会整定和校验继电保护装置。

课题一　继电保护概述

在供电系统的运行过程中，往往由于电气设备的绝缘损坏、操作维护不当以及外力破坏等原因，造成系统故障或不正常的运行状态。

最常见的故障就是各种形式的短路。不正常运行状态主要有过负荷、中性点不接地、系统中的单相接地等。为了保证供电系统的安全可靠运行，避免故障和不正常运行状态造成严重后果，因此在供电系统中需装设不同继电保护装置。

一、继电保护装置的任务及原理

1. 继电保护装置的任务

继电保护装置是指能及时反应供电系统所发生的故障和不正常工作状态，在规定的时间内动作，使开关跳闸或发出信号的自动装置。继电保护装置的基本任务是：

1）当发生故障时，能自动、迅速、有选择性地将故障部分从电力系统中切除，保证系统中的无故障部分迅速恢复正常工作，避免事故扩大，使设备免遭继续破坏。

2）反应电气设备的不正常工作状态。可根据不同的异常情况，一般作用于信号，不需要立即动作，带有一定的延时。但在煤矿井下一般作用于跳闸。

2. 继电保护装置分类

电力系统的保护装置，按其作用可分为：

1）主保护。能将被保护范围内的故障迅速而有选择性地切除的保护装置称为主保护。

2）后备保护。在主保护装置拒绝动作时作为备用的保护装置，称为后备保护。根据与主保护之间的电气距离关系，后备保护分为近后备保护和远后备保护。

① 近后备保护：当主保护装置拒绝动作时，由本级保护中的另外一套保护将故障切除而实现保护的，称为近后备保护。

② 远后备保护：当主保护的断路器拒绝动作时，由相邻设备或线路的保护实现后备的保护装置，称为远后备保护。

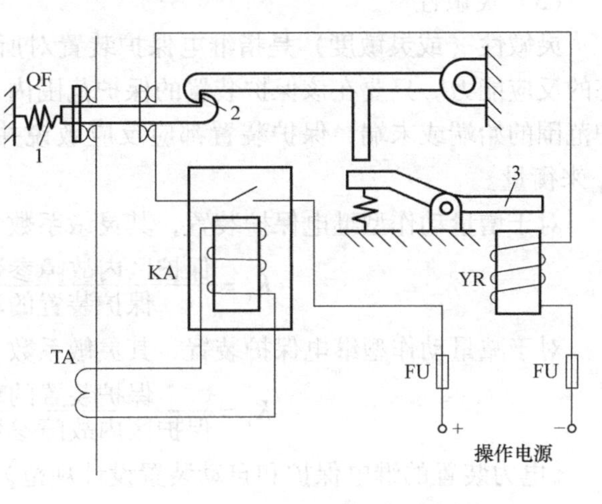

图 6-1　继电保护动作示意图

1—跳闸弹簧　2—锁扣　3—衔铁

3. 继电保护装置的基本原理

现以过电流保护为例，说明继电保护的基本工作原理。如图 6-1 所示，电流继电器 KA 的线圈接于电流互感器 TA 的二次侧，当被保护的设备或线路发生短路故障时，流进继电器线圈的电流猛增，吸动衔铁而使继电器的触点闭合，从而接通了断路器的跳闸回路。跳闸线圈 YR 一经通电，立即吸动衔铁 3，撞开锁扣 2，于是断路器 QF 在跳闸弹簧 1 的作用下迅速断开，将故障切除。在正常情况下，由于负荷电流较小，继电器线圈回路的电流不足以吸持衔铁，因而继电器的触点不闭合，断路器的跳闸回路处于不通电状态，于是断路器借助其锁扣而维持合闸状态。

二、对继电保护装置的要求

（1）选择性

只将故障部分切除，尽量缩小停电范围，保证无故障部分继续运行，保护装置的这种动作，称为有选择性。

如图 6-2 所示的供电系统，当 k-2 点发生短路故障时，按照选择性的要求，应使 QF_2 跳闸，其他无故障线路正常工作，这样停电范围最小；反之，QF_2 不跳闸，而 QF_3 跳闸，尽管也切除了故障，但是却扩大了停电范围，属于无选择性动作。

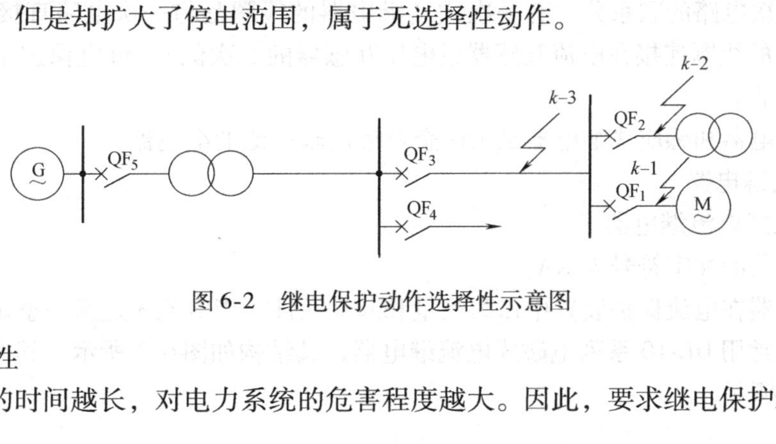

图 6-2　继电保护动作选择性示意图

（2）速动性

故障存在的时间越长，对电力系统的危害程度越大。因此，要求继电保护装置一旦识别出故障就要迅速动作，以减轻故障的危害程度。继电保护装置切除故障的总时间包括保护装置的动作时间与断路器跳闸并熄灭电弧的时间。因此，为保证保护装置的快速性，除了选用快速动作的继电保护装置外，还要选用快速动作的断路器。

（3）灵敏性

灵敏性（或灵敏度）是指继电保护装置对所保护范围内的所有故障及其不正常运行状态的反应能力。只要在该保护装置的保护范围内，无论发生什么样的故障，无论故障点在保护范围的始端或末端，保护装置都应反应敏锐并保证动作。保护装置的灵敏性用灵敏系数 K_r 来衡量。

对于增量动作型继电保护装置，其灵敏系数 K_r 的表达式为

$$K_r = \frac{\text{保护区内故障参数的最小可能值}}{\text{保护装置的动作整定值}}$$

对于减量动作型继电保护装置，其灵敏系数 K_r 的表达式为

$$K_r = \frac{\text{保护装置的动作整定值}}{\text{保护区内故障参数的最大可能值}}$$

《电力装置的继电保护和自动装置设计规范》中对主保护的灵敏系数要求不小于 1.5。

（4）可靠性

保护装置的可靠性是指在其保护范围内发生故障时，保护装置必须正确动作，不能拒绝动作；反之，在其保护范围之外发生的故障，保护装置不应误动作。一般来说，元件的质量越高，保护装置设计的越简单，计算与整定越准确，其装置的动作就越可靠。

以上对保护装置的四项要求，在一个具体的保护装置中，不一定都是同等重要的。在各要求发生矛盾时，应进行综合分析，选取最佳方案。例如，为了满足保护装置的选择性，往往要牺牲一些速动性；而有时要牺牲选择性，保证速动性。

三、常用继电器

继电器是组成继电保护装置的基本元件。继电器的特征是，当输入的物理量达到一定值时或某物理量一输入时就能自动动作。

按反应的物理量分，有电流继电器、电压继电器、气体继电器等。

按工作原理分，有电磁型、感应型等。

按其反应参量变化情况分，有过电流继电器、过电压继电器、欠电压继电器等。

按其与一次电路的联系分，有一次式（继电器的线圈是与一次电路直接相连的）和二次式（继电器的线圈连接在电流互感器或电压互感器的二次侧）。继电保护中用的继电器都是二次式继电器。

电磁式继电器和感应式继电器是工矿企业运用较广泛的继电器。

1. 电磁式继电器

（1）电磁式电流继电器

电流继电器的文字符号为 KA。

电流继电器在电流保护装置中作为测量和起动元件，当电流超过某一整定值时继电器动作。供电系统常用 DL-10 系列电磁式电流继电器，其结构如图 6-3 所示，其内部接线和图形符号如图 6-4 所示。

DL-10 系列电磁式电流继电器铁心上绕有两个相等的线圈，线圈可串联或并联接线。当线圈中的电流达到一定值时，电流继电器的动触点 8 与静触点 7 闭合，此时称继电器动作。能够使继电器动作的最小电流，称为继电器的动作电流，用 I_{op} 表示。

继电器动作后，当继电器线圈的电流减小到一定值时，使动、静触点分离，此时称继电器返回。能够使继电器返回的最大电流，称为继电器的返回电流，用 I_{re} 表示。继电器的返回电流与继电器的动作电流的比值称返回系数，用 K_{re} 表示，即

$$K_{re}=\frac{I_{re}}{I_{op}} \tag{6-1}$$

式中　I_{re}——继电器返回电流；

I_{op}——继电器动作电流。

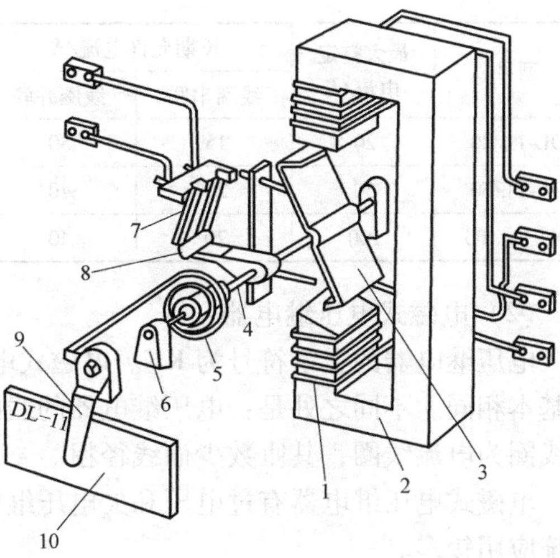

图 6-3　DL-10 系列电磁式电流继电器的结构

1—线圈　2—铁心　3—钢舌片　4—继电器轴　5—反作用弹簧　6—轴承　7—静触点　8—动触点　9—调节转杆　10—标度盘

电磁式电流继电器的动作电流有两种调节方法：①平滑调节，即拨动调节转杆 9（见图 6-3）。②级进调节，即利用线圈 1 的串联或并联。当线圈由串联改为并联时，相当于线圈匝数减少一半，由于继电器动作所需的电磁力是一定的，因此动作电流将增大一倍。反之，当线圈由并联改为串联时，动作电流将减小一半。

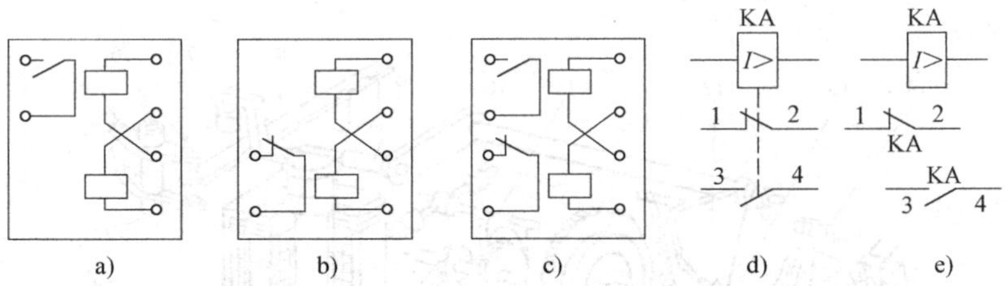

图 6-4　DL-10 系列电磁式电流继电器的内部接线和图形符号

a）DL-11 型　b）DL-12 型　c）DL-13 型　d）集中表示的图形　e）分开表示的图形

KA_{1-2}—常闭（动断）触点　KA_{3-4}—常开（动合）触点

电磁式电流继电器的动作极为迅速，可认为是瞬时动作的继电器。DL 型电磁式电流继电器的技术数据见表 6-1。

表 6-1　DL 型电磁式电流继电器的技术数据

型号	最大整定电流/A	长期允许电流/A		动作电流/A		最小整定值时功率消耗/W	返回系数
		线圈串联	线圈并联	线圈串联	线圈并联		
DL-11/2	2	4	8	0.5～1	1～2	0.1	0.8
DL-11/6	6	10	20	1.5～3	3～6	0.1	0.8
DL-11/10	10	10	20	2.5～5	5～10	0.15	0.8

（续）

型号	最大整定电流/A	长期允许电流/A		动作电流/A		最小整定值时功率消耗/W	返回系数
		线圈串联	线圈并联	线圈串联	线圈并联		
DL-11/20	20	15	30	5～10	10～20	0.25	0.8
DL-11/50	50	20	40	12.5～25	25～50	1.0	0.8
DL-11/100	100	20	40	25～50	50～100	2.5	0.8

（2）电磁式电压继电器

电压继电器的文字符号为KV。电磁式电压继电器的结构、工作原理与电磁式电流继电器基本相同。不同之处是：电压继电器的线圈是电压线圈，其匝数多而线径细；而电流继电器线圈为电流线圈，其匝数少而线径粗。

电磁式电压继电器有过电压和欠电压继电器两大类，其中欠电压继电器在工矿企业供电系统应用较多。

欠电压继电器的动作电压 U_{op} 是使其动作的最大电压，而它的返回电压 U_{re} 是使其返回的最小电压，返回系数 $K_{re}=U_{re}/U_{op}$，由于欠电压继电器的返回电压 U_{re} 大于动作电压 U_{op}，所以其返回系数 K_{re} 大于1。

返回系数是继电器的一项重要质量指标。对于反应参数增加的继电器，如过电流继电器，K_{re} 总小于1；而反应参数减小的继电器，如欠电压继电器，其返回系数总大于1。

（3）电磁式时间继电器

时间继电器的文字符号为KT。时间继电器在保护装置中起延时作用，以保证保护装置动作的选择性。供电系统中常用DS-110、120系列时间继电器的内部结构如图6-5所示，其内部接线和图形符号如图6-6所示。

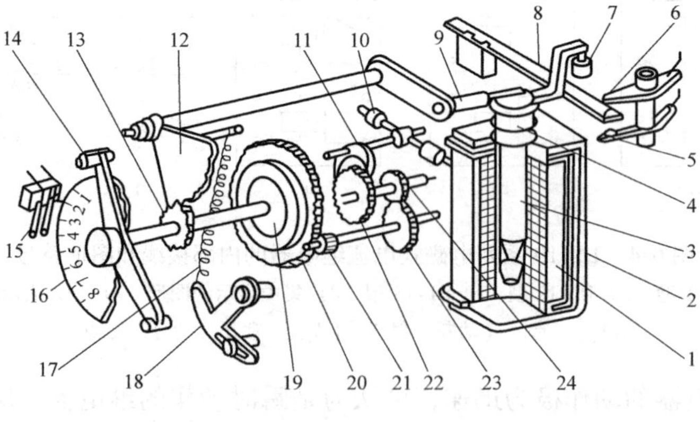

图6-5　DS-110、120系列时间继电器的内部结构

1—线圈　2—电磁铁　3—可动铁心　4—返回弹簧　5、6—瞬时静触点　7—绝缘件　8—瞬时动触点
9—压杆　10—平衡锤　11—摆动卡板　12—扇形齿轮　13—传动齿轮　14—主动触点　15—主静触点
16—动作时限标度盘　17—拉引弹簧　18—弹簧拉力调节器　19—摩擦离合器　20—主齿轮
21—小齿轮　22—掣轮　23、24—钟表机构传动齿轮

当继电器线圈接上工作电压时，切换瞬时触点。经过整定的时限，使主触点（此处为延时闭合的常开触点）闭合。继电器的延时时限的调节范围，在标度盘上标出。

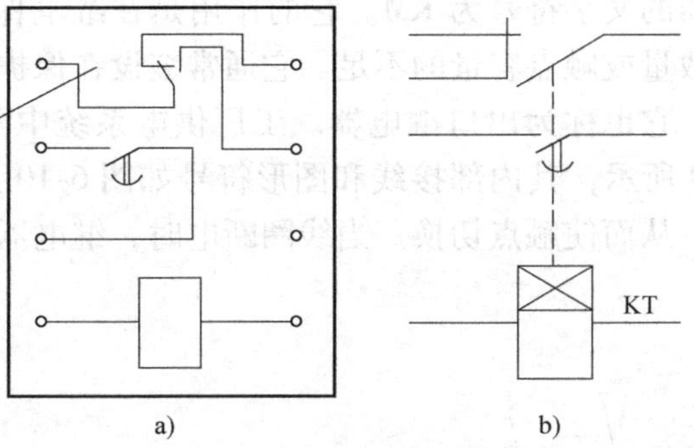

图 6-6　DS-110、120 系列时间继电器的内部接线图和图形符号
a）内部接线　b）图形符号

DS-110 型为直流时间继电器，DS-120 型为交流时间继电器，延时范围均为 0.1 ~ 9s。

（4）电磁式信号继电器

信号继电器的文字符号为 KS。信号继电器在继电保护装置中的作用是用来发出指示信号的。

信号继电器分为电流型和电压型两种，电流型信号继电器的线圈为电流线圈，阻抗小，串联在回路中，电压型信号继电器的线圈为电压线圈，阻抗大，并联在回路中。

常用的 DX-11 型信号继电器的内部结构如图 6-7 所示，它在正常状态时，其信号牌是被衔铁支持住的。当继电器线圈通电时，衔铁被吸向铁心而使信号牌掉下，显示其动作信号同时动触点与静触点接通，从而接通信号回路，发出音响或灯光信号。要使信号停止，可旋动外壳上的复位旋钮，断开信号回路，同时使信号牌复位。DX-11 型信号继电器内部接线和图形符号如图 6-8 所示。

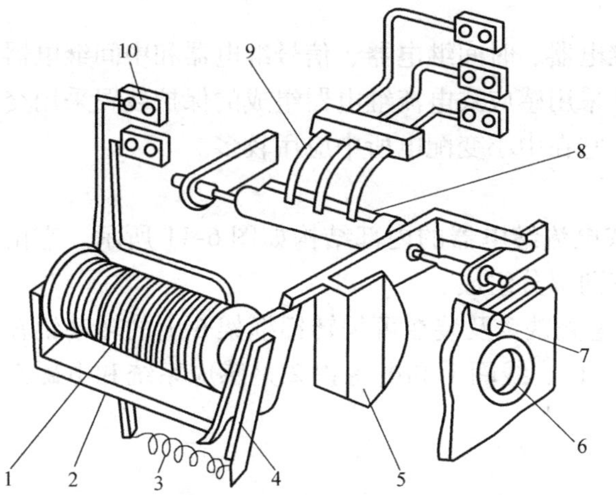

图 6-7　DX-11 型信号继电器的内部结构
1—线圈　2—电磁铁　3—弹簧　4—衔铁　5—信号牌
6—玻璃窗孔　7—复位旋钮　8—动触点　9—静触点
10—接线端子

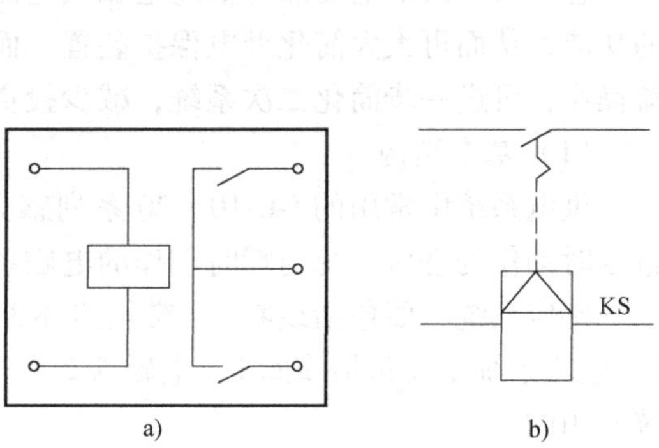

图 6-8　DX-11 型信号继电器的内部接线和图形符号
a）内部接线　b）图形符号

（5）电磁式中间继电器

电磁式中间继电器的文字符号为KM。它的作用是在继电保护装置中用作辅助继电器，以弥补主继电器触点数量或触点容量的不足。它通常装设在保护装置的出口回路中，用以接通断路器的跳闸线圈，它也称为出口继电器。工厂供电系统中常用的DZ-10系列中间继电器的基本结构如图6-9所示，其内部接线和图形符号如图6-10所示。当其线圈通电时，衔铁被快速吸向电磁铁，从而使触点切换。当线圈断电时，继电器快速释放衔铁，触点全部返回起始位置。

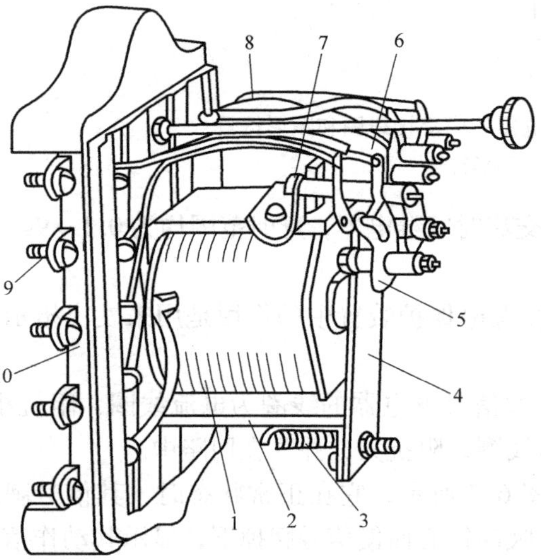

图6-9　DZ-10系列中间继电器的基本结构

1—线圈　2—电磁铁　3—弹簧　4—衔铁　5—动触点　6、7—静触点　8—连接线　9—接线端子　10—底座

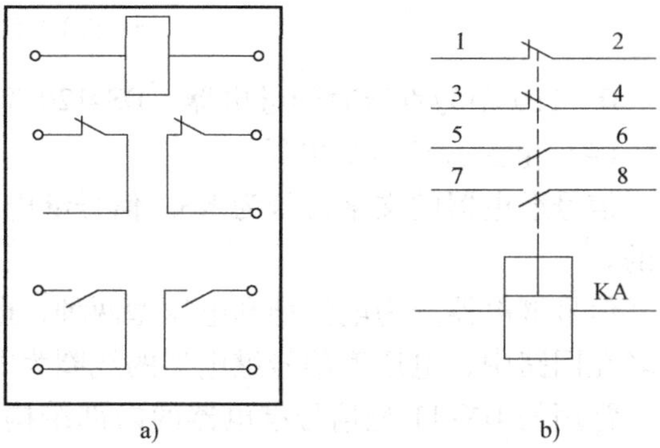

图6-10　DZ-10型中间继电器的内部接线和图形符号

a）内部接线　b）图形符号

2. 感应式电流继电器

感应式电流继电器兼有上述电磁式电流继电器、时间继电器、信号继电器和中间继电器的功能，从而可大大简化继电保护装置。而且采用感应式电流继电器组成的保护装置采用交流操作，可进一步简化二次系统，减少投资，它在中小变配电所中应用较多。

（1）基本结构

供电系统中常用的GL-10、20系列感应式电流继电器的内部结构如图6-11所示。它由带延时动作的感应系统与瞬时动作的电磁系统两部分组成。

感应系统主要包括线圈1、带短路环3的电磁铁2及装在可偏转铝框架6上的转动铝盘4。电磁系统主要包括线圈1、电磁铁2和衔铁15。线圈1和电磁铁2是感应系统和电磁系统共用的。

（2）工作原理

当继电器通入电流 I_k 时，在铝盘上产生旋转转矩为

$$M = KI_k^2\sin\theta \tag{6-2}$$

显然，通入继电器的电流 I_k 越大，转矩 M 越大，铝盘转速越快。当通入的电流为整定值的30%～40%时，圆形铝盘就会慢慢转动，但这时不能称为起动。当通入继电器线

圈中的电流大于整定值时，框架向轴移动，使轴上蜗杆与扇形齿片相咬合，此时，圆形铝盘继续转动并带动扇形齿片上升，直到扇形齿片尾部托起横担，使衔铁被电磁铁心吸下，将触点闭合。从轴上蜗杆与扇形齿片相咬合起到触点闭合这一段时间称为继电器的动作时间。

通入继电器的电流越大，铝盘转速越快，动作时间就越短，这种特性称为反时限特性。当通入的电流大到一定程度，使铁心饱和，铝盘的转速再也不随电流的增大而加快时，继电器的动作时间便成为定值。如图6-11所示，将动作时限调整螺钉13调整在某一位置（即某一固定动作电流），改变通入继电器的电流，测出其相应的动作时间，即可绘出图6-12时限特性曲线（曲线上的时间数字均为10倍动作电流整定值时的动作时间）。

感应系统的动作电流是指继电器铝盘轴上蜗杆与扇形齿片相咬合时，线圈所需要通入的最小电流。感应系统的返回电流是指扇形齿片脱离蜗杆返回到原来位置时的最大电流。

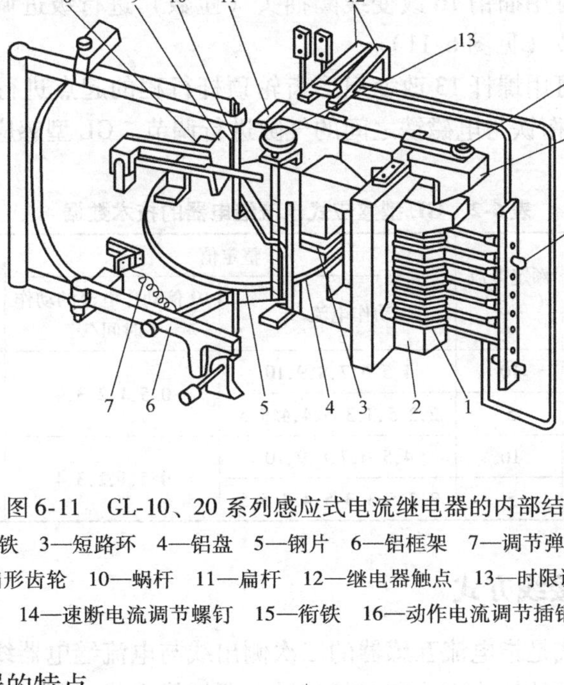

图6-11　GL-10、20系列感应式电流继电器的内部结构

1—线圈　2—电磁铁　3—短路环　4—铝盘　5—钢片　6—铝框架　7—调节弹簧　8—制动永久磁铁　9—扇形齿轮　10—蜗杆　11—扁杆　12—继电器触点　13—时限调节螺杆　14—速断电流调节螺钉　15—衔铁　16—动作电流调节插销

（3）GL型继电器的特点

由于GL型电流继电器的接点容量大，可省略中间继电器，能实现断路器的直接跳闸，还有动作信号牌可省略信号继电器，感应部分具有反时限特性，可省略时间继电器。

感应式电流继电器具有前述电磁式电流继电器、时间继电器、信号继电器、中间继电器的功能，从而使继电保护装置使用元件少、接线简单；缺点是结构复杂，准确性不高。

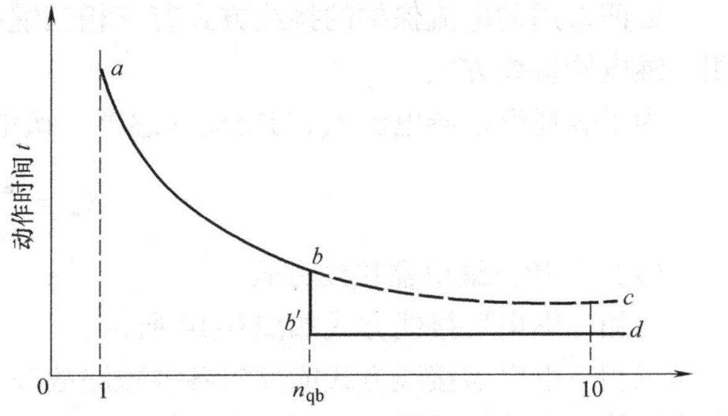

图6-12　感应式电流继电器的动作特性曲线

abc—感应元件的反时限特性　*bb′d*—电磁元件的速断特性

图 6-13a 为 GL-10、20 型感应式电流继电器内部接线图，图 6-13b 为感应式电流继电器图形符号。

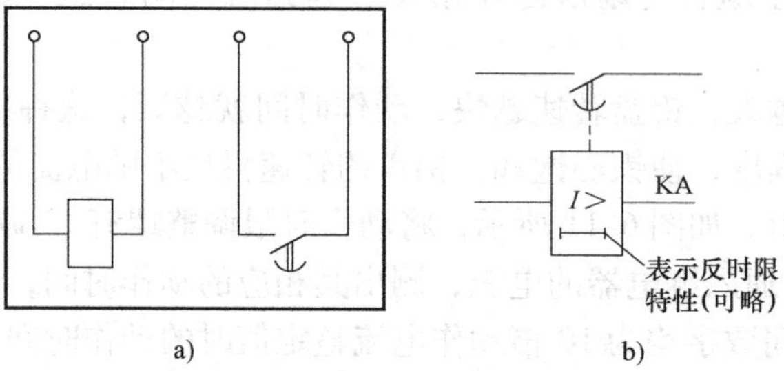

图 6-13　GL-10、20 型内部接线和图形符号

a）GL-10、20 型内部接线图　b）图形符号

继电器的动作电流可用插销 16 改变线圈抽头（匝数）进行级进调节；也可以用调节弹簧 7 的拉力进行平滑调节（见图 6-11）。

继电器的动作时限可用螺杆 13 改变扇形齿轮顶杆行程的起点进行调节。继电器速断电流倍数可用螺钉 14 改变衔铁与电磁铁之间的气隙进行调节。GL 型感应式电流继电器的技术数据见表 6-2。

表 6-2　GL 型感应式电流继电器的技术数据

型　　号	额定电流/A	整定值		速断电流倍数	返回系数
		动作电流/A	10 倍动作电流的动作时间/s		
GL-11/10, GL-21/10	10	4,5,6,7,8,9,10	0.5,1,2,3,4	2～8	0.85
GL—11/5, GL—21/5	5	2,2.5,3,3.5,4,4.5,5			
GL—15/10, GL—25/10	10	4,5,6,7,8,9,10	0.5,1,2,3,4		0.8
GL—15/5, GL—25/5	5	2,2.5,3,3.5,4,4.5,5			

四、电流保护的接线方式

电流保护的接线方式是指电流互感器的二次侧出线与电流继电器线圈的接线方式。

目前常用的电流保护的接线方式有三相三继电器接线方式、两相两继电器接线方式、两相一继电器接线方式。

为了表述继电器电流 I_{KA} 与电流互感器二次电流 I_2 的关系，引入一个接线系数 K_w，则

$$K_w = \frac{I_{KA}}{I_2} \tag{6-3}$$

（1）三相三继电器接线方式

三相三继电器接线方式如图 6-14 所示。

三相三继电器接线方式能反应各种短路故障，流入继电器的电流与电流互感器二次绕组电流相等，其接线系数 K_w 在任何短路情况下均等于 1。常用于 110kV 及以上中性点直接接地系统中，作为相间短路和单相短路的保护。Yd11 变压器的过电流保护大都采用这种接线方式，以提高继电保护装置的灵敏度。

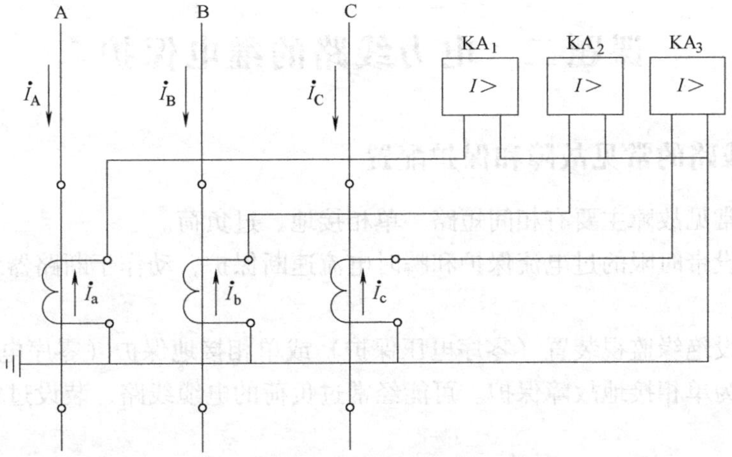

图 6-14　三相三继电器接线方式

（2）两相两继电器接线方式

两相两继电器接线方式如图 6-15 所示。

两相两继电器接线方式不能反应单相短路，只能反应相间短路，其接线系数在各种相间短路时均为 1。此接线方式在 6～10kV 系统中广泛应用，主要用于相间短路保护用。

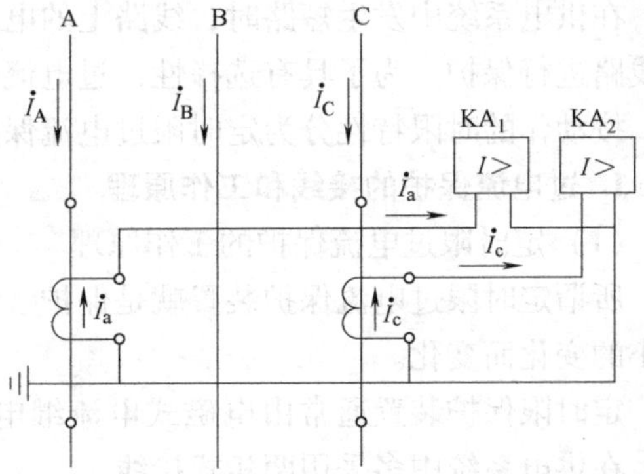

图 6-15　两相两继电器接线方式

（3）两相一继电器接线方式

两相一继电器接线方式如图 6-16 所示。

两相一继电器接线方式能反应所有相间短路，其接线系数随短路种类不同而不同，保护灵敏度也不同，有的甚至相差一倍。两相一继电器接线方式可用于高压电动机的保护中。

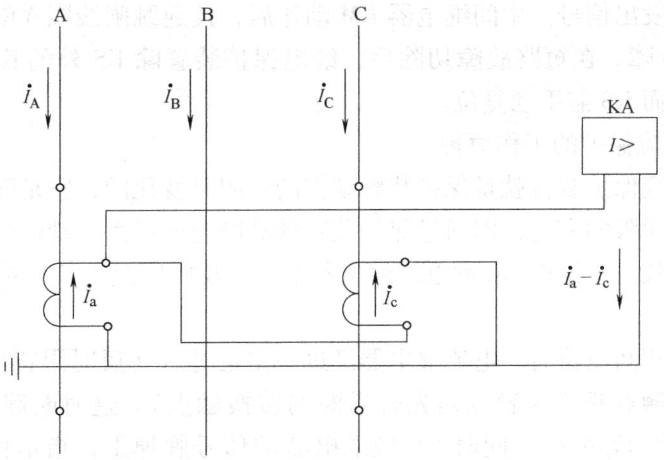

图 6-16　两相一继电器接线方式

课题二　电力线路的继电保护

一、电力线路的常见故障和保护配置

电力线路的常见故障主要有相间短路、单相接地、过负荷。

电力线路装设带时限的过电流保护和瞬时电流速断保护，动作于断路器跳闸，作为相间短路的保护。

电力线路装设绝缘监视装置（零序电压保护）或单相接地保护（零序电流保护），保护动作于信号，作为单相接地故障保护。可能经常过负荷的电缆线路，装设过负荷保护，保护动作于信号。

二、过电流保护

在供电系统中发生短路时，线路上的电流剧增。因此，必须设置过电流保护装置，对供电线路进行保护。为了具有选择性，过电流保护通常应有一定的时限。

按动作的时限特性分为定时限过电流保护和反时限过电流保护。

1. 过电流保护的接线和工作原理

（1）定时限过电流保护的工作原理

所谓定时限过电流保护装置就是保护装置的动作时限是一定的，不随通过保护装置电流大小的变化而变化。

定时限保护装置通常由电磁式电流继电器、时间继电器、信号继电器与中间继电器组成，在供电系统中多采用两相式接线。

定时限过电流保护原理接线图和展开图如图 6-17 所示。

当一次电路发生相间短路时，电流继电器 KA 瞬时动作，闭合其接点，使时间继电器 KT 动作，KT 经过整定的时限后，其延时触点闭合，使串联的信号继电器（电流型）KS 和中间继电器 KM 动作，KS 动作后，其指示牌掉下，同时接通信号回路，给出灯光信号和音响信号，向值班人员发出信号。中间继电器 KM 动作后，接通跳闸线圈 YR 回路，使断路器 QF 跳闸，切除短路故障。在短路故障切除后，继电保护装置除 KS 外的其他所有继电器都自动返回起始状态，而 KS 需手动复位。

（2）反时限过电流保护的工作原理

所谓反时限过电流保护装置就是保护装置动作的时限是变化的，它是随通过保护装置电流大小的变化而成反时限的变化，即通过保护装置的故障电流越大、动作时间越短，故障电流越小、动作时间越长。它是由 GL 型电流继电器组成。反时限过电流保护原理接线图和展开图如图 6-18 所示。

当一次电路发生相间短路时，电流继电器经过一定延时后（反时限特性），其常开触点闭合，紧接着其常闭触点断开（触点是先合后断的转换触点）。这时断路器因其跳闸线圈 YR 分流而跳闸，切除短路故障。同时 GL 型继电器的信号牌掉下，指示保护装置已动作。在短路故障切除后，电流继电器自动返回，信号牌需手动复位。

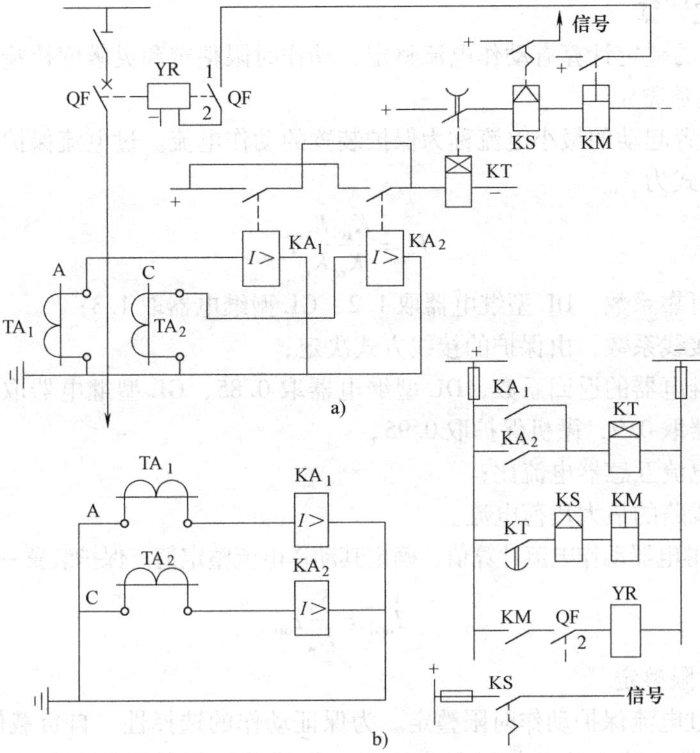

图 6-17　定时限过电流保护原理接线图和展开图

a）原理图　b）展开图

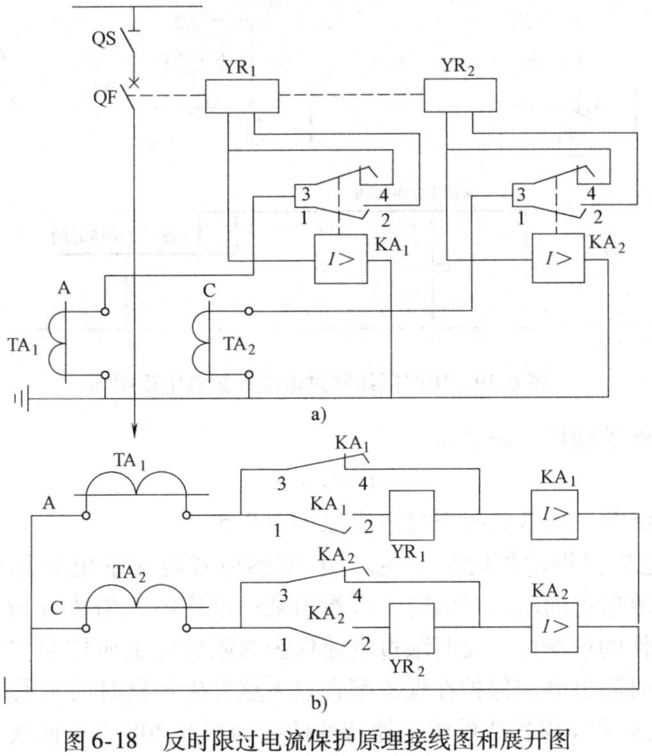

图 6-18　反时限过电流保护原理接线图和展开图

a）原理图　b）展开图

2. 保护整定计算

过电流保护的整定计算有动作电流整定、动作时限整定和灵敏度校验三项内容。

（1）动作电流整定

能使保护装置起动的最小电流称为保护装置的动作电流。过电流保护装置继电器动作电流的整定计算公式为

$$I_{op}=\frac{K_{rel}K_w}{K_{re}K_i}I_{Lmax} \tag{6-4}$$

式中 K_{rel}——可靠系数，DL 型继电器取 1.2，GL 型继电器取 1.3；

K_w——接线系数，由保护的接线方式决定；

K_{re}——继电器的返回系数，DL 型继电器取 0.85，GL 型继电器取 0.8，晶体管继电器取 0.9，微机保护取 0.95；

K_i——电流互感器电流比；

I_{Lmax}——线路的最大负荷电流。

由上式求得继电器动作电流计算值，确定其动作电流整定值。保护装置一次侧的动作电流为

$$I_{op1}=\frac{K_i}{K_w}I_{op} \tag{6-5}$$

（2）动作时限整定

1）定时限过电流保护动作时限整定。为保证动作的选择性，自负载侧向电源侧，后一级线路的过电流保护装置的动作时限应比前一级线路保护的动作时限大一个时限级差 Δt，如图 6-19 所示，即按阶梯原则进行整定。

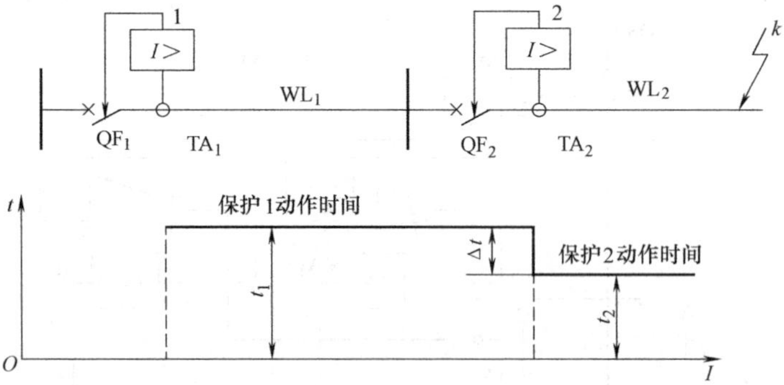

图 6-19 定时限线路过电流保护整定说明图

定时限过电流保护动作时限整定

$$t=t_2+\Delta t \tag{6-6}$$

式中 Δt——时限级差，通常定时限过电流保护取 0.5s。

2）反时限过电流保护动作时限整定。GL 型感应式电流继电器具有反时限动作特性，在整定反时限过电流保护的动作时限时，应指出某一动作电流倍数（通常为 10 倍）时的动作时限。为保证动作的选择性，反时限过电流保护时限整定也应按照“阶梯原则”来确定，即上下级线路的反时限过电流保护在保护配合点 k 点发生短路时的时限级差为 $\Delta t=0.7$s。

图 6-20a 中线路 WL_2 保护 2 的继电器特性曲线为图 6-20b 中的曲线 2，保护 2 的动作电流为 $I_{op(2)}$，线路 WL1 保护 1 的动作电流为 $I_{op(1)}$。动作时限整定具体步骤如下：

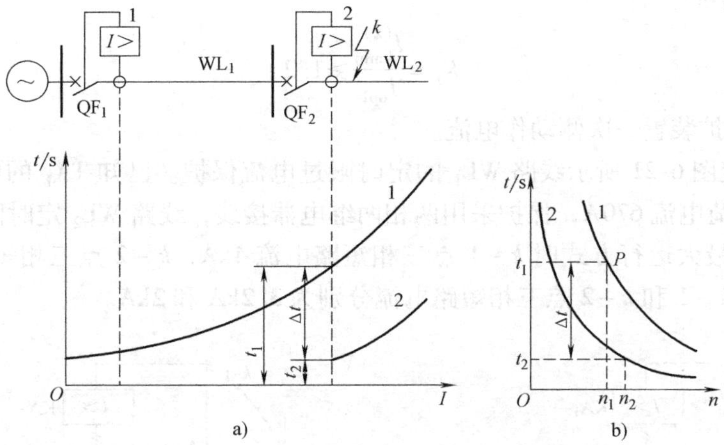

图 6-20　反时限线路过电流保护整定说明图

a）短路点距离与动作时限的关系　b）继电器动作特性曲线

① 计算线路 WL_2 首端 k 点三相短路时保护 2 的动作电流倍数 n_2，即

$$n_2 = \frac{I_{KA2}}{I_{op(2)}} \tag{6-7}$$

式中，I_{KA2}为 k 点三相短路时，流经保护 2 继电器的电流为

$$I_{KA2} = K_{w2} I_k / K_{i2} \tag{6-8}$$

K_{w2}和 K_{i2}分别为保护 2 的接线系数和电流互感器电流比。

② 由 n_2 从特性曲线 2 求 k 点三相短路时保护 2 的动作时限 t_2。

③ 计算 k 点三相短路时保护 1 的实际动作时限 t_1，t_1 应较 t_2 大一个时限级差 Δt，以保证动作的选择性，即

$$t_1 = t_2 + \Delta t = t_2 + 0.7 \tag{6-9}$$

④ 计算 k 点三相短路时，保护 1 的实际动作电流倍数 n_1，即

$$n_1 = \frac{I_{KA1}}{I_{op(1)}} \tag{6-10}$$

式中，I_{KA1}为 k 点三相短路时，流经保护 1 继电器的电流，即

$$I_{KA1} = K_{w1} I_k / K_{i1} \tag{6-11}$$

K_{w1}和 K_{i1}分别为保护 1 的接线系数和电流互感器电流比。

⑤ 由 t_1 和 n_1 可以确定保护 1 继电器的特性曲线上的一个点 P，由 P 点找出保护 1 的特性曲线 1，如图 6-20 所示，并确定 10 倍动作电流倍数下的动作时限。

由图 6-20a 可见，k 点是线路 WL_2 的首端和线路 WL_1 的末端，也是上下级保护的时限配合点，若在该点 k 的时限配合满足要求，在其他各点短路时，都能保证动作的选择性。

3. 保护灵敏度校验

过电流保护的灵敏度用系统最小运行方式下线路末端的两相短路电流 $I_{kmin}^{(2)}$ 进行校验。

作为主保护时，有

$$K_r = \frac{I_{kmin}^{(2)}}{I_{op1}} \geqslant 1.5 \tag{6-12}$$

作为后备保护时，有

$$K_r = \frac{I_{kmin}^{(2)}}{I_{op1}} \geqslant 1.2 \qquad (6\text{-}13)$$

式中，I_{op1}——保护装置一次侧动作电流。

例 6-1 整定图 6-21 所示线路 WL_1 的定时限过电流保护。已知 TA_1 的电流比为 750A/5A，线路最大负荷电流 670A，保护采用两相两继电器接线，线路 WL_2 定时限过电流保护的动作时限 0.7s，最大运行方式时 $k-1$ 点三相短路电流 4kA，$k-2$ 点三相短路电流 2.5kA，最小运行方式时 $k-1$ 和 $k-2$ 点三相短路电流分别为 3.2kA 和 2kA。

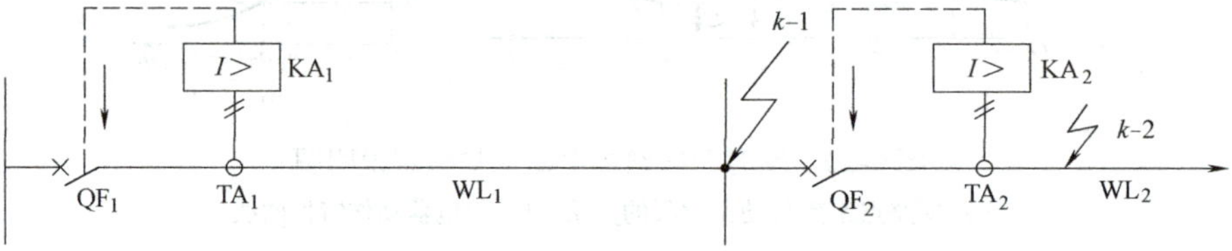

图 6-21 例 6-1 的电力线路

解：（1）动作电流整定

$$I_{op} = \frac{K_{rel}K_w}{K_{re}K_i} I_{Lmax} = \frac{1.2 \times 1.0}{0.85 \times 150} \times 670\text{A} = 6.8\text{A}$$

选 DL-11/10 电流继电器，动作电流整定为 7A。

过电流保护一次侧动作电流为

$$I_{op1} = \frac{K_i}{K_w} I_{op} = \frac{150}{1.0} \times 7\text{A} = 1050\text{A}$$

（2）动作时限整定

线路 WL_1 定时限过电流保护的动作时限应较线路 WL_2 定时限过电流保护动作时限大一个时限级差 Δt，即

$$t_1 = t_2 + \Delta t = (0.7 + 0.5)\text{s} = 1.2\text{s}$$

（3）校验保护灵敏度

保护线路 WL_1 的灵敏度按线路 WL_1 末端最小两相短路电流校验，即

$$K_r = \frac{I_{kmin}^{(2)}}{I_{op1}} = \frac{0.87 \times 3.2}{1.05} = 2.64 > 1.5$$

线路 WL_2 后备保护灵敏度，用线路 WL_2 末端最小两相短路电流校验，即

$$K_s = \frac{I_{kmin}^{(2)}}{I_{op1}} = \frac{0.87 \times 2}{1.05} = 1.65 > 1.2$$

由此可见，保护整定满足灵敏度要求。

三、电流速断保护

1. 电流速断保护的接线和工作原理

电流速断保护实质上是一种瞬时动作的过电流保护，其原理接线图如图 6-22 所示。对

于采用 DL 系列电流继电器的速断保护，就相当于定时限过电流保护中抽去时间继电器。对于采用 GL 系列电流继电器，则利用该继电器的电磁元件来实现电流速断保护。

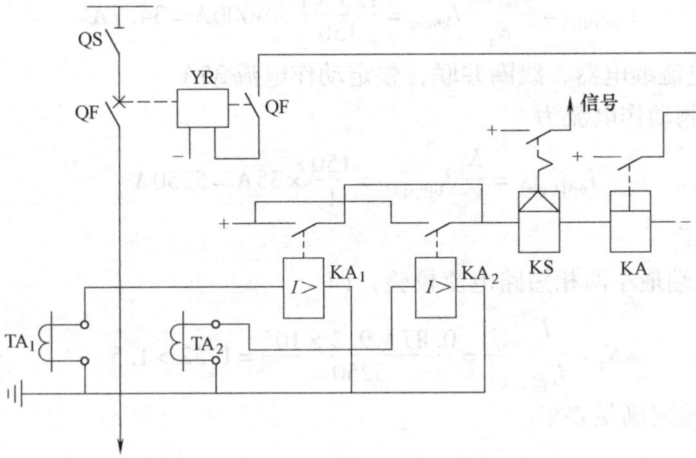

图 6-22 电流速断保护装置的原理接线图

2. 电流速断保护的整定

电流速断保护的动作电流应按躲过它所保护线路的末端最大短路电流来整定。

（1）速断保护继电器的动作电流整定值为

$$I_{op(qb)}=\frac{K_{rel}K_w}{K_i}I_{kmax} \tag{6-14}$$

式中 I_{kmax}——线路末端最大三相短路电流；

K_{rel}——可靠系数，DL 型继电器取 1.3，GL 型继电器取 1.5；

K_w——接线系数；

K_i——电流互感器电流比。

对 GL 型电流继电器，还要整定速断动作电流倍数，即

$$n_{qb}=\frac{I_{op(qb)}}{I_{op}} \tag{6-15}$$

式中 $I_{op(qb)}$——电流速断保护继电器动作电流整定值；

I_{op}——过电流保护继电器动作电流整定值。

电流速继保护不能保护线路全长，只能保护线路的一部分，线路不能被保护的部分由定时限过电流保护来完成保护。

（2）灵敏度校验

用线路首端最小两相短路电流 $I_{kmin}^{(2)}$ 校验，即

$$K_r=\frac{I_{kmin}^{(2)}}{I_{op1}}>1.5 \tag{6-16}$$

式中 I_{op1}——保护装置一次侧动作电流。

例 6-2 整定例 6-1 中线路 WL_1 的电流速断保护。已知线路 WL_1 首端最小三相短路电流为 9.2kA。

解：电流速断保护和过电流保护共用电流互感器和出口中间继电器。电流速断保护需整

定动作电流和校验灵敏度。

（1）动作电流整定

$$I_{op(qb)} = \frac{K_{rel}K_w}{K_i} I_{kmax} = \frac{1.3\times1}{150}\times4000\text{A} = 34.7\text{A}$$

选 DL-11/50 电流继电器，线圈并联，整定动作电流 35A。

速断保护一次侧动作电流为

$$I_{op1(qb)} = \frac{K_i}{K_w} I_{op(qb)} = \frac{150}{1}\times35\text{A} = 5250\text{A}$$

（2）灵敏度校验

以线路 WL_1 首端最小两相短路电流校验，即

$$K_r = \frac{I_{kmin}^{(2)}}{I_{op1(qb)}} = \frac{0.87\times9.2\times10^3}{5250} = 1.52 > 1.5$$

电流速断保护整定满足要求。

四、单相接地保护

1. 绝缘监视装置

中性点不接地系统，变电所的母线上装设一台三相五柱式电压互感器，在其星形联结的二次侧接入三只电压表，用于测量各相对地电压，在开口三角侧接入一只过电压继电器，用于反映接地故障时出现的电压。绝缘监视装置电路图如图 6-23 所示。

系统正常运行时，三相电压对称，三只相电压表读数近似相等，开口三角形绕组两端电压近似为零，电压继电器不动作。

系统发生单相接地故障时，接地相对地电压近似为零，该相电压表读数近似为零，非故障相对地电压近似为线电压。同时，开口三角形绕组两端电压也升高，近似为 100V，电压继电器动作，发出单相接地信号，以便运行人员及时处理。因此，绝缘监视装置又称为零序电压保护。

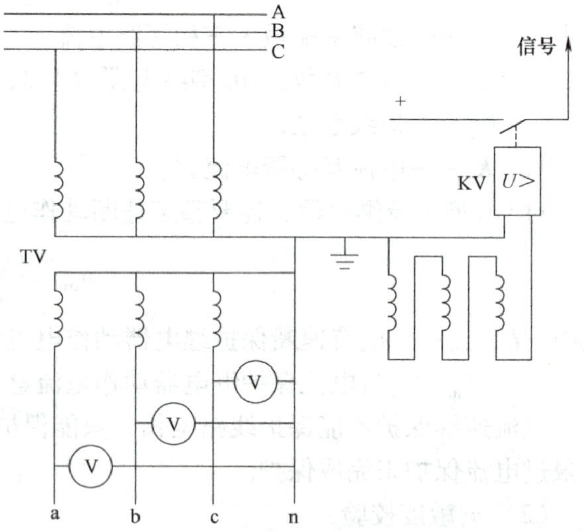

图 6-23　绝缘监视装置电路图

运行人员可根据接地信号和电压表读数，判断哪一段母线、哪一相发生单相接地，但不能判断哪一条线路发生单相接地，因此绝缘监视装置是无选择性的。只能采用依次拉合的方法，判断接地故障线路。即依次先断开再合上各条线路，若断开某线路时，三只相电压表读数恢复近似相等，该线路便是接地故障线路，再消除接地故障，恢复线路正常运行。

电压继电器的动作电压整定应躲过系统正常运行时，开口三角形绕组两端出现的最大不平衡电压。

2. 零序电流保护

在中性点不接地的系统中，除在每段母线上采用绝缘监测装置以外，也可以在每条线路上装设单独的接地保护，又称零序电流保护，它是利用故障线路的零序电流比非故障线路的零序电流大的原理来实现有选择性动作的。

（1）架空线路的单相接地保护

三相的二次电流矢量相加后流入继电器。当三相对称运行以及三相和两相短路时，流入继电器的电流等于零，发生单相接地时，零序电流才流过继电器，所以称它为零序电流过滤器。工矿企业的高压架空线路不长时很少装设。架空线路的单相接地保护接线图如图 6-24 所示。

（2）电缆线路的单相接地保护

电缆线路的单相接地保护一般采用零序电流互感器。零序电流互感器的一次侧即为电缆线路的三相，其铁心套在电缆的外面，二次绕组绕在零序电流互感器的铁心上，并与过电流继电器相接。系统正常运行时，零序电流互感器铁心中没有磁通产生，其二次侧也就没有电动势和电流，电流继电器不动作。当某一相发生接地故障就要在零序电流互感器的铁心中产生磁通，零序电流互感器的二次绕组感应出电动势，使接于二次侧的电流继电器 KA 动作，发出报警信号。当单相接地危及人身和设备安全时，则动作于跳闸。利用零序电流互感器构成的电缆线路单相接地保护接线图如图 6-25 所示。

注意：电缆头的接地线必须穿过零序电流互感器的铁心，否则接地保护装置不起作用。

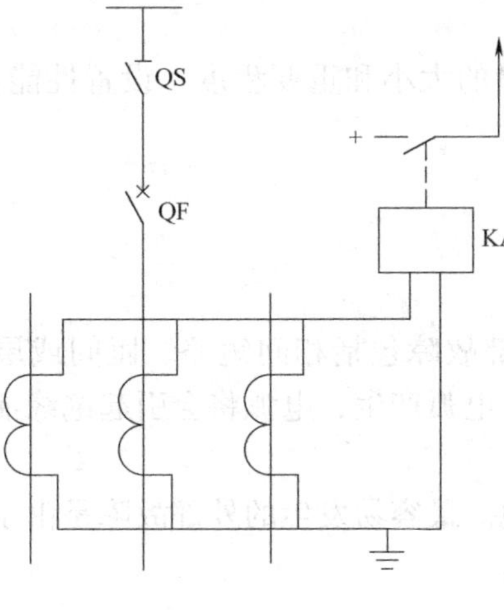

图 6-24 架空线路的单相接地保护接线图

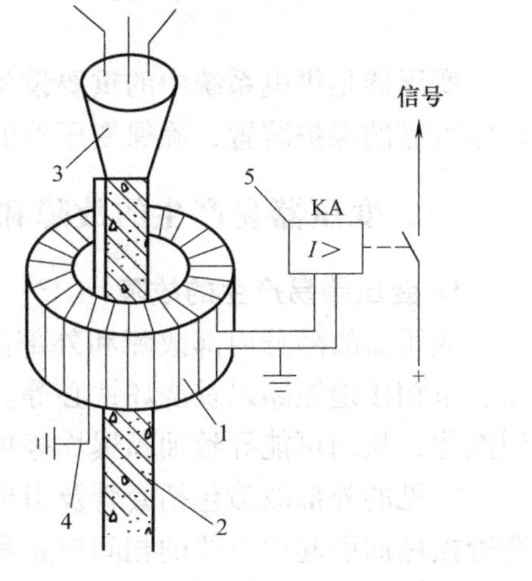

图 6-25 电缆线路的单相接地保护接线图

1—零序电流互感器（其环形铁心上绕二次绕组）

2—电缆 3—电缆头 4—接地线 5—电流继电器

五、过负荷保护

线路的过负荷保护只对可能经常出现过负荷的电缆线路才予以装设，一般延时动作于信号。线路过负荷保护电路如图 6-26 所示。

过负荷保护的动作电流按线路的计算电流 I_{ca} 整定，即

$$I_{op}=\frac{K_{rel}}{K_i}I_{ca} \tag{6-17}$$

式中 K_{rel}——可靠系数，取1.2~1.3；

K_i——电流互感器电流比。

动作时间一般整定10~15s。

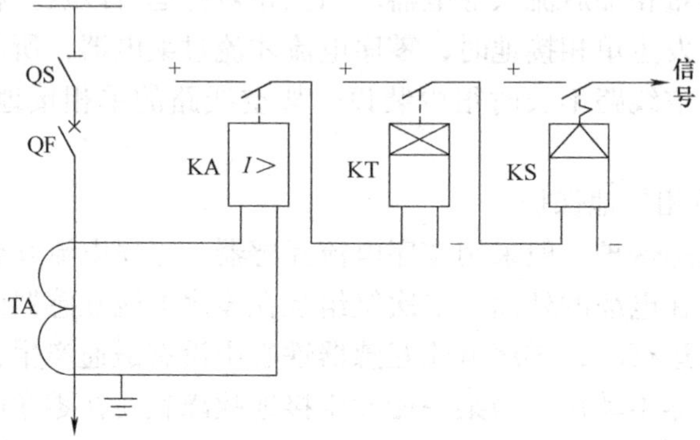

图6-26　线路过负荷保护电路

TA—电流互感器　KA—电流继电器　KT—时间继电器　KS—信号继电器

课题三　电力变压器的继电保护

变压器是供电系统中的重要设备，必须根据其容量的大小和重要程度，设置性能良好、动作可靠的保护装置，确保变压器的正常运行。

一、变压器易产生的故障和不正常工作状态

1. 变压器易产生的故障

变压器故障分内部故障和外部故障两种。常见内部故障包括相间短路、匝间或层间短路、单相接地短路以及烧坏铁心等。这些故障都伴随有电弧产生，电弧将会引起绝缘油的剧烈汽化，从而可能导致油箱爆炸等更严重的事故。

常见的外部故障包括套管及引出线上的短路和接地。最容易发生的外部故障是由于绝缘套管损坏而引起引出线的相间短路和碰壳后的接地短路。

2. 变压器常见的不正常工作状态

变压器常见的不正常工作状态包括过负荷、温升过高以及油面下降超过了允许程度等。变压器的过负荷和温度的升高将使绝缘材料迅速老化，绝缘强度降低，除影响变压器的使用寿命外，还会进一步引起其他故障。

二、变压器的保护装置设置

1. 高压侧为6~10kV的变电所主变压器保护装置设置

1）带时限的过电流保护：反应变压器外部的短路故障，并作为变压器速断保护的后备保护。一般变压器均应装设。

2）电流速断保护：反应变压器内、外部故障。如果带时限的过电流保护动作时间大于0.5～0.7s均应装设。

3）瓦斯保护：反应变压器内部故障和油面降低时而设置的保护装置。对于室外800kV·A及以上的油浸式变压器以及400kV·A及以上的室内油浸式变压器均应装设。

4）过负荷保护：应根据可能过负荷的情况装设过负荷保护，一般过负荷保护动作于信号。

5）温度保护装置：反应变压器上层油温超过规定值（通常为95℃）的保护装置。一般动作于信号。

2. 35kV及以上的总降压变电所主变压器保护装置设置

对于高压侧为35kV及以上的工矿总降压变电所主变压器来说，应装设过电流保护、电流速断保护和瓦斯保护；在有可能过负荷时，也需装设过负荷保护和温度保护。如果单台运行的变压器容量在10000kV·A及以上和并列运行的变压器每台容量在6300kV·A及以上时，则要求装设纵联差动保护来取代电流速断保护。在本书中不讨论纵联差动保护。

三、变压器的瓦斯保护

瓦斯保护也称为气体保护，当变压器内部故障时，短路电流所产生的电弧使绝缘物和变压器油分解而产生大量的气体，能反应此气体变化的保护装置，称为瓦斯保护。瓦斯保护是利用瓦斯继电器㊀来实现的。

瓦斯继电器安装位置：安装在变压器油箱与储油柜之间，油箱内的气体通过气体继电器流向油枕。安装时使变压器油箱有1%～1.5%的倾斜度，连接导管的倾斜度为2%～4%，如图6-27所示。

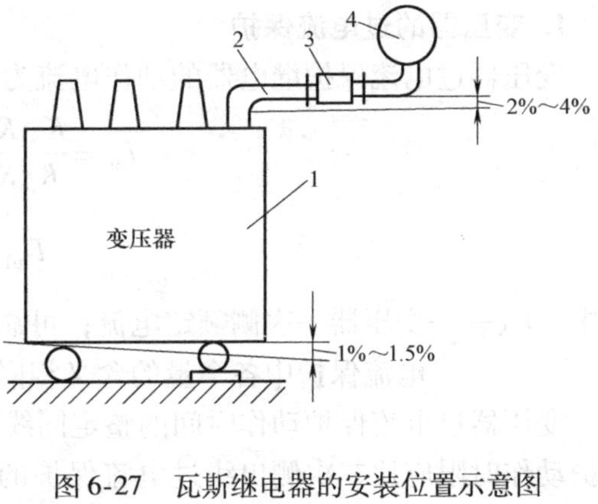

图6-27 瓦斯继电器的安装位置示意图

1—变压器油箱 2—连通管 3—瓦斯继电器 4—储油柜

瓦斯保护的保护范围：变压器内部故障、油面降低。

瓦斯保护的主要优点是动作快、灵敏度高、稳定可靠、接线简单，能反应变压器油箱内部的各种类型故障，特别是短路匝数很少的匝间短路，其他保护可能不动作，对这种故障，瓦斯保护具有特别重要的意义。瓦斯保护不能反映变压器油箱外、套管及连接线上的故障。根据规定，800kV·A以上的油浸变压器，均应装设瓦斯保护。

一般轻瓦斯动作于信号，重瓦斯动作于断路器跳闸。

图6-28为瓦斯保护的原理接线图，瓦斯继电器KG有两对触点，轻瓦斯使上触点闭合，轻瓦斯动作于信号，重瓦斯使下触点闭合，动作于断路器跳闸。连接片XB的作用是在变压器进行继电保护实验等情况发生时，将连接片XB临时切换于信号出口。

㊀ 在国标中称为气体继电器。

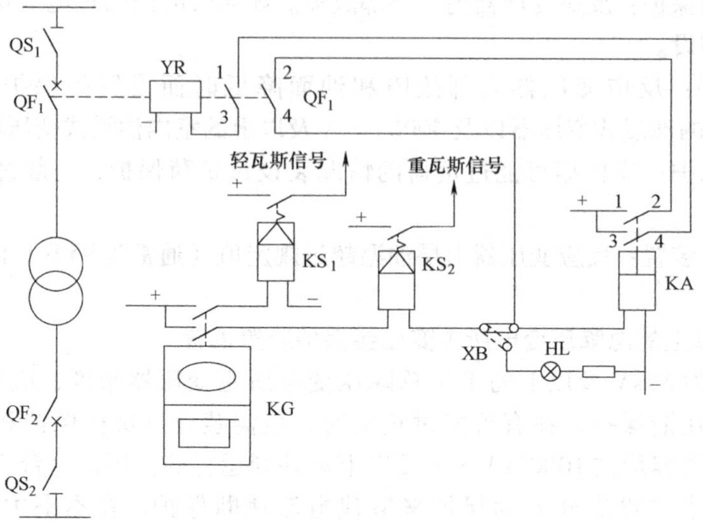

图 6-28 瓦斯保护的原理接线

KG—瓦斯继电器 KS—信号继电器 QF—断路器 YR—跳闸线圈 XB—切换片

四、变压器的过电流保护、电流速断保护、过负荷保护

1. 变压器的过电流保护

变压器过电流保护继电器的动作电流为

$$I_{op}=\frac{K_{rel}K_w}{K_{re}K_i}(1.5\sim3)I_{1N} \tag{6-18}$$

$$I_{op1}=\frac{K_i}{K_w}I_{op} \tag{6-19}$$

式中 I_{1N}——变压器一次侧额定电流；可靠系数 K_{rel}、接线系数 K_w、返回系数 K_{re} 与线路过电流保护中各个量的含义相同；K_i 为电流互感器的电流比。

变压器过电流保护动作时间的整定同线路过电流保护，按级差原则整定。变压器过电流保护动作时限应比二次侧出线过电流保护的最大动作时限大一个 Δt。对车间变电所的变压器过电流保护动作时限，一般取 0.5~0.7s。

变压器过电流保护的灵敏度按下式校验，即

$$K_r=\frac{I_{kmin}^{(2)}}{I_{op1}}>1.5 \tag{6-20}$$

式中 $I_{kmin}^{(2)}$——变压器低压侧母线在系统最小运行方式下发生两相短路时的两相短路电流换算到高压侧的电流值。

2. 变压器的电流速断保护

变压器电流速断保护的动作电流，与线路的电流速断保护相似，应躲过变压器二次侧母线三相短路时的最大短路电流，即

$$I_{op(qb)}=\frac{K_{rel}K_w}{K_TK_i}I_{kmax}^{(3)} \tag{6-21}$$

$$I_{op1(qb)}=\frac{K_i}{K_w}I_{opKA(qb)} \tag{6-22}$$

式中 $I_{op1(qb)}$、$I_{opKA(qb)}$——保护装置一次动作电流、保护装置的动作电流；

$I_{kmax}^{(3)}$——变压器低压侧母线的三相短路电流；

K_{rel}——可靠系数，DL 型继电器取 1.3，GL 型继电器取 1.5；

K_w——接线系数；

K_T——变压器电压比；

K_i——电流互感器电流比。

变压器电流速断保护的灵敏度校验，以变压器一次侧最小两相短路电流 $I_{kmin}^{(2)}$ 进行校验，即

$$K_r=\frac{I_{kmin}^{(2)}}{I_{op1(qb)}}\geqslant 2 \tag{6-23}$$

3. 变压器的过负荷保护

运行中可能出现过负荷的变压器应装设过负荷保护。其接线、工作原理与线路过负荷保护相同，变压器的过负荷保护装置装设在变压器一次侧。动作电流按变压器一次侧额定电流整定，动作电流整定计算公式与线路过负荷保护基本相同，动作时间取 10～15s。

运行中的变压器发出过负荷信号时，当班人员应检查变压器各侧电流是否超过规定值，并即时报告，然后检查变压器的油温、油位是否正常，同时将冷却器全部投入运行，及时掌握过负荷情况，并按规定巡视检查。如图 6-29 所示为变压器定时限过电流保护、电流速断保护和过负荷保护电路图，如图 6-30 所示为该电路的展开图。

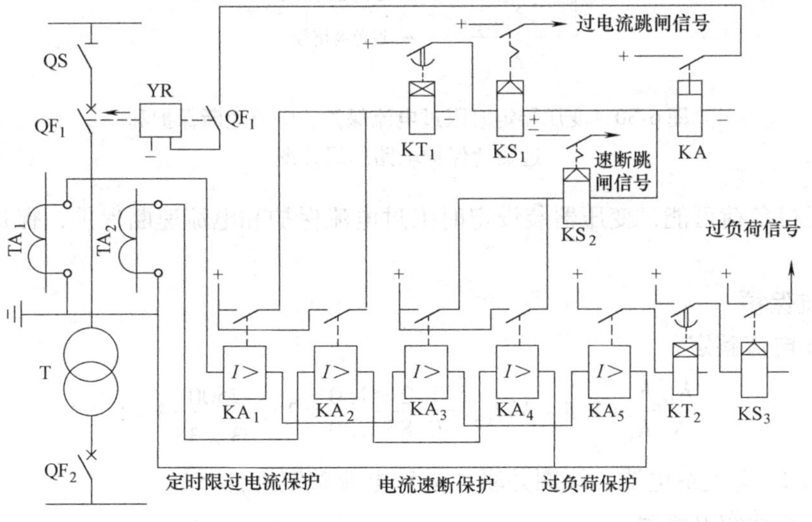

图 6-29 变压器定时限过电流保护、电流速断保护和过负荷保护电路

例 6-3 某总降变电所有一台 35/10.5kV、2500kV·A、Yd11 联结组变压器一台。已知变压器 10kV 母线的最大三相短路电流 1.4kA，最小三相短路电流 1.3kA，35 kV 母线的最小三相短路电流 1.25kA，保护采用两相两继电器接线，电流互感器电流比为 100A/5A，变电所 10kV 出线过电流保护动作时间 1s，试整定变压器的电流保护。

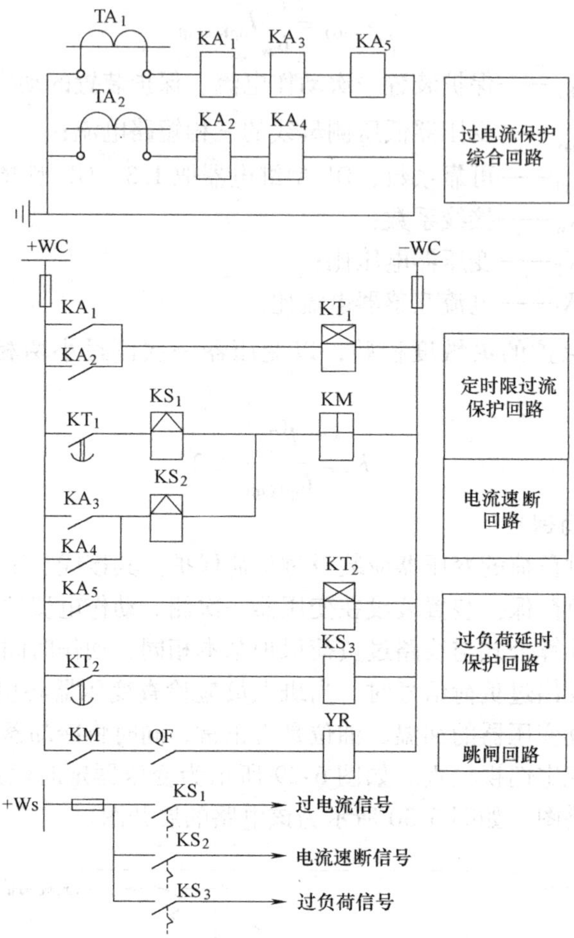

图 6-30　变压器定时限过电流保护、电流速断保护和过负荷保护电路的展开图

解： 因无过负荷可能，变压器装设定时限过电流保护和电流速断保护，保护采用两相两继电器接线。

1. 过电流保护

（1）动作电流整定

$$I_{op}=\frac{K_{rel}K_w}{K_{re}K_i}(1.5\sim3)I_{1N}=\frac{1.2\times1.0}{0.85\times20}\times2\times\frac{2500}{\sqrt{3}\times35}\text{A}=5.8\text{A}$$

选 DL-11/10 电流继电器，线圈并联，动作电流整定 $I_{op}=6\text{A}$。

保护一次侧动作电流为

$$I_{op1}=\frac{K_i}{K_w}I_{op}=\frac{20}{1.0}\times6\text{A}=120\text{A}$$

（2）动作时间整定

$$t_1=t_2+\Delta t=(1.0+0.5)\text{s}=1.5\text{s}$$

（3）灵敏度校验

$$K_r=\frac{I_{k2min}^{(2)}}{I_{op1}}=\frac{\frac{1}{\sqrt{3}}\times\frac{\sqrt{3}}{2}\times1300\times\frac{10.5}{37}}{120}=1.54>1.5$$

2. 电流速断保护

（1）动作电流整定

$$I_{op(qb)}=\frac{K_{rel}K_w}{K_i}I_{k2max}^{(3)}=\frac{1.3\times1.0}{20}\times1400\times\frac{10.5}{37}A=25.8A$$

选 DL-11/50 电流继电器，线圈串联，动作电流整定 $I_{op(qb)}=25A$。

保护一次侧动作电流为

$$I_{op1(qb)}=\frac{K_i}{K_w}I_{op(qb)}=\frac{20}{1.0}\times25A=500A$$

（2）灵敏度校验

$$K_r=\frac{I_{k1min}^{(2)}}{I_{op1(qb)}}=\frac{0.87\times1250}{500}=2.2>2.0$$

五、保护故障分析实例

某 35kV 变电所在运行中发生多次越级跳闸事故。10kV 线路 WL_1 故障，如图 6-31 所示，其断路器跳闸，但同时变压器过电流保护跳闸，造成 10kV 母线停电，中断其他线路的供电。

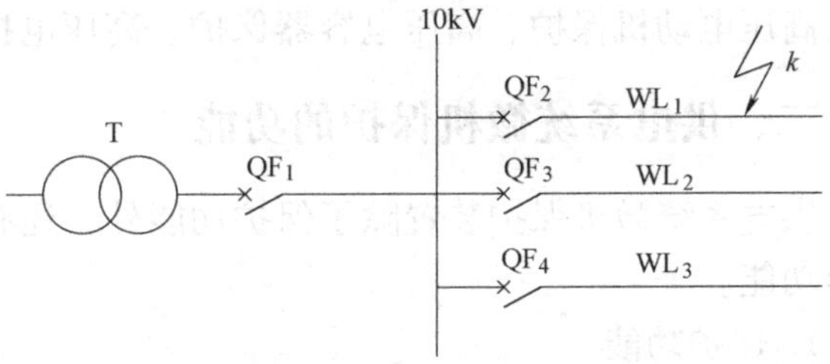

图 6-31　保护故障分析电路

分析引起变压器过电流保护动作的原因：

1）变压器过电流保护整定值校验不准，取值过小。

2）WL_1 线路过电流整定值校验不准，取值过大。

3）变压器过电流继电器线圈并联接成串联，以至整定值缩小一半。

4）WL_1 线路过电流继电器线圈串联接成并联，以至整定值增大一倍。

5）变压器过电流时间与 WL_1 线路过电流时间配合不当。

6）变压器过电流保护整定值与下级整定值配合不当。

为了进一步查明原因，继电保护人员做了如下的试验：在变压器和 WL_1 线路保护柜的电流互感器二次侧的试验端子排处，把两个过电流保护的交流回路串联起来，再串接 WL_1 的断路器的主接点。冲激性地加入可使两个过电流保护动作的电流值。如果正常，WL_1 的断路器主接点先动作，断开试验交流电源（模拟短路电流），而变压器的继电保护装置达不到动作时间而复位，不会跳闸。但事实上变压器和 WL_1 的断路器都动作跳闸。因此判断问题出在变压器保护回路的时间继电器上。

经查变压器保护装置的二次接线，发现过电流保护装置的时间继电器动作时间缩短，与线路的过电流保护动作时间一样。因而在线路故障时，变压器过电流保护和线路过电流保护同时动作，造成越级跳闸，母线停电。

课题四　微 机 保 护

微机保护是用微型计算机构成的继电保护，是电力系统继电保护的发展方向。目前微机保护已在我国得到了广泛应用。

一、供电系统微机保护的现状和发展

1. 常规的模拟式继电保护的缺点

1）没有自诊断功能，元件损坏不能及时发现，易造成严重后果。

2）动作速度慢，一般超过0.02s。

3）定值整定和修改不便，准确度不高。

4）难以实现新的保护原理或算法。

5）体积大、元件多、维护工作量大。

2. 微机保护的优点

充分利用和发挥微型控制器的存储记忆、逻辑判断和数值运算等信息处理功能，克服模拟式继电保护的不足，获得更好的保护特性和更高的技术指标。

3. 微机保护的种类

微机保护有进线保护、出线保护、母联分段保护、进线或母联备自投保护、变压器保护、高压电动机保护、高压电容器保护、高压电抗器保护等。

二、供电系统微机保护的功能

供电系统微机保护装置除了保护功能外，还有测量、自动重合闸、事件记录、自检和通信等功能。

1. 保护功能

微机保护装置的保护有定时限过电流保护、反时限过电流保护、带时限电流速断保护、瞬时电流速断保护、过负荷保护、过电压保护、欠电压保护、非电量保护等。各种保护方式可供用户自由选择，并进行数字设定。

2. 测量功能

供电系统正常运行时，微机保护装置不断测量三相电流，并在液晶显示器（LCD）上显示出来。

3. 自动重合闸功能

当上述的保护功能动作，断路器跳闸后，该装置能自动发出合闸信号，即自动重合闸功能，以提高供电可靠性。自动重合闸功能为用户提供自动重合闸的重合次数、延时时间以及自动重合闸是否投入运行的选择和设定。

4. 人机对话功能

通过显示器和简洁的键盘提供良好的人机对话界面：

1）保护功能和保护定值的选择和设定。

2）正常运行时各相电流显示。

3）自动重合闸功能和参数的选择和设定。

4）故障时，故障性质及参数的显示。

5）自检通过或自检报警。

5. 自检功能

为了保证装置可靠工作，微机保护装置具有自检功能，对装置的有关硬件和软件进行开机自检和运行中的动态自检。

6. 事件记录功能

发生事件的所有数据如日期、时间、电流有效值、保护动作类型等都存在存储器中，事件包括事故跳闸事件、自动重合闸事件、保护定值设定事件等，可保存多达几十个事件，并不断更新。

7. 报警功能

报警功能包括自检报警、故障报警等。

8. 断路器控制功能

各种保护动作和自动重合闸的开关量输出，控制断路器的跳闸和合闸。

9. 通信功能

微机保护装置能与中央控制室的监控微机进行通信，接受命令和发送有关数据。

10. 实时时钟功能

实时时钟功能能自动生成年、月、日和时、分、秒，最小分辨率为毫秒，有对时功能。

三、微机保护装置的硬件结构

微机保护装置的硬件结构框图如图 6-32 所示。它由数据采集系统、微型控制器、存储器、显示器、键盘、时钟、通信、控制和信号等部分组成。

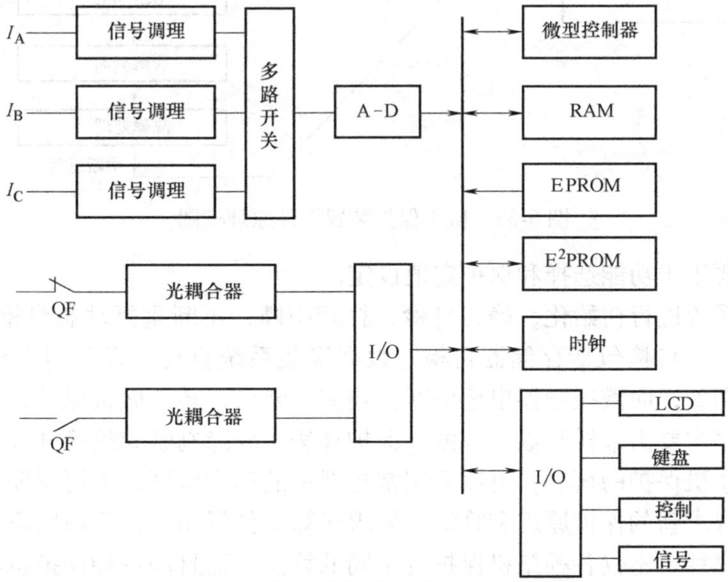

图 6-32　微机保护装置的硬件结构框图

数据采集系统主要对模拟量三相电流和开关量断路器辅助触点等采样。模拟量经信号调理、多路开关、A-D 转换器送入微控制器，开关量经光耦合器、I/O 口送入微控制器。A-D 转换器一般采用 10～12 位 A-D 转换器。

微型控制器国内习惯称单片机，通常采用16位微型控制器。

存储器包括EPROM、RAM、E^2PROM。EPROM存放程序、表格、常数；RAM存放采样数据、中间计算数据等，E^2PROM存放定值、事件数据等。

时钟采用硬件时钟，如DS1302时钟芯片。它能自动产生年、月、日和时、分、秒，并可对时。

显示器常采用点阵图形型LCD，用于设定显示、正常显示、事故显示等。

键盘用独立式键盘，通常设有左移、右移、增加、减小、进入等键。

开关量输出主要包括控制信号、指示信号和报警信号。

四、微机保护装置的软件系统

微机保护装置的软件系统一般包括设定程序、运行程序和中断微机保护功能程序三部分，原理框图如图6-33所示。

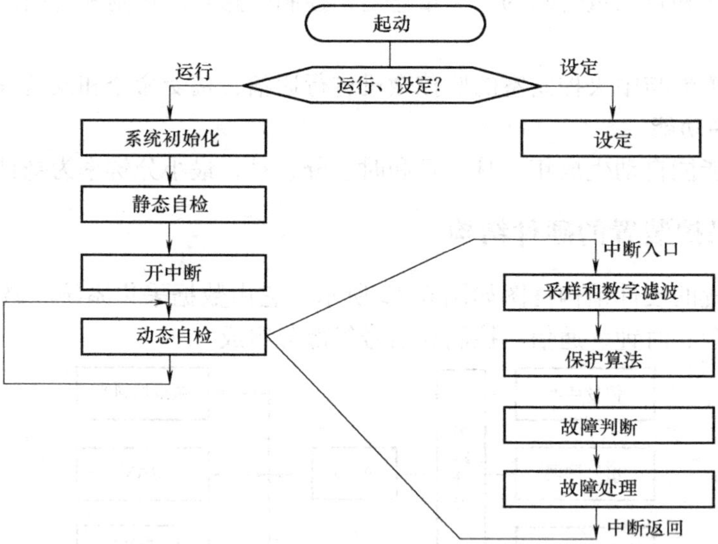

图6-33 微机保护装置软件原理框图

设定程序主要用于功能选择和保护定值设定。

运行程序对系统进行初始化，静态自检，打开中断，不断重复动态自检，若自检出错，转向有关程序处理。自检包括存储器自检、数据采集系统自检、显示器自检等。中断打开后，每当采样周期到，向微控制器申请中断，响应中断后，转入微机保护程序。

微机保护程序主要由采样和数字滤波、保护算法、故障判断和故障处理等子程序组成。

保护算法是微机保护的核心，可以采用常规保护的动作原理，但更重要的是要充分发挥微机的优越性，寻求新的保护原理和算法，要求运算工作量小，计算精度高，以提高微机保护的灵敏性和可靠性。不仅各种微机保护有不同的算法，而且同一种保护也可用不同的算法实现。

五、微机保护应用实例

例6-4 设图6-34为中性点对地绝缘的供电系统，线路WL_2的最大工作电流为190A，在最小运行方式下，S_1 点的三相短路电流为510A，S_2 点的三相短路电流为750A，保护3的过电流保护的动作时限 $t_3=0.5s$，电流互感器的电流比为200A/5A。

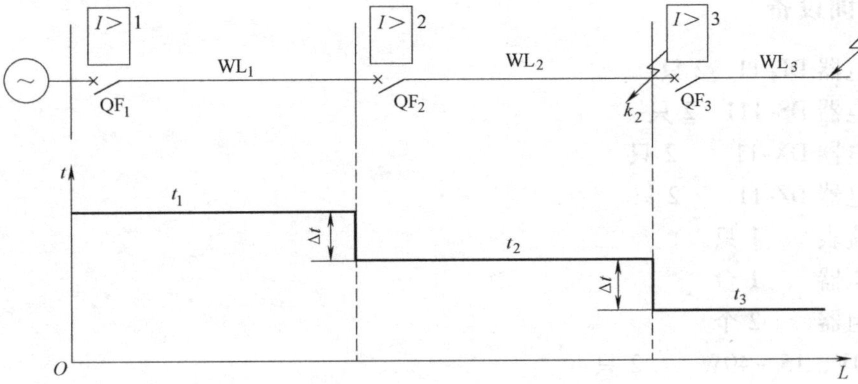

图6-34　例6-4定时限过电流保护的时限特性

解：1. 动作电流的整定

因中性点对地绝缘的供电系统在两相上装设电流互感器，故保护装置采用两相星形联结。保护装置的动作电流为

$$I_{op}=\frac{K_{rel}K_w}{K_{re}K_i}I_{L\max}=\frac{1.2\times1.0}{0.95\times\frac{200}{5}}\times190A=6A$$

设该微机保护装置动作电流整定范围为0.1～20倍的电流互感器二次额定电流，即动作电流整定范围为0.5～100A，步长0.01A。取实际整定值为 $I_{op}=6A$。

2. 灵敏度校验

对主保护区　$$K_r=\frac{I_{k2\min}^{(2)}}{I_{op}}=\frac{0.87\times750}{\frac{200}{5}\times6}=2.72>1.5$$

对后备保护区　$$K_r=\frac{I_{k1\min}^{(2)}}{I_{op}}=\frac{0.87\times510}{\frac{200}{5}\times6}=1.85>1.2$$

保护装置的灵敏度符合要求。

3. 时限确定

设该微机保护装置动作时限整定范围为0～100s，步长为0.01s。取保护装置的时限级差 $\Delta t=0.5s$，则保护装置2的动作时限为

$$T_2=t_3+\Delta t=(0.5+0.5)s=1s$$

技能训练　定时限过电流保护试验

一、实训目的

1）了解DL、DS、DX和DZ型电磁式继电器的结构、接线、动作原理及其使用方法。

2）学会组成定时限过电流保护，了解其工作原理。

3）掌握定时限过电流保护的整定原则和方法。

二、实训设备

电流继电器 DL-11　2 只
时间继电器 DS-111　2 只
信号继电器 DX-11　　2 只
中间继电器 DZ-11　　2 只
交流电流表　　1 只
单相调压器　　1 台
滑线变阻器　　2 个
灯泡 220V，15～40W　　2 只
直流操作电源（直流电压与继电器配套）　1 套

三、实训电路

1）原理电路图，如图 6-35 所示。

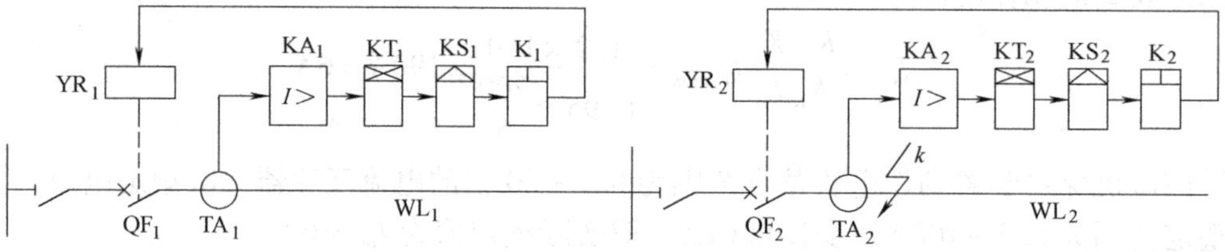

图 6-35　两级定时限过电流保护原理电路

2）模拟实训电路，如图 6-36 所示。

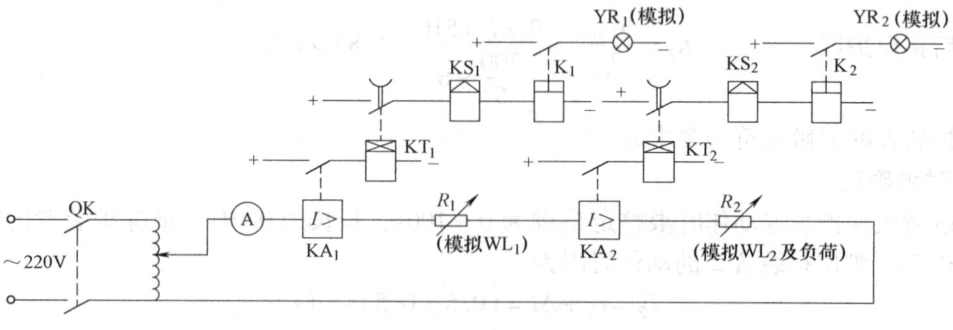

图 6-36　两级定时限过电流保护模拟电路

四、实训步骤

1）按图 6-36 接好线路，将交流调压器的输出电压调至零，将模拟线路 WL_1 阻抗的电阻 R_1 调至较小值，将模拟线路 WL_2 阻抗的电阻 R_2 调至较大值。

2）合电源开关 QK，接通直流操作电源。调节调压器电压，使通过电流表的电流为 1～2A，并将该电流设定为通过继电器 KA_1 和 KA_2 的最大负荷电流 $I'_{Lmax}=\frac{K_w}{K_i}I_{Lmax}$，然后断开 QK。

3）整定计算 KA_1 和 KA_2 的动作电流。

$$I_{op}=\frac{K_{rel}K_w}{K_{re}K_i}I_{Lmax}=\frac{K_{rel}}{K_{re}}I'_{Lmax}$$

式中　K_{rel}——可靠系数，取 1.2；

K_{re}——继电器返回系数，取 0.8。

因此，动作电流应为 $I_{op}=1.5I'_{Lmax}$。

4）整定 KT_1 和 KT_2 的动作时间 t_1 和 t_2。

由图 6-35 的原理电路图可知，线路 WL_1 靠近电源，线路 WL_2 是 WL_1 的下一级线路。按照继电保护整定的阶梯原则，KT_1 的动作时间 t_1 应比 KT_2 的动作时间 t_2 延长 0.5s，即

$$t_1=t_2+0.5s \qquad 或\ t_2=t_1-0.5s$$

5）将 R_2 调至零，用以模拟线路 WL_2 首端发生三相短路。

6）再合 QK，观察前后两级保护装置的动作情况。

KA_1 和 KA_2 应同时起动，但 YR_2（模拟后一级线路断路器 QF_2 的跳闸线圈）灯泡应先点亮，表示 QF_2 应首先跳闸，而 YR_1（模拟前一级线路短路器 QF_1 的跳闸线圈）灯泡应后点亮，表示 QF_2 不跳闸时，QF_1 紧接着跳闸。正常情况下，QF_2 跳闸后，短路故障被切除，KA_1 应返回，因此 QF_1 不会紧接着跳闸。

五、问题思考

1）定时限过电流保护动作电流的整定原则是什么？如何整定计算？

2）定时限过电流保护动作时间的整定原则是什么？如何整定计算？

3）正常情况下，在后一级保护动作使断路器跳闸后，前一级保护动作会不会使断路器紧接着跳闸。

思考与练习

6-1　对继电保护的基本要求是什么？当这些基本要求不能全部满足时，应优先满足哪些要求？试举例说明原因。

6-2　电磁式电流继电器、时间继电器、信号继电器和中间继电器在保护装置中，各起什么作用？各采用什么文字符号和图形符号？

6-3　什么是过电流继电器的动作电流、返回电流和返回系数？返回系数是高好还是低好？

6-4　感应式电流继电器由哪两部分元件组成？各有何动作特性？

6-5　试比较电磁式电流继电器与感应式电流继电器的优缺点。

6-6　电流保护的常用接线方式有哪几种？各有什么特点？

6-7　时间继电器，信号继电器和中间继电器的作用是什么？

6-8　电力线路的过电流保护装置的动作电流、动作时间如何整定？灵敏度怎样校验？

6-9　试比较过电流保护和电流速断保护的特点。

6-10　电力变压器通常应设哪些保护？

6-11　瓦斯保护在变压器保护中起什么作用？轻瓦斯保护或重瓦斯保护通常作用于信号还是作用于跳闸？

6-12　某矿井6kV进线，上级变电所过电流保护动作时间为1s。试问该矿进出线过电流保护装置应如何设置，才能使变电所进出线保护装置有较好的选择性？

第七单元

井下供电系统及矿用电气设备

【教学目标】

知识目标：

了解矿用电气设备类型、特点。

熟悉矿用一般型变压器、矿用隔爆型变压器结构特点。

熟悉矿用高压配电箱的工作原理、结构特点，熟悉其保护功能。

熟悉矿用隔爆低压馈电开关的工作原理、结构特点，熟悉其保护功能。

熟悉矿用隔爆型电磁起动器的控制原理及保护功能。

掌握采区电气设备选择及其整定方法。

技能目标：

会矿用高压配电箱的使用与维护。

能进行矿用隔爆低压馈电开关的操作与维护。

能进行矿用隔爆型电磁起动器使用与维护。

会使用矿用隔爆型移动变电站、煤电钻综合保护装置，能进行常见故障排除。

课题一　井下供电系统

进入矿井井筒的供电设备及供电电缆所组成的供电网络均属于井下供电系统，包括下井电缆、井下各水平的中央变电所、采区变电所、移动变电站、工作面配电点以及供配电的各类电缆、开关和起动器等。

一、井下中央变电所

1. 井下中央变电所接线

井下中央变电所是井下供电系统的核心，担负着井下供电的重要任务，其接线如图 7-1 所示。接线原则是：高压母线采用单母线分段方式，母线数与下井电缆数对应，各段母线通过高压开关联络。正常情况下，多采用分列运行的方式；当某一下井电缆出现故障时，才将联络开关闭合。

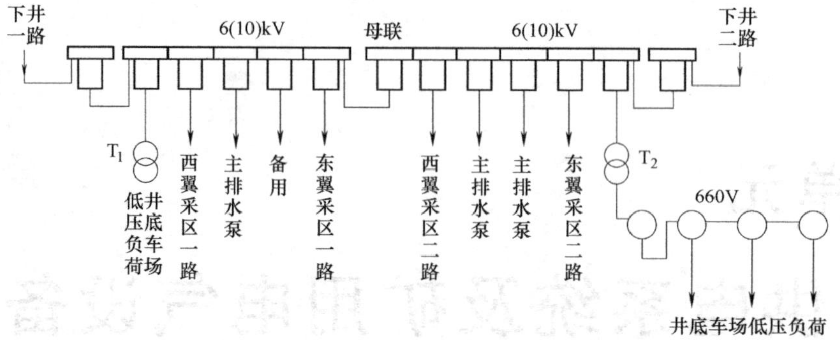

图 7-1　井下中央变电所主接线图

井下高压水泵是井下中央变电所的重要负荷，应保证供电绝对可靠。水泵、采区用电、井下电机车需要的硅整流装置的变压器、井底车场及附近低压动力和照明用的配电变压器应均匀分配在母线各段上。防止某段母线出现故障时造成大范围的停电，影响安全和生产。

井下中央变电所应留有高、低压配电装置的备用位置，其数量一般不少于各自安装总数的 20%，以适应发展的需要。

2. 井下中央变电所的位置和硐室布置

选择井下中央变电所位置，应遵循以下原则：

1）尽量靠近负荷中心，以节省电缆，减少电能和电压损失。

2）井下中央变电所通风要良好。

3）进出线方便，交通运输便利。

4）井下中央变电所的顶底板要坚固，无淋水现象。

按上述条件，通常变电所硐室设在井底车场附近，直接与中央水泵房相连。井下中央变电所的位置示意图如图 7-2 所示。

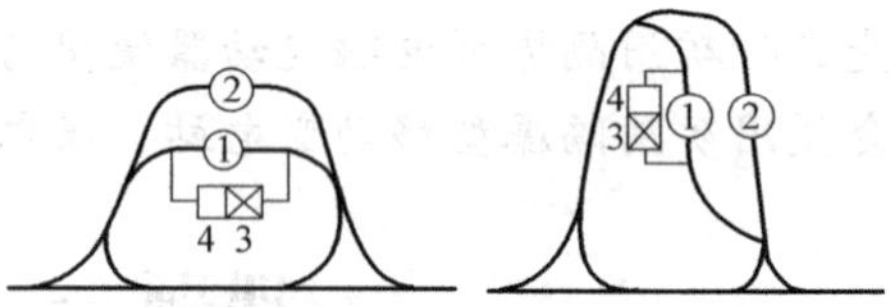

图 7-2　井下中央变电所的位置
1—副井筒　2—主井筒　3—中央变电所　4—水泵房

井下中央变电所应特别注意防水、防火与通风问题。

为了防水，井下中央变电所的地面应比井底车场的轨道面标高高出 0.5m。

为了防火，硐室应用耐火材料支护，出口 5m 以内的巷道也用耐火材料支护；硐室还应设有沙箱和干式灭火器材。

井下中央变电所设备布置如图 7-3 所示。

井下中央变电所的变压器与配电装置分开布置；高压与低压配电装置及直流设备也应分开布置；设备与墙壁间要留有 0.5m 以上的过道。各设备之间应根据具体情况留出间距，方便维护和检修。完全不需要从两侧或后面进行检修维护的设备，可以不留间隙放置。

二、采区变电所

采区变电所是采区供电的中心，担负着整个采区的受电、变电、配电任务。

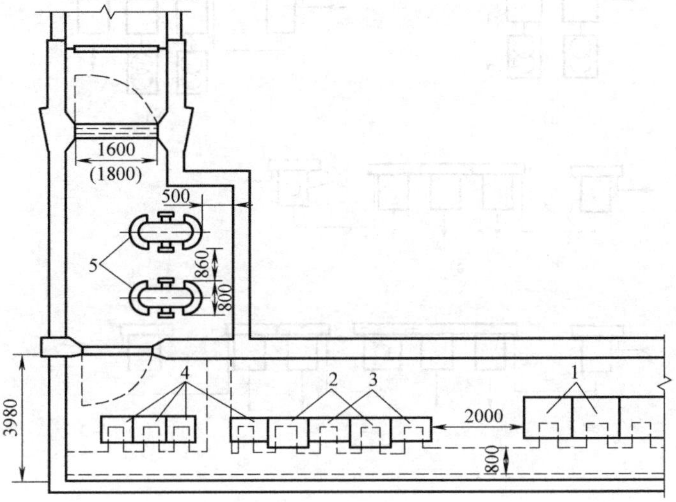

图 7-3　井下中央变电所设备布置图

1—高压配电箱　2—硅整流器柜　3—直流配电箱　4—低压配电装置　5—矿用变压器

1. 采区变电所的高压接线

采区变电所的高压接线有单电源进线和双电源进线。

单电源进线时无高压出线且变压器不超过两台可不设电源进线开关，如图 7-4a 所示；有高压出线，一般设电源进线开关和高压出线开关，如图 7-4b 所示。

双电源进线，一路供电、一路备用（带阴影的开关 3 为分断），两路进线均设电源进线开关，如出线及变压器台数较少时，母线可不分段，如图 7-4c 所示；两回路同时供电，如图 7-4d 所示，两路进线均设开关，且母线间设联络开关，正常情况下联络开关打开，保持电源在分列运行状态，当一路电源故障停电时，合上联络开关，由另一路电源保证对负荷的供电。

向移动变电站供电的高压电缆一般由采区变电所内的高压配电开关配出，如图 7-4e 所示。

2. 采区变电所的低压接线

每台变压器的低压侧都装有一台配有漏电保护的自动馈电开关作为总开关。

每条低压配出线都设有自动馈电开关作为分开关，控制和保护配出线路，各变压器采用分列运行。

照明所需要的 127V 电压由照明变压器综合装置提供。

采区变电所供电系统如图 7-5a 所示。

3. 采区变电所位置和设备布置

通常将采区变电所设置在采区装车站附近，或设置在上（下）山巷道与运输平巷交叉处或两个上（下）山巷道之间的中间位置。

采区变电所的防水、防火、通风等安全措施与中央变电所相同。硐室长度若超过 10m，

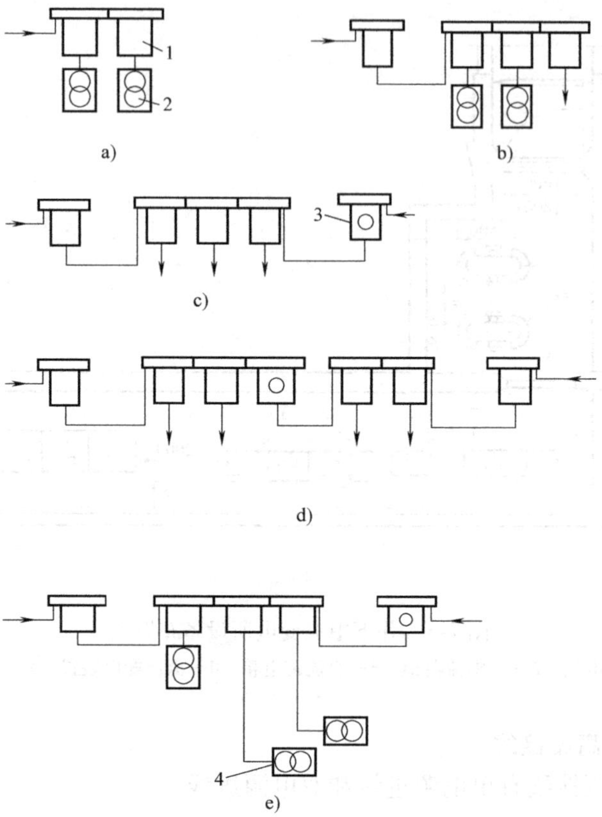

图 7-4　采区变电所的高压接线

a）单电源进线无进线开关接线　b）单电源进线有进线开关接线　c）双电源进线母线不分段

d）双电源进线母线分段　e）向移动变电站供电的接线

1—矿用高压配电箱　2—隔爆型变压器　3—矿用高压配电箱（未运行）　4—矿用移动变电站

应有两个出口，以保证通风的良好。采区变电所设备布置如图 7-5b 所示。变压器可与配电设备布置在同一硐室内但要分开布置；高、低压设备应分开布置；各设备间及与墙壁间根据实际需要可预留检修维护通道。

三、移动变电站

由于综采工作面设备多、容量大、采区范围广、回采速度快，使用固定的采区变电所不经济，也满足不了技术上的要求，所以必须采用移动变电站。移动变电站是由特制的高压配电装置、干式变压器及低压配电装置组成的整体，放置在一车上，可以移动，距工作面一般 50～300m。随工作面每推进 100～200m，移动一次。由于高压进线电缆每 100m 就采用防爆插销连接一次，可以伸缩，故低压供电距离一般小于 500m。

四、工作面配电点

为了便于操作采掘工作面的电气设备，必须在工作面附近的巷道中设置控制开关和起动器，由这些装置组成的电器总体称为工作面配电点。

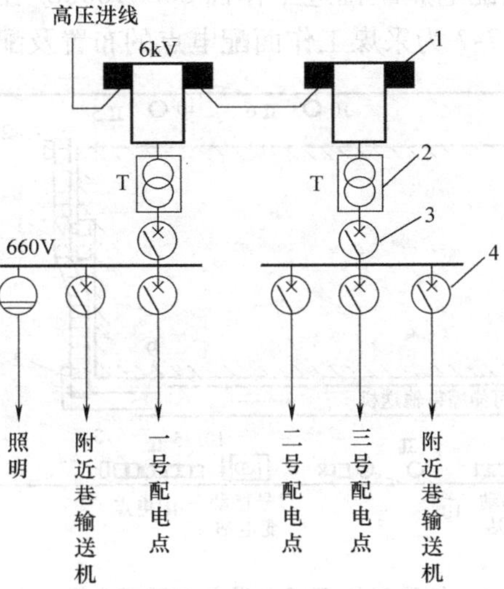

a)

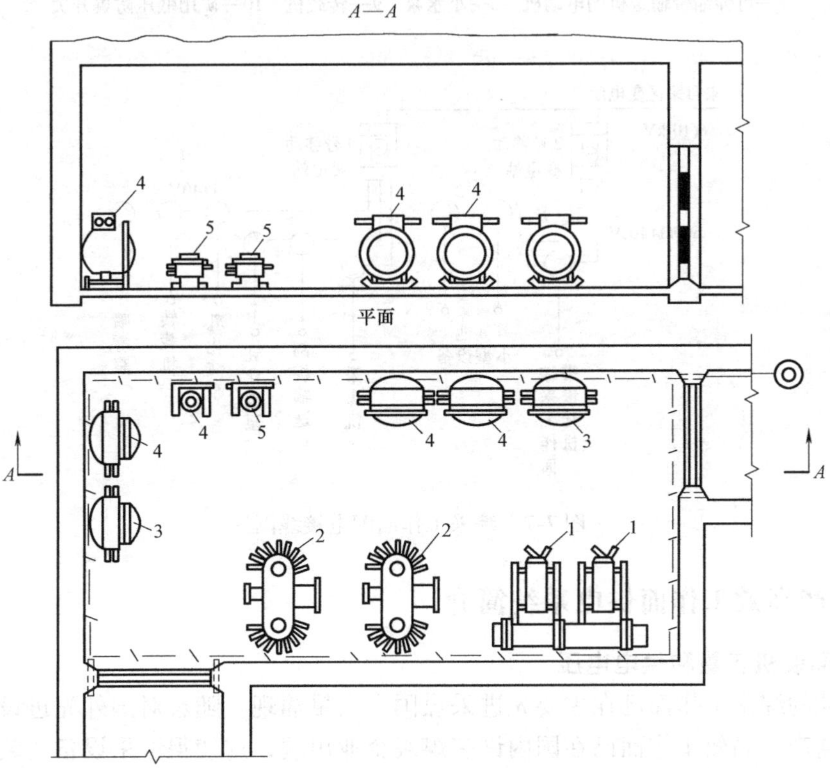

b)

图 7-5　采区变电所供电系统及设备布置

a）采区变电所供电系统　b）采区变电所设备布置

1—高压配电箱　2—矿用变压器　3—无选择性漏电保护的低压隔爆自动馈电开关

4—有选择性漏电保护的低压隔爆自动馈电开关　5—照明综合保护装置

工作面配电点分为采煤工作面配电点和掘进工作面配电点两种。采煤工作面配电点距采煤工作面 50～80m；掘进工作面配电点距掘进工作面 80～100m。工作面配电点也随工作面的推进而相应前移。图 7-6、图 7-7 为采煤工作面配电点的布置及配电示意图。

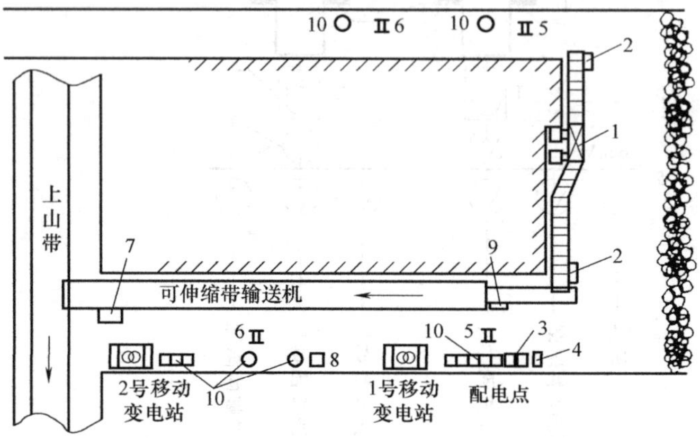

图 7-6　综采工作面机电设备布置示意图

1—采煤机　2—刮板输送机　3—乳化液泵　4—喷雾泵　5—回柱绞车　6—调度绞车　7—可伸缩带输送机的电动机　8—小水泵　9—转载机　10—矿用低压防爆开关

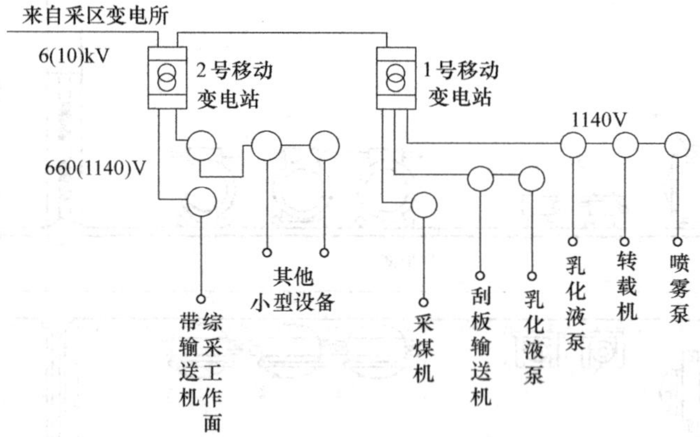

图 7-7　综采工作面配电接线图

五、高产高效工作面供电系统简介

1. 工作面装机容量和供电电压

日产万吨的综采工作面已在主要先进采煤国家大量涌现。随着对国外先进设备的引进和消化，这种高产、高效工作面已在国内许多煤炭企业出现，这使得综采设备的装机功率不断提高，采煤机最大装机容量已达 2590kW；工作面输送机最大装机功率达 4800kW；顺槽带式输送机最大装机功率达 3000kW；乳化液泵站最大装机功率为 1980kW；转载机和破碎机最大装机功率均为 2×700kW＝1400kW 以上。这样，现代化高产、高效工作面的装机总功率已超过 13770kW。

随着工作面装机容量的增大，高产、高效工作面还要求加大工作面长度和延长推进长度

(走向长度)，我国正在工作中的“超级”工作面长度达6000m，这些又都要求增加输电距离，提高工作面设备的供电电压。目前国内外大型矿井已采用10～12.5kV等级的电压向井下供电，采用2.3kV、3.3kV、4.16kV、5kV等级的电压向工作面设备供电，我国也在推广使用3.3kV等级的供电电压。

2. 工作面供电方式

向高产、高效工作面供电的方式一般有两种：一种是典型的常规供电方式，即由地面变电所用两趟电缆线路供至井下中央变电所，再由中央变电所用电缆送至设在工作面顺槽的移动变电站（移动变电站的数量根据工作面总负荷而定，一般为2～3台），通过起动器、负荷中心等分别向采煤机、刮板输送机、转载机、破碎机和带式输送机供电；另一种供电方式是以美国为代表的由地面变电所以6～12.5kV电压下井，入井电缆直接送至采区移动式供电中心。该移动式供电中心是一大型多回路出线移动变电站装置，一个工作面装一台可分别向多台不同电压的机电设备供电。

随着工作面装机容量的增大和供电电压的升高，移动变电站和开关装置也继续向大容量、高电压组合化方向发展。目前最大容量移动变电站已超过3000kV·A，一次电压为6～12.5kV，二次电压有5kV、4.16kV、3.3kV、2.3kV、1.1kV。美国的大型移动式供电中心则是将高压开关、多线圈变压器和低压控制开头组合在一起，容量为1000～3000kV·A。法国采用的是5kV电压入井，工作面设备也用5kV供电，所以工作面装设的是防爆干式隔离变压器，一次电压为5000V±500V，二次侧空载电压为5250V，变压器容量均在1000kV·A以上，其主要作用是将工作面5kV电网与矿井供电系统隔离开，以有效限制其对地短路电流（一般降到3A以下）的危害。

课题二　矿用电气设备的类型

一、矿用一般型电气设备

矿用电气设备是指使用在煤矿井下条件的各种电气设备，通常分为矿用一般型电气设备和矿用防爆型电气设备。矿用一般型电气设备上铸有“KY”字样，不具有防爆性能，适用于没有瓦斯、煤尘爆炸危险的场所。例如低瓦斯矿井的井底车场、总进风巷道或主要进风巷道等处可以使用矿用一般型电气设备。

二、矿用防爆型电气设备

矿用防爆型设备外壳铸有“Ex”字样，适用于有瓦斯煤尘爆炸危险的场所。防爆电气设备分为两类：Ⅰ类（煤矿井下用防爆电气设备），Ⅱ类（工厂用防爆电气设备）。矿用防爆设备有十种类型，常用的是矿用隔爆型设备和本质安全型设备。下面重点介绍这两种设备。

1. 矿用隔爆型电气设备

隔爆型电气设备的外壳上铸有“ExdⅠ”，可用于井下有瓦斯煤尘爆炸危险的场所。矿用隔爆型电气设备的主要特点是采用隔爆外壳。隔爆外壳具有耐爆性和隔爆性。

(1) 隔爆外壳的耐爆性

隔爆外壳的耐爆性是指壳内的爆炸性气体混合物爆炸时，在最大爆炸压力的作用下，外壳不会破裂，也不会发生永久变形，因而爆炸时产生的火焰和高温气体不会直接点燃壳外的爆炸性混合物。因此，隔爆外壳应具有足够的机械强度，能承受壳内爆炸时产生的最大爆炸压力。

（2）隔爆外壳的隔爆性

隔爆外壳的隔爆性又称不传爆性，当爆炸性混合物在壳内爆炸时，产生高温气体或火焰，通过外壳与外盖各接合面处的间隙喷向壳外时，能得到足够的冷却，使之不会点燃壳外的爆炸性混合物。这种具有隔爆性的接合面称为隔爆接合面。

试验表明，爆炸产生的高温气体或火焰只要通过一个狭长且光洁的间隙窜到壳外，就能得到足够的冷却，不致点燃壳外的爆炸性混合物。因此，要严格控制各接合面的间隙、长度和粗糙度。

2. 本质安全型电气设备

本质安全型（简称本安型）电气设备又称安全火花型电气设备，外壳上标注“ExiⅠ”，其特点是采用本质安全电路。由于它的电火花是安全的，不会点燃瓦斯和煤尘，因此也可以用于有爆炸危险的场所。

（1）本质安全电路

本质安全电路就是要合理地选择电路的参数，使电路在正常和故障情况下产生的电火花或电弧，都不能点燃瓦斯和煤尘，故又称为安全火花电路。

当瓦斯浓度为8.2%～8.5%时最容易爆炸，所需点燃瓦斯的最大能量为0.25mJ，只要将电路中的能量限制在点燃瓦斯的最小能量之内，就可实现安全火花。为此，在设计本质安全电路时，常采用以下措施来降低电火花的能量：

1）在合理选择电气元器件（继电器）的基础上，尽量降低供电电压。

2）在电路中串接限流电阻或利用导线本身电阻来限制电路的电流。

3）电感元件两端并联二极管，消耗断开电路时电感元件释放出来的磁场能量。

4）电容元件两端并联二极管或电阻，消耗断开电路时电容元件释放出来的电场能量。

（2）本质安全型设备

由本质安全电路可知，本质安全型设备只能用于低电压、小电流的电路中，如信号、仪表、控制等回路中。本质安全型电气设备分为单一式和复合式两种形式。单一式本安型电气设备是指电气设备的全部电路都是由本质安全电路组成的，如便携式仪表多为单一式。复合式本质安全型电气设备是指电气设备的辅助回路是本质安全电路，主回路是非本安电路，如图7-8所示电路是用于采区运输信号的隔爆兼本质安全型信号装置。

该信号装置中的信号回路是本质安全电路，信号线a、b可以采用裸导线或普通塑料线，按钮可以采用普通按钮。电铃所在的回路为非本安电路。这种电气设备就称为本质安全型关联电气设备。对于这种电气设备必须十分注意两种电路之间的相互隔离，防止出现故障时导致非本质安全电路影响本质安全电路的安全。除图7-8所示电路采用变压器隔离外，也常采用由快速熔断器和稳压二极管组成的安全栅，或由晶体管组成的限能器来加以隔离，例如图7-9就是一个最简单的稳压管式安全栅。其中稳压二极管 VS_1、VS_2 用于稳定电源电压，把电网电压波动时产生的高电压控制在稳压管的标称电压值以下，保证本质安全电路得到一个稳定的低电压，把本质安全电路中的电流限制在安全火花电流的范围之内。快速熔断器FU

作为稳压管的过载保护，一旦安全栅上出现危险的高电压，稳压管的电流过大，则先使熔断器熔断，以免烧毁稳压管。

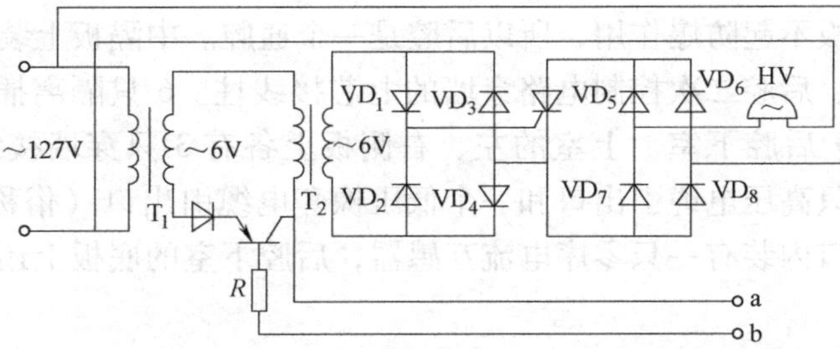

图 7-8　隔爆兼本安型信号装置电路原理图

除以上隔离措施外，在本质安全型关联设备中，不允许将两种电路的导线捆扎在一起布线或共用一根多芯电缆，除非在两种电路的导线之间加装屏蔽层。同理，两种电路的接线端子也应分设在各自单独的接线盒中，若设在同一接线盒中，两者之间必须有可靠的隔离和屏蔽措施。

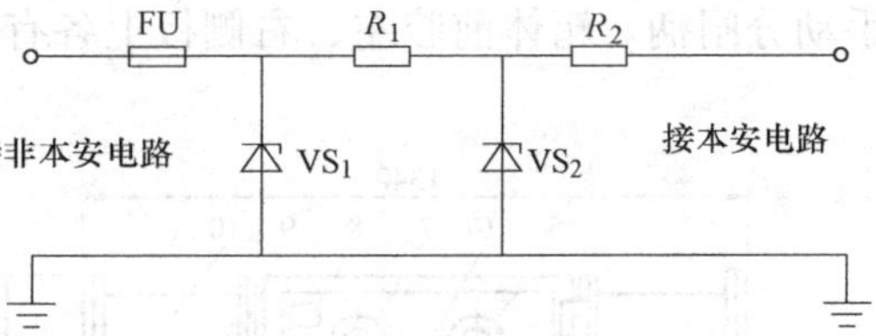

图 7-9　稳压二极管式安全栅电路

本质安全型电气设备的结构简单、体积小、重量轻、制造和维修方便、费用低、安全可靠，是一种比较理想的防爆设备，在技术性能满足要求的情况下，应优先考虑选用。

课题三　矿用电气设备

一、矿用隔爆型高压配电箱

矿用隔爆型高压真空配电箱有 BGP 系列和 PB 改装系列。PB 系列改装为真空系列，属于过渡产品，故主要介绍 BGP 系列。BGP 系列有多种型号，按工作电压分有 10kV 和 6kV 两种；按保护装置不同分有电子综合保护和单片机程序控制保护，后者可实现远程控制和集中控制台的遥控，它们的工作原理基本相同。

型号 BGP9L-6（10）中，“B”表示隔爆型；“G”表示高压；“P”表示配电装置；9L 表示 20 世纪 90 年代联合设计；“6（10）”表示额定电压 6（10）kV。BGP9L-6（10）矿用隔爆型高压真空配电装置适用于含有甲烷混合气体，具有爆炸危险的煤矿井下，对额定电压 6（10）kV、额定频率 50Hz、额定电流至 630A 的三相中性点不直接接地的供电系统进行控制、保护和测量，并可作为直接起动高压电机之用。

该装置在保护、测量与控制方面采用了计算机技术，采用全中文液晶显示，菜单式操作。除保护、控制功能外，还具有诊断功能，开关状态、负荷电流、电网电压、有功功率的实时显示、电度计量、故障类型记忆查询等功能。

1. 结构

BGP9L-6（10）矿用隔爆型高压真空配电装置总体结构如图 7-10 所示。分为隔爆箱和机芯小车两大部分。隔爆箱由箱体、箱门、后盖板（上、下各一块）、接线腔、底架等主要部分组成。底架上装有辅助导轨。

箱体为立方体，中隔板将箱体隔开成前后两腔，横隔板将后腔隔开形成上、下两室，上、下两室之间的隔板不起防爆作用，所以后腔是一个通腔。中隔板上装有 6 只隔离插销的插座，还有 1 只供前、后腔二次控制电路穿墙的七芯接线柱。6 只隔离插销的插座，3 只位于后腔上室、3 只位于后腔下室。上室的左、右侧板上各有 3 只穿墙接线柱。后腔下室的左、右侧板上各有一只高压电缆引出口和一个低压橡套电缆引出口（俗称小喇叭嘴）。后腔下室的高压电缆引出口内装有一只零序电流互感器，后腔下室的底板上还有一只终端电阻和两个接线端子。

箱体的前腔主要容纳机芯小车。小车上装有真空断路器、三相电压互感器、母线式电流互感器、压敏电阻、熔断器、智能测控单元、隔离插销动触头等。安装在前腔侧板上的拨臂是为了推动机芯前进和后退实现隔离插销的合闸和分闸运动，拨臂通过连杆与右墙板上的隔离操作臂连接。前底板上各有一块护轨和板，是供机芯小车行走的。前腔的右侧板上设有真空断路器手动分闸柄。箱体前腔左、右侧板上各有一个观察窗。可以看到隔离插销分合状况。

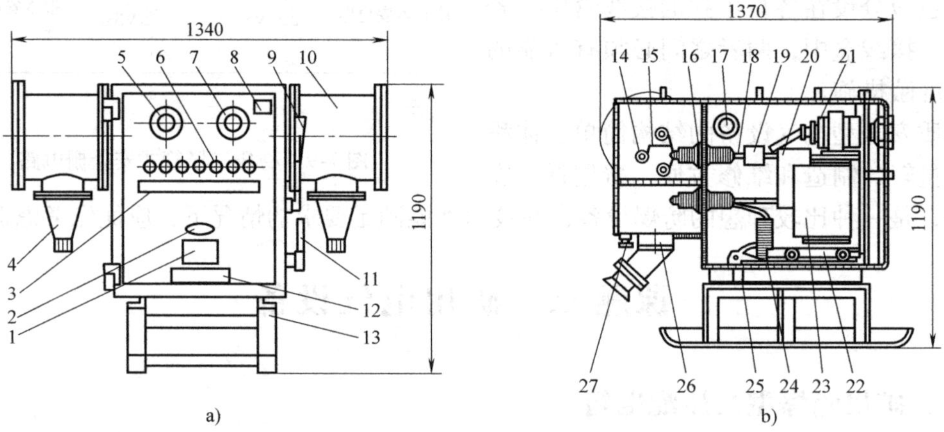

图 7-10　BGP9L-6（10）型高压配电箱结构示意图

a）正视外形图　b）侧视内部结构图

1— 铭牌　2—MA 标志　3—按钮标牌　4—进线装置　5—液晶显示窗　6—按钮　7—状态显示窗　8—厂标　9 —断路器合闸手柄　10—接线筒　11 —隔离开关手柄　12—防爆标志　13—底座　14 —绝缘座　15—贯穿母线　16—静触头座　17—隔离插销观察窗　18—动触头　19—电流互感器　20—断路器　21—电压互感器　22—机芯小车　23—智能测控单元　24—压敏电阻　25—隔离操作机构　26—零序电流互感器　27—控制线出线嘴

本配电装置箱门为活节螺栓压板式快开门结构，装有电压、电流及故障状态显示中文液晶显示屏，“合闸”、“分闸”、“漏电”试验按钮，“移位”、“确认”和“复位”按钮。侧面有真空断路器分合闸状态显示牌，另外有一只隔离插销联锁手柄。

为保证安全，配电箱设有机械闭锁装置。

1）隔离插销处于合闸位置时，断路器方能进行合闸操作。同时，使箱门闭锁不能打开。

2）隔离插销处于断开位置时，箱门方能打开，此时断路器不能合闸。

2. 电气原理

（1）主回路

如图 7-11 所示为 BGP9L-6（10）型配电箱的电气原理图。6（10）kV 电压由电源引至配电装置的母线室，经上隔离开关 1QS、真空断路器 QF、电流互感器的两个二次绕组 TA_1 和 TA_2、下隔离开关 2QS、零序电流互感器 TAN 输出至负荷侧。在真空断路器的负荷侧，接有过电压保护用的压敏电阻 $RV_1 \sim RV_3$，可将因真空断路器分断时产生的过电压限制在 2.6 倍相电压峰值以下。

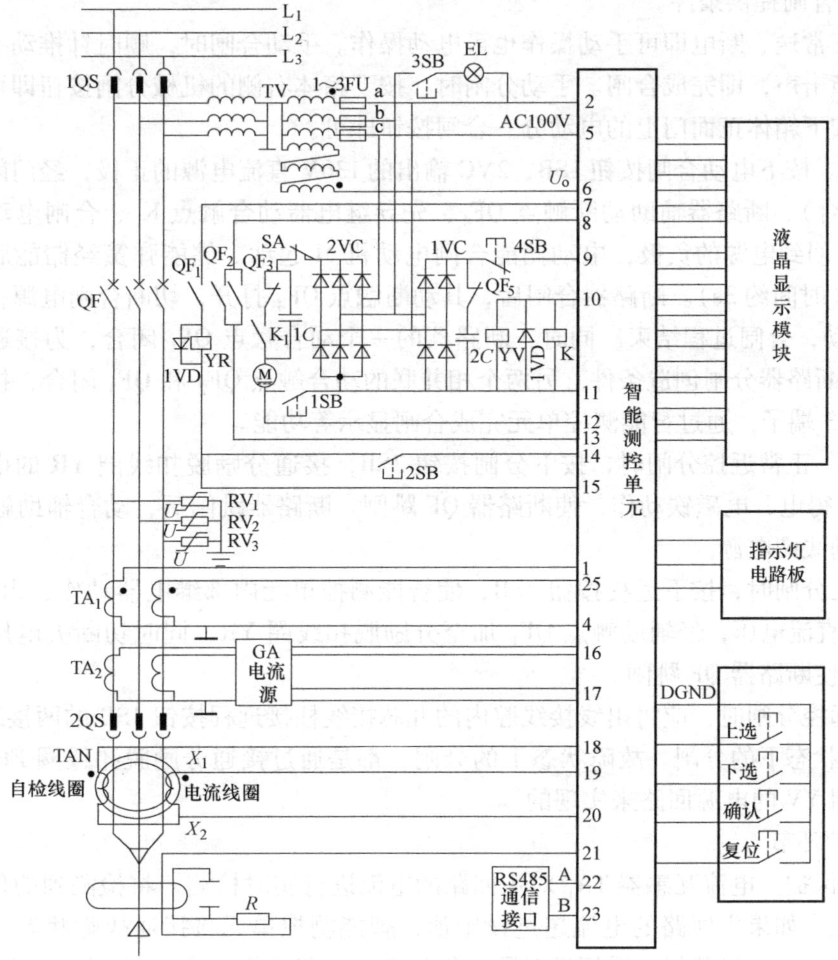

图 7-11　BGP9L-6（10）矿用隔爆型高压真空配电装置电气原理图

（2）电源环节

6(10)kV 电压经电压互感器降压后，在二次侧输出 100V 电压。该三相电压经整流桥 2VC 整流后输出 130V 直流电压，为电动储能合闸电动机 M 供电。其中 a、c 端电压，经接线端子 2 和 5 送入到智能测控单元，经智能测控单元内部降压、整流、滤波、稳压后，作为智能测控单元的直流工作电源；a、b 端电压，经单相桥式整流器 1VC 整流后，输出 110V 直流电压，由 9、11 端子送入智能测控单元，经其内部触点，由 10、11 送出，供给失压脱扣线圈 YV。

分励脱扣线圈 YR 的电源，由智能测控单元端子 7 和 14、15 输出 24V 直流电压供给。

电流互感器 TA_1 为测量和保护提供信号，TA_2 的电流经智能测控单元内部变换为直流电压，在主回路短路，6(10)kV 电源电压大幅度降低时，供给分励脱扣线圈 YR 作跳闸电源。

(3) 控制环节

隔离插销合闸后，电压互感器 TV 有电，二次侧输出 100V 交流电压，为保护和控制电路提供电源。此时，智能测控单元便开始工作。在正常情况下，先导继电器 K 吸合，触点 K_1 闭合，为合闸电动机 M 的起动提供条件，同时失电压脱扣线圈 YV 也得电，电磁铁动作，为断路器 QF 合闸提供条件。

配电箱正常送、断电即可手动操作也可电动操作。手动合闸时，顺时针推动手柄，听到开关合闸的撞击声，即完成合闸。手动分闸时，按下箱体右侧的机械分闸按钮即可。电动操作时，分别按下箱体正面门上的电动分、合闸按钮即可。

1）合闸。按下电动合闸按钮 1SB，2VC 输出的 130V 直流电源的正极，经门闭锁行程开关 SA（已闭合）、断路器辅助动断触点 QF_4、先导继电器动合触点 K_1、合闸电动机 M、合闸按钮 1SB，回到电源的负极，电动储能合闸电动机 M 起动。储能弹簧经储能后，作用于断路器合闸（时间约 3s）。断路器合闸后，其动断触点 QF_4 打开，切断合闸电源，合闸电动机 M 停止转动，合闸过程结束。同时，断路器的一个动合触点 QF_1 闭合，为接通分励脱扣线圈 YR，使断路器分闸创造条件。另两个相并联的动合触点 QF_2 和 QF_3 闭合，接通智能测控单元 8 和 13 端子，通过智能测控单元完成合闸显示等功能。

2）分闸。正常近控分闸时，按下分闸按钮 2SB，接通分励脱扣线圈 YR 的电源，分励脱扣线圈 YR 得电，电磁铁动作，使断路器 QF 跳闸。断路器跳闸后，动合辅助触点 QF_1 打开，切断分励线圈电源。

正常远控分闸时，按下远程按钮 4SB，使智能测控单元内部继电器动作，由 7 和 15 端子输出 24 V 直流电压，经辅助触点 QF_1 加至分励脱扣线圈 YR，同时切断失电压脱扣线圈 YV 的电源，使断路器 QF 跳闸。

不进行远控分闸时，应将出线接线腔内的九芯接线柱接远程按钮 4SB 的两接线柱短接。

3）故障状态下的分闸。故障状态下的分闸，都是通过接通分励脱扣线圈 FR 及切断失电压脱扣线圈 YV 的电源回路来实现的。

(4) 保护环节

1）过载保护。电流互感器 TA_1 对主回路的电流进行实时检测，将检测到的信号输入到智能测控单元，如果主回路的电流超过设定值，智能测控单元将接通故障状态下的分闸电路，实现跳闸断电。过载保护采用反时限动作特性。过载动作电流整定在配电箱额定电流的 0.2、0.3、…、1.0 倍；动作时间由“过载常数”选择，分 1、2、3、…、20 共 20 挡，可根据过载动作时间的要求选用不同挡位。

2）短路保护。短路保护为瞬时动作。短路保护的整定值分挡可调，分别为配电箱额定电流的 1 倍、2 倍、…、10 倍。

3）漏电保护。电压互感器 TV 二次侧的开口三角形绕组和零序电流互感器的电流线圈作为电路中的漏电检测元件。当电网发生漏电故障时，二者分别将检测到的零序电压信号和零序电流信号传输给智能测控单元，智能测控单元根据接收到的信号，进行功率方向式漏电保护，实现断路器跳闸。

漏电电流整定值分 2A、3A、4A、5A、6A 五挡；动作时间分为 0s、0.5s、1s、1.5s 四挡。

4）绝缘监视保护。绝缘监视保护电路监视高压双屏蔽电缆接地线和监视线之间绝缘电阻和回路电阻。当电缆绝缘能力降低时，由监视保护动作，断路器跳闸。当监视线与接地线之间绝缘电阻大于 5.5kΩ 时，不允许动作，小于 3kΩ 时，应可靠动作；监视回路自身电阻小于 0.8kΩ 时，不允许动作，大于 1.5kΩ 时应可靠动作。绝缘监视保护动作时间小于 100ms。绝缘监视保护还可以根据情况选择“打开”或“关闭”按键。

5）过电压保护。当电网进线电压大于额定电压的 1.2 倍时，智能测控单元的过电压保护动作，动作时间小于 100ms。

6）欠电压保护。当电网进线电压小于额定电压的 0.65 倍，智能测控单元的欠电压保护延时 5s 动作。

3. 技术参数

矿用隔爆型高压真空配电箱技术数据见表 7-1。

表 7-1　矿用隔爆型高压真空配电箱技术数据

型号	额定电压/kV	最高工作电压/kV	额定电流/A	额定开断电流/kA	极限通过电流峰值/kA	2s 热稳定电流/kA
BGP9L-6	6	7.2	50,100,200,300,400	12.5	31.5	12.5
BGP9L-10	12	12	50,100,200,300,400,630	12.5	31.5	12.5
BGP9L-6AK	6	7.2	50,100,200,300,400,630	12.5	31.5	12.5

4. 常见故障处理

BG9PL-6（10）型高压配电箱常见故障及处理方法见表 7-2。

表 7-2　BGP9L-6（10）型高压配电箱常见故障及处理方法

故障现象	原因分析	解决方法
合不上闸	若电压表没有指示，可能是： 1. 上级开关跳闸或停电 2. 电压互感器损坏或二次侧熔断器熔断 3. 漏电、过载、短路等故障，保护闭锁	1. 排除跳闸原因恢复送电 2. 更换电压互感器或熔体 3. 排除故障后按复位按钮
	若电压表有指示，可能是： 1. 整流桥中的二极管损坏 2. 合闸按钮接触不良 3. 断路器辅助触点 QF_3 接触不良 4. 合闸电动机损坏 5. 脱扣机构损坏	1. 检查后更新 2. 调整触点间距，打磨触点表面 3. 调整触点间距，打磨触点表面 4. 换新 5. 换新
按停止按钮不跳闸	脱扣机构或铁心卡住不能动作	检修脱扣机构
高压开关有放电现象	1. 高压开关引线电缆有煤尘或绝缘不良 2. 高压开关部分受潮	1. 除尘 2. 干燥
过电流保护不起作用	1. 电流互感器断线或接线脱落 2. 继电保护装置故障 3. 分励脱扣线圈 1YA 断线 4. 辅助触点 QF_2 未闭合 5. 脱扣机构或铁心卡住不能动作 6. 整定值选择过大	1. 接通线路或更换电流互感器 2. 检修或更换继电保护装置 3. 接通线路或更换脱扣线圈 4. 调整触点间距，打磨触点表面 5. 检修脱扣机构 6. 重新整定动作值

（续）

故障现象	原因分析	解决方法
漏电保护不起作用	1. 零序电流互感器断线或接线脱落 2. 继电保护装置故障 3. 分励脱扣线圈断线 4. 脱扣机构或铁心卡住不能动作 5. 整定值选择不合适	1. 接通线路或更换电流互感器 2. 检修或更换继电保护装置 3. 接通线路或更换脱扣线圈 4. 检修脱扣机构 5. 重新整定动作值
绝缘监视保护不起作用	1. 继电保护装置故障 2. 分励脱扣线圈断线 3. 脱扣机构或铁心卡住不能动作	1. 检修或更换继电保护装置 2. 接通线路或更换脱扣线圈 3. 检修脱扣机构

二、矿用隔爆型低压馈电开关

下面以 BKD1-630/1140（660）矿用隔爆型真空馈电开关（见图 7-12）为例进行介绍。

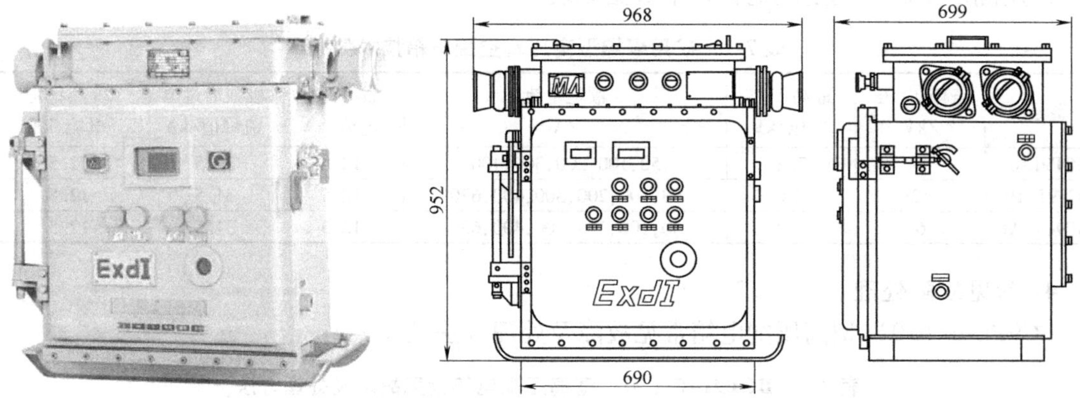

图 7-12　BKD 系列隔爆真空馈电开关外形结构图

1. 用途和型号含义

（1）用途

馈电开关适用于具有爆炸性气体（甲烷）和煤尘的矿井中，在交流 50Hz、电压 1140V（660V）、额定电流至 630A 三相中性点不接地供电系统中，作为移动变电站低压总开关或在配电系统中作为总馈电开关、中间馈电开关、分馈电开关、具有过载、短路、欠电压、过电压、漏电闭锁、漏电保护等保护功能。

（2）型号含义

“B”表示隔爆型，“K”表示表示矿用，“D”表示自动，630 表示额定电流为 630A，1140（660）表示额定电压为 1140（660）V。

2. 结构特征

馈电开关的隔爆外壳呈方形，分为上、下两个空腔，即接线腔和主腔。接线腔在主腔的上方，其内装有全部主回路和控制回路的进出线端子。接线腔两侧各有两个主回路电缆喇叭口以及各有一个控制回路电缆喇叭口。主腔在接线腔下方，其内装有全部电气元器件。

真空断路器 QF 装在主腔内中央偏右侧。电源开关 SA 装在腔内右侧，其操作手柄在壳体右侧，有“通”和“断”两个位置。开关 SA 右旋时接通电源变压器 T 的电源，馈电开关处于待命状态；左旋时 SA 断开，切断电源变压器电源，此时断路器 QF 处于断开状态，可以打开前门进行检修。

前门上装有合闸、分闸、上翻/复位、下翻/复位、设置/试漏五个按钮。还装有一个液晶显示观察孔，用于了解开关的运行状态、运行数据、故障种类及参数设置等。

3. 工作原理

BKD-630/1140（660）智能型矿用隔爆馈电开关电气原理接线图如图 7-13 所示。

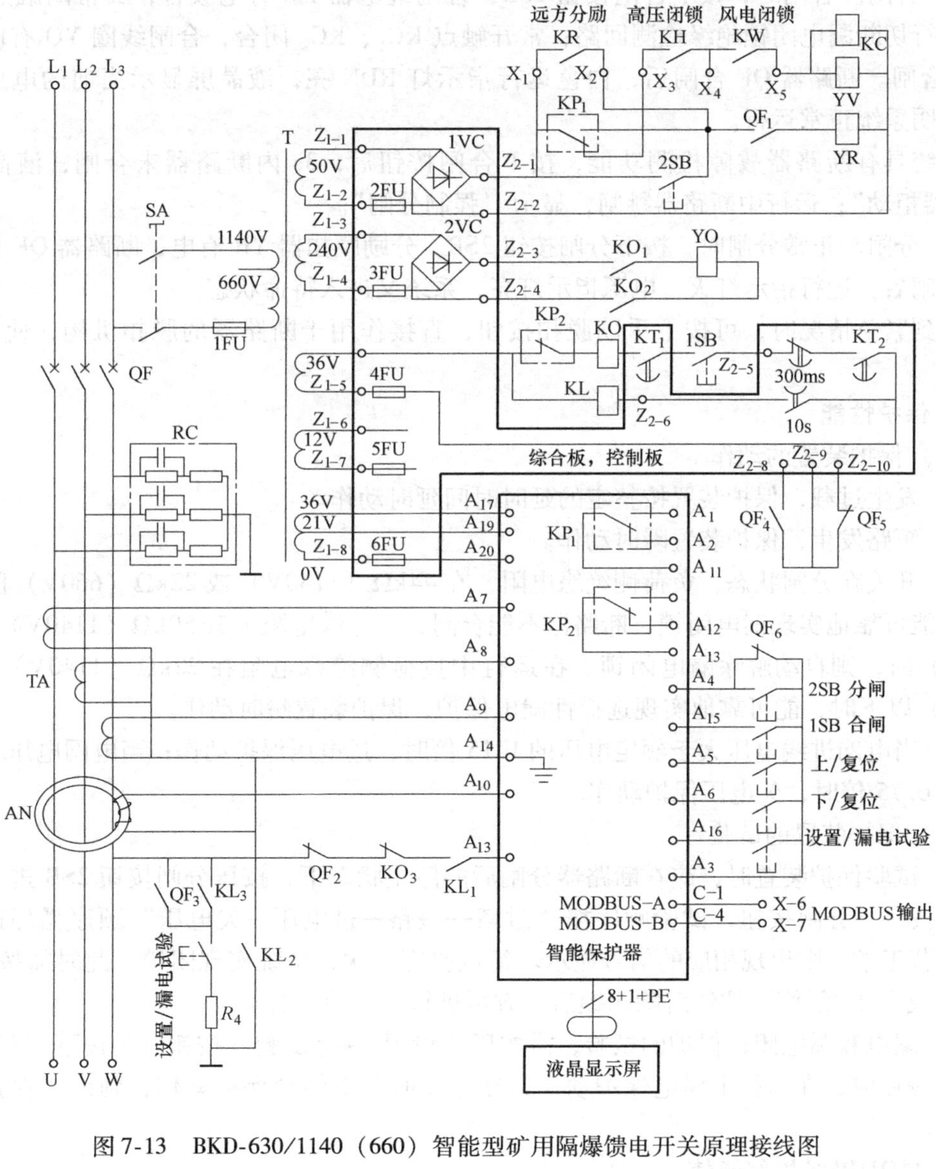

图 7-13　BKD-630/1140（660）智能型矿用隔爆馈电开关原理接线图

（1）主回路

主回路自电源侧 L_1、L_2、L_3 开始，接有真空断路器 QF、三只电流互感器 TA、阻容吸收装置 RC、零序电流互感器 TAN 和漏电试验电阻 R_4，至负载侧 U、V、W。

（2）控制环节

控制回路由千伏级电源开关SA、熔断器1FU、电源变压器、断路器合闸线圈YO、欠电压线圈YV、分励线圈KC、整流桥2VC、合闸按钮1SB、合闸继电器KO、漏电检测继电器KL、中间继电器、分闸按钮2SB、时间继电器KT、综合保护器KP的故障执行接点、断路器QF的辅助接点以及综合保护器、滤波器和开关电源等组成。

断路器QF可电动分、合闸和自动跳闸，也可手动机械分闸。送电时，右旋电源开关SA，使其闭合，电源变压器得电。

1）合闸。合闸时，按下合闸按钮1SB，合闸继电器KC有电吸合，其常闭触点KC_3断开，先行切断漏电闭锁绝缘检测回路；常开触点KC_1、KC_2闭合，合闸线圈YO有电，断路器QF合闸。断路器QF合闸后，白色运行指示灯RUN亮，液晶屏显示当前的电压、电流值，表明系统正常运行。

系统具有断路器故障检测功能，按下合闸按钮后，3s内断路器未合闸，液晶屏显示“断路器拒动”；运行中断路器跳闸，显示“强制分闸”。

2）分闸。正常分闸时，按下分闸按钮2SB，分励脱扣器YR有电，断路器QF分闸。断路器分闸后，运行指示灯灭，电源指示灯亮，系统又进入待命状态。

遇到紧急情况时，可按下手动脱扣按钮，直接作用于断路器的脱扣机构，使QF脱扣分闸。

4. 保护性能

（1）保护装置的动作

1）发生过载，保护装置按整定的延时时间延时动作。

2）短路发生，保护装置瞬时动作。

3）开关在分闸状态，负荷侧绝缘电阻，在44kΩ（1140V）或22kΩ（660V）闭锁值以下时，能可靠地实现漏电闭锁，断路器不能合闸，当绝缘电阻上升50kΩ（1140V）或28kΩ（660V）时，则自动解除漏电闭锁。在运行中负荷侧绝缘电阻在22kΩ（1140V）或11kΩ（660V）以下时，能可靠地实现选择性漏电保护，保护装置瞬时动作。

4）当电网进线电压大于额定电压的1.15倍时，过电压保护动作；当电网电压小于额定电压的0.75倍时，欠电压保护动作。

（2）保护装置的试验

1）试验保护装置时，应在断路器分闸后的停止状态下，按压分闸按钮2SB进入测试程序，每按一下分闸按钮，试验顺序按“过载—短路—过电压—欠电压”顺序循环进行，保护装置若正常，则出现相应的信号显示。每试验完一次，系统实现闭锁，此时需按下“上/复位”或“下/复位”按钮解除闭锁后，方可进行下一项试验。

2）漏电和漏电闭锁保护的试验，需按压“设置/漏电试验”按钮。当按下“设置/漏电试验”按钮时，在运行中漏电保护动作，在停止时漏电闭锁保护动作，则说明保护装置工作正常。

5. MODBUS网络通信

利用MODBUS网络通信功能，可实现上位机与各个从机之间的通信。通信时上位机发出请求，从机回复。这样在上位机处即可了解各个从机的运行状态，各保护装置的工作状态；了解各个从机线路的电压、电流、功率等参数和对各个从机的系统参数进行初始化。矿用隔爆型真空馈电开关的主要技术数据见表7-3。

表 7-3　矿用隔爆型真空馈电开关的主要技术数据

型号	额定电压/V	额定电流/A	最大分断能力/kA	保护装置类型	线嘴数量		电缆外径	
					电力	控制	电力	控制
BKD-400	1140/660	400	15/12.5	智能型	4	2	32～71	14.5～21
BKD-500		500						
BKD-630		600						

三、矿用隔爆型电磁起动器

矿用隔爆型电磁起动器是一种组合电器，它将隔离开关、接触器、按钮、保护装置等元器件装在隔爆外壳中，在井下用于控制和保护电动机，实现生产机械的就近控制、远程控制和联锁控制。生产厂家和型号不同，在此仅介绍 QJZ-400/1140（660）型矿用隔爆兼本质安全型真空电磁起动器，其外形图如图 7-14 所示。

1. 起动器型号含义

QJZ-400/1140/(660) 中“Q”表示起动器；“J”表示隔爆兼本安型；“Z”表示真空；“400”表示额定电流；“1140/(660)”表示额定电压。

2. 结构

电磁起动器由矩形隔爆外壳和芯架小车组成。隔爆外壳分接线空腔和主腔，是两个独立的隔爆部分。起动器前门为快开门结构，门上装有起动、停止/测试、上翻/复位、下翻/复位、设置五个按钮。还装有一个液晶显示观察孔，用于了解起动器的运行状态、运行数据、故障种类及参数设置等。

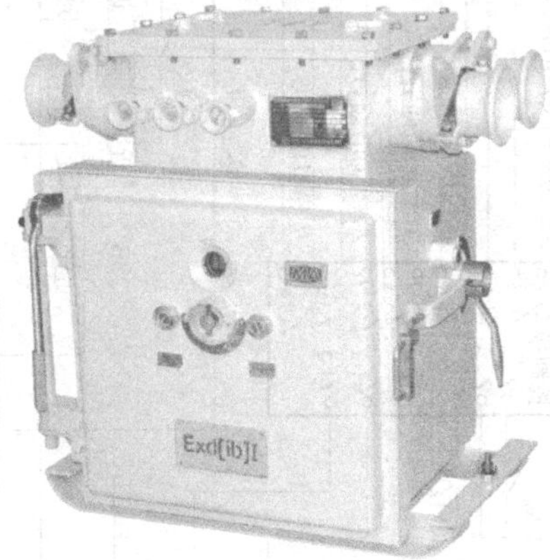

图 7-14　QJZ-400/1140（660）型矿用隔爆真空电磁起动器外形图

隔离开关手柄装在隔爆外壳的右侧，具有正、停止、反三个位置，可在电动机停止时隔离电源和换向。隔离开关与接触器之间，通过隔离开关的辅助常开触点实现电气联锁，防止带负荷分、合隔离开关。隔离开关与前门设有机械闭锁，保证只有隔离开关在停的位置时，前门方可打开；前门打开后，不能操作隔离开关。

电磁起动器的主腔内装有芯架小车，电气元器件均安装在芯架小车上，电磁起动器前门打开后，芯架小车可沿导轨拉出，以方便安装和检修。芯架小车与箱体采用接插件实现电气连接。

3. 工作原理

QJZ-400/1140（660）型矿用隔爆兼本安型电磁起动器原理接线图如图 7-15 所示。

（1）控制环节

电磁起动器具有单台近控、单台远控；多台近控、多台远控控制方式，多台控制方式为程序联锁控制。

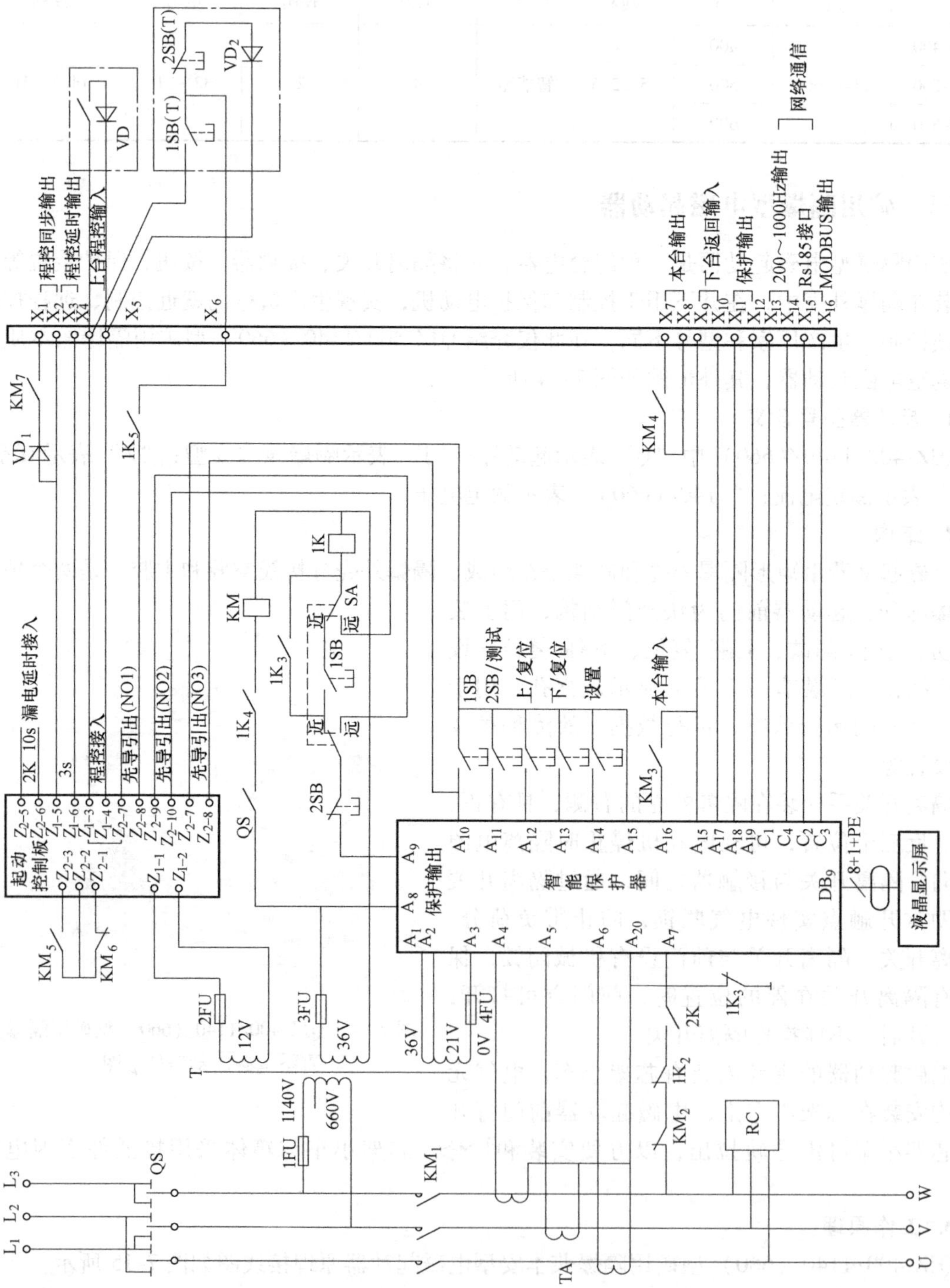

图 7-15 QJZ-400/1140（660）型矿用隔爆兼本安型电磁起动器原理接线图

1）起动前的准备工作。起动前，合上隔离开关 QS，电源变压器有电，绿色电源指示灯 PWR 亮，液晶屏显示欢迎使用字样，系统处于待命状态。

改变控制方式时，需在待命状态下用“上/复位、下/复位、设置”三个按钮进行参数设置，并将控制方式选择开关 SA 置于相应的位置。

控制和保护电路有电后，控制板中的 2K 继电器吸合，其串联于绝缘检测回路的常开触点 2K 闭合，漏电闭锁保护开始对负荷线路进行绝缘检测。如绝缘正常，则接于保护器 A_8、A_9 端子的保护装置出口继电器触点闭合，允许电磁起动器起动。

2）单台远控。将控制方式选择开关 SA 置于“远控”位置，同时将参数设置为：“是否近控”设置成“0”，“是否单台”设置成“1”。

按下远程起动按钮 1SB（T），接通先导回路，控制板中的继电器 2K 立即释放，其常开触点 2K 断开绝缘检测回路，延时 1s 后中间继电器 1K 吸合，其通路为 36V 交流绕组上端→熔断器→3FU→保护器端子 A_8→保护器内部触点→保护器端子 A_9→停止按钮 2SB→控制方式选择开关 SA→控制板端子 $Z_{2\text{-}9}$→控制板中延时常闭触点→控制板端子 $Z_{2\text{-}10}$→控制方式选择开关 SA→1K 线圈→36V 交流绕组下端。1K 吸合后，其常开触点 $1K_5$ 闭合自保，$1K_4$ 闭合使真空接触器 KM 有电吸合，接触器主触点 KM_1 闭合，电动机起动。

电动机正常运行后，白色运行指示灯 RUN 亮，液晶屏显示当前电压、电流值，表明系统正常运行。

停止时，按下远方停止按钮 2SB（T）或起动器本身的停止按钮 2SB，中间继电器 1K 立即释放，触点 $1K_4$ 断开，接触器 KM 释放，主触点 KM_1 断开，电动机停止。同时，接于控制板的接触器触点 KM_5 断开、KM_6 闭合，控制板中的继电器 2K 延时 10 s 后吸合，其常开触点 2K 闭合，接通绝缘检测回路，漏电闭锁保护投入工作。

3）单台近控。将控制方式选择开关 SA 置于“近控”位置，同时将参数设置为：“是否近控”设置成“1”，“是否单台”设置成“1”。起动时按下电磁起动器本身的起动按钮 1SB，停止时按下停止按钮 2SB 即可。其控制原理与远控相同。

4）多台程序联锁控制。多台程序联锁控制各电磁起动器之间的接线如图 7-15 所示，前台电磁起动器的程控输出端 X_1、X_2、（无延时）或 X_2、X_3（延时 3s）端子，接在下台起动器的 X_4、X_5 端子上，前台的 X_9、X_{10} 端子接在下台的 X_7、X_8 端子上。

首台电磁起动器可设置为近控或远控方式，其他电磁起动器必须设置为远控方式。若为多台近控，应将控制方式选择开关 SA 置于“近控”位置，参数设置为：“是否近控”设置成“1”，“是否单台”设置成“0”；若为多台远控，控制方式选择开关 SA 应置于“远控”位置，参数设置为：“是否近控”设置成“0”，“是否单台”设置成“0”。

多台程序联锁控制时，上台电磁起动器起动后，延时 3s 向下台电磁起动器发出起动命令，再延时 3s 对下台的“返回信号”进行检测，如果下台电磁起动器没有起动，则上台电磁起动器自动停止，并在液晶屏上显示“程控失败”。下面以两台电磁起动器延时控制为例说明其控制过程。

起动时，按下第一台电磁起动器的起动按钮（多台近控按 1SB，多台远控按 1SB（T）），则第一台电磁起动器起动，延时 3s 后，控制板中的延时触点闭合，经 X_2、X_3 端子，连接到第二台电磁起动器的 X_4、X_5 端子，则第二台电磁起动器自动起动。第二台电磁起动器起动后，其接触器常开触点 KM_4 闭合，通过 X_7、X_8 端子与第一台电磁起动器的 X_9、X_{10}

端子，将该信号送入第一台电磁起动器进行检测，第一台电磁起动器检测到该信号后，则两台电磁起动器开始正常运行。若第一台电磁起动器经3s时间未检测到该信号，说明第二台电磁起动器没有起动，则第一台电磁起动器也停止运行，并在液晶屏上显示“程控失败”。

（2）保护环节

1）保护装置的动作。电磁起动器具有过载、短路、断相、漏电闭锁、过电压、欠电压、三相电流不平衡保护功能；还具有保护功能自检测试、系统自检、网络通信等功能以及电源、通信状态、运行、过载预警、故障等指示灯和液晶屏信号指示功能。

发生过载，保护装置按整定的延时时间延时动作；短路时，保护装置瞬时动作；当一相电流为零，其余两相电流不为零，视为断相，保护延时10s动作；当一相电流小于$0.6I_N$或大于$1.6I_N$，其余两相电流为I_N时，视为不平衡，保护延时15s动作。

当电网电压$U>115\%U_N$时，过电压保护动作；当电网电压$U<75\%U_N$时，欠电压保护动作。当发生过电压或欠电压故障时，保护装置延时20 s动作。

保护装置动作后，起动器不能起动，要想重新起动送电，需按照液晶屏提示，查明故障原因并处理完故障后，按压“上/复位”或“下/复位”按钮（或切断上一级电源重新送电）解除闭锁后，方可重新起动。

漏电闭锁保护，电压为1140V时，对地绝缘电阻小于44kΩ时动作，对地绝缘电阻大于50kΩ时解锁；电压为660 V时，对地绝缘电阻小于22kΩ时动作，对地绝缘电阻大于28kΩ时解锁。

2）保护装置的试验。试验保护装置时，电磁起动器在停止状态下，按压停止按钮2SB进入测试程序，每按一下停止按钮试验顺序按“漏电闭锁—过载—短路—断相—过电压—欠电压”顺序循环进行，保护装置若正常，则出现相应的信号显示。每试验完一次，系统实现闭锁，此时需按下“上/复位”或“下/复位”按钮解除闭锁后，方可进行下一项试验。

（3）参数的查看与设置

1）参数的查看。“上/复位”、“下/复位”按钮为翻页按钮，当反复按压“上/复位”按钮时，可在液晶屏上依次看到“电压等级、额定电流、短路倍数、本机地址、波特率、是否近控、是否单台”七个参数。按压“下/复位”按钮时，查看顺序与上述相反。

2）参数的设置。在系统待命状态下，可以对系统参数进行修改，参数修改的方法与前述智能型馈电开关相同。

起动器的参数设置情况见表7-4。

表7-4 起动器的参数设置

序号	参数设定范围	出厂设定值
1	电压等级(0:660 V;1:1140V)	1
2	额定电流(0~430A)	300
3	短路倍数(7~10倍)	8
4	本机地址(0~31)	2
5	波特率	1
6	是否近控(0:否;1:是)	1
7	是否单台(0:否;1:是)	1

MODBUS 网络通信功能与智能馈电开关相同。

矿用隔爆兼本质安全型真空电磁起动器主要技术数据见表 7-5。

表 7-5　矿用隔爆兼本质安全型真空电磁起动器主要技术数据

型号	额定电压/V	额定电流/A	通断能力/A	极限分断能力/A	保护装置类型	接线嘴数量		电缆外径/mm	
						电力	控制	电力	控制
QJZ—□/□	660，1140	65	1250	2500	电子综合保护	4	4	32～40	8～19
		80	1250	2500					
		120	2000	4500				31～46	
		200	2000	4500					
QJZ—400/1140S	1140	400 400	3200	4500	智能型	4	4	31～46	8～19
QJZ—□/□	660，1140	200	1600	4500	智能型	4	4	≤46	≤22
		300	2400						
		400	3200						

注：S 表示双速。

四、隔爆型煤电钻综合保护装置

《煤矿安全规程》规定：煤电钻必须使用设有检漏、漏电闭锁、短路、过载、断相、远距离起动和停止功能的综合保护装置。照明信号综合保护装置的结构与煤电钻综合保护装置相似，均是集干式变压器、控制开关、保护装置于同一个隔爆腔内的组合电器。两者功能基本相同，只是煤电钻综合保护装置可远距离控制电钻，且电钻不工作时电缆不带电，防止电缆被砸短路引爆瓦斯；照明信号综合保护装置不需要此功能。

1. 结构

以 ZBZ-4.0Z 型煤电钻综合保护装置为例进行介绍。

ZBZ-4.0Z 型煤电钻综合保护装置的结构如图 7-16 所示。隔爆外壳为圆筒形，具有凸起的底和盖，壳盖与壳身采用转盖止口结构，外壳上部有一接线箱作为引进和引出电缆用。外

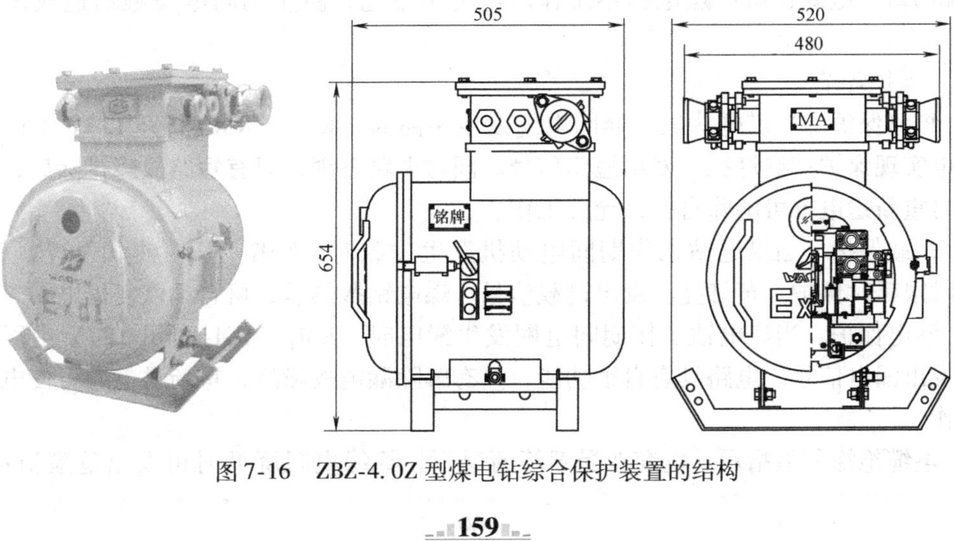

图 7-16　ZBZ-4.0Z 型煤电钻综合保护装置的结构

壳右侧装有操作隔离开关的手柄和检查短路、漏电保护系统是否有效的试验按钮，并有可靠的机械联锁装置，保证当隔离开关闭合时，壳盖打不开；壳盖打开时，隔离开关不能闭合。壳盖上方有一玻璃窗，可以从外面观察状态指示灯。主变压器与机芯的连接采用插接方式，检修时拆下端子连线机芯可独立拿出。

2. 电路组成

本装置变压器采用 Y/D 接法，适用于 1140V、660V、380V 电网，对手持式煤电钻提供电源，其电路原理图如图 7-17 所示。主回路由隔离开关 QS、一次侧熔断器 1FU、主变压器 TM、二次侧熔断器 2FU、交流接触器的主触点 KM_1 ~ KM_3、电流互感器 TA 及煤电钻手柄开关 SA 等组成。

辅助回路由 TC 及 VD 组成的控制电源，VT_2 及其控制元件组成的先导回路，T_1 及其外围元件组成的短路保护回路，T_2 及其外围元件组成的过载保护回路，T_3 及其外围元件组成的漏电保护回路，C_0、R_{50}及其按钮组成的保护试验电路等组成。

3. 工作原理

（1）控制环节

合电源开关 QS，变压器 TM、TC 有电，其二次侧有电压，其中 20V 经 VD 整流，W_1 稳压后输出 15V 直流，接通以下检测电路：

1）短路闭锁。在电缆未发生短路故障时，允许先导回路正常工作；反之，一旦电缆发生短路故障，先导回路闭锁而无法起动，称为短路闭锁。同时，短路指示灯 LED_1 导通，发出短路指示。

2）漏电闭锁。如果电网绝缘正常，允许先导回路正常工作；如果电网发生漏电，则三相对地绝缘电阻下降，先导回路不能工作而实现闭锁，称为漏电闭锁。同时，漏电指示灯 LED_4 导通，发出漏电指示。

3）远方起动。由集成电路 T_2 及其外围元件组成先导回路实现远方起动。当检测电网无短路和漏电时，闭合煤电钻手柄开关 SA，接通控制变压器 TC 二次电压 10V（+）→KM_4→V 相→SA→煤电钻电动机绕组→U 相→TA_g→TC 的 10V（－）构成的回路。煤电钻电动机 M 运转。

4）远方停止。断开煤电钻手柄开关 SA，主回路电流中断，煤电钻电动机停转；同时断开主回路 127V 电源，所以煤电钻不工作时电缆不带电，防止期间电缆砸伤造成短路故障发生。

（2）保护环节

1）短路保护。当煤电钻工作期间电缆发生短路时，KM_1 ~ KM_3 断开 127V 主回路，煤电钻断电实现保护；红灯亮，发出短路信号。同时电路自锁，只有短路故障排除后，将主电源分断再重新送电方可解除自锁，允许工作。

2）过载保护。当煤电钻工作期间电动机发生过载时，KM_1 ~ KM_3 断开 127V 主回路，实现反时限延时保护。黄灯亮，发出过载信号。煤电钻散热后，可自动恢复煤电钻工作。

3）漏电保护。当煤电钻工作期间电网发生漏电时，KM_1 ~ KM_3 断开 127V 主回路，红灯亮，发出漏电信号。电路具有自锁功能，只有解除漏电故障后，重新送电方可使电路解锁重新工作。

4）电缆绝缘危险指示。电缆在受潮等情况下，绝缘电阻降低时可发出危险指示信号。

在电缆绝缘电阻降低到10～12kΩ以下时，黄灯亮，发出绝缘危险信号。

（3）保护装置的试验电路

1）短路试验。试验按钮1SB闭合，形成短路回路，从而达到短路试验的目的。

2）漏电试验。按下按钮2SB，形成漏电回路，从而达到漏电试验目的。

4. 煤电钻综合保护装置使用

1）设备拆箱后，应检查各电气元器件有无在运输过程中受震动而损坏、脱落和受潮现象，如有上述现象，须处理后才能使用。

2）出厂时产品主变压器均按660/127V方式接线，如在380V或1140V网路工作，需将主变压器搬出外壳，按主变压器接线图所示方式进行改接电缆的连接及漏电电阻的整定，接线前用500V兆欧表测量高、低压绝缘电阻值，应不低于5MΩ。

3）综合保护装置下井使用前需在地面进行检查试验；由于该装置短路保护的某些元器件参数出厂时均是按井下电网条件调试整定，故在地面试验时，由于电源及电网参数与井下差别较大，可能出现短路保护误动作情况（即打钻或不打钻时黄灯亮）；为了避免上述原因引起的误动作，用户可在电源侧（1140V、660V或380V）并接一组补偿电容器，每相电容容量为0.47～1μF，采用三角形联结（或加长电缆）。如并接电容器后试验中仍出现打钻时短路保护误动作的情况，则应检查线路板插件及机芯。如打钻工作正常，应分别进行长电缆（300m）末端的短路试验以及漏电试验，保护装置均能正常动作后，方可下井使用。

4）综合装置外壳应可靠接地，辅助接地极与局部接地极的距离应大于5m。

5）井下安装完毕后，应先进行三次短路试验和漏电试验，应可靠动作，并给出灯光信号指示。

试验可按如下方法进行。短路试验：合上隔离开关QS后，按下SA_1按钮，短路灯亮，放开后灯仍然亮，只有断开隔离开关QS后，短路灯方可熄灭。漏电试验：合上隔离开关QS和煤电钻开关，煤电钻工作；按下SA_2按钮，漏电灯亮，放开后仍亮，只有断开隔离开关QS后，短路灯方可熄灭。按下试验按钮产生拒动时，可更换晶体管线路板插件。

6）按照《煤矿安全规程》规定，每班应做一次保护性能动作试验。装置应进行定期检修。

五、矿用隔爆型移动变电站

矿用隔爆型移动变电站适用于煤矿井下和周围介质中含甲烷混合气体和煤尘，且有爆炸危险的环境中。在额定频率为50Hz，一次电压为6kV或10kV且中性点不接地的三相电力系统中运行，为煤矿井下的各种动力设备和各种用电装置提供电源。

1. 矿用隔爆型移动变电站的功能

矿用隔爆型移动变电站具有较完善的短路、过载、漏电、欠电压保护功能，高压开关与低压开关之间及高压开关与上一级高压配电装置之间具有电气联锁，移动变电站具有超温报警功能。

2. 矿用隔爆型移动变电站的组合

移动变电站由矿用隔爆型干式变压器、矿用隔爆型高压负荷开关或矿用隔爆型高压真空配电装置、矿用隔爆型低压真空馈电开关或矿用隔爆型低压智能保护箱三部分组成，其组合有三种方式。

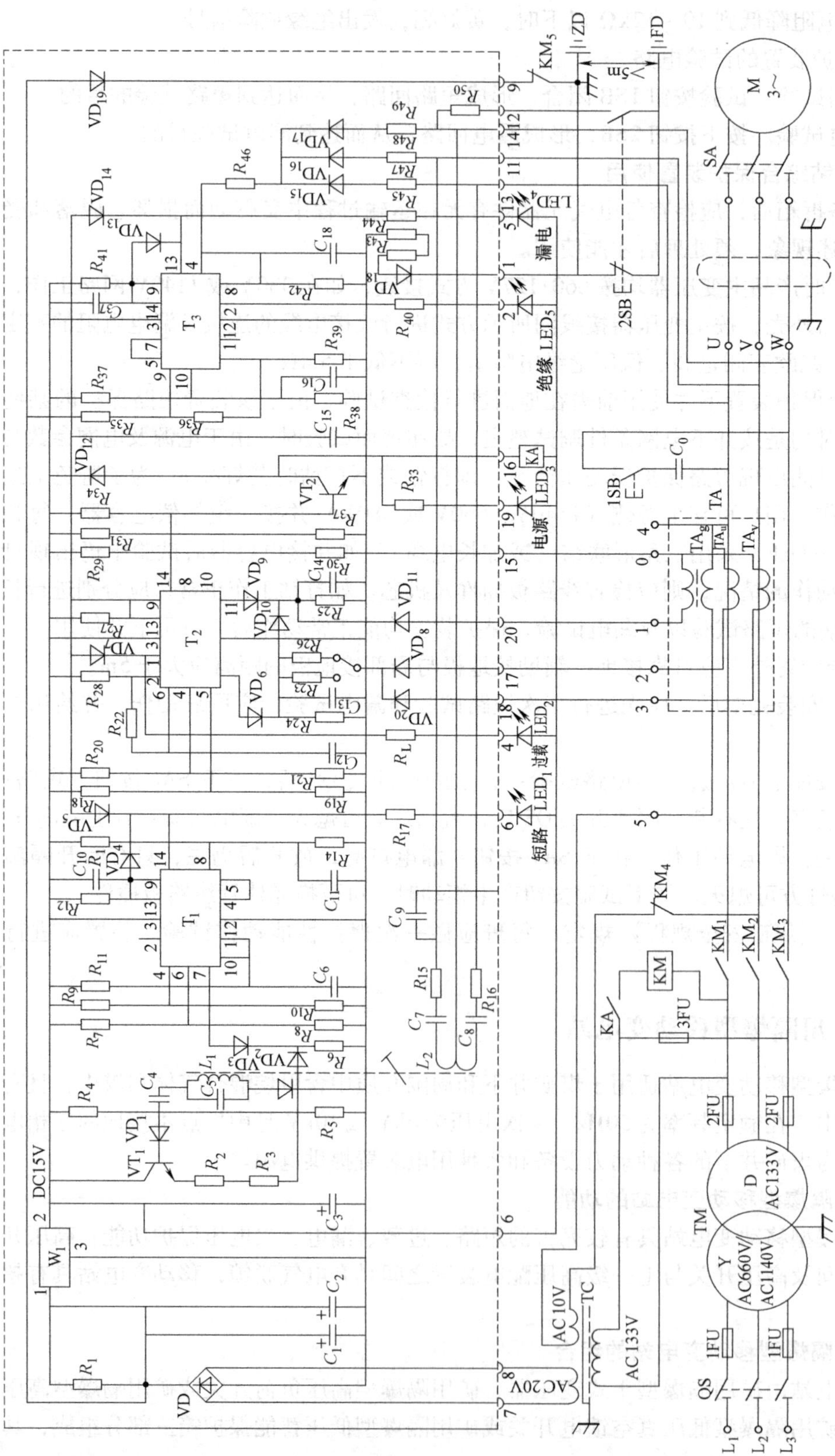

图 7-17　ZBZ—4.0Z 型煤电钻综合保护装置电气原理图

第一种组合方式是隔爆变压器的高压侧采用 FB-6 型隔爆高压负荷开关，低压侧采用 DZKD 型或 BKD 型、KDZ 型等隔爆低压自动馈电开关。矿用隔爆型移动变电站外形如图 7-18所示。该种组合方式结构简单，但是由于高压负荷开关仅能分断正常的负荷电流，不能分断故障电流，其高压进线侧需设置高压配电开关，实现短路、过载及漏电保护；低压自动馈电开关虽然具有漏电保护，但变压器低压绕组至自动馈电开关间一旦发生漏电，自动馈电开关无法实现保护。

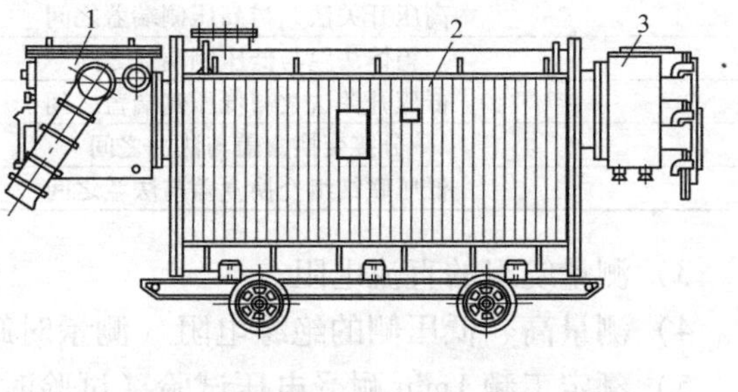

图 7-18　矿用隔爆型移动变电站外形图

1—隔爆高压配电装置　2—隔爆干式变压器　3—隔爆低压自动馈电开关

第二种组合方式是隔爆变压器的高压侧采用 BGP41-6 型或 GKDZ-200/6 型隔爆高压真空配电箱，低压侧采用 BXB-800/1140 型隔爆低压保护装置。该种组合中变压器二次绕组发生漏电，可使高压断路器动作，从而消除了这一保护盲区，但是利用高压真空配电箱通断负荷和切断短路电流会产生较高的过电压，容易使电路绝缘薄弱处击穿。

第三种组合方式是隔爆变压器的高压侧采用隔爆高压真空配电箱，主要负责高压侧的控制、保护以及变压器二次绕组的漏电保护；低压侧采用隔爆自动馈电开关负责负荷的通断及低压侧的各种保护。该种方式低压侧也可直接与组合开关及其他控制设备相连，形成动力中心。该种组合既保留了第二种组合的优点，又克服了其缺点，但是设备投资较大。

3. 结构

本节以型号为 KBSGZY-8000/6（10）的矿用隔爆型移动变电站为例进行介绍。

干式变压器有两种基本结构，一种为上盖开启的箱式隔爆结构，用于 800kV · A 及以上设备，它由内部器身、瓦楞箱器、上盖及分接变换法兰盒 、联结组变换法兰盒、高低压侧接线盒和凸缘滚轮等组成；另一种为两端开启的箱式隔爆结构，用于 630kV · A 及以下设备，它由内部器身、瓦楞箱器、高低压侧端盖组成，有足够的机械强度，整体外壳能承受 1MPa 的内压而不发生永久变形或损坏。箱体上部设有四个大吊环，为起吊总体用，必须同时使用；端盖或顶盖上部小吊环是为在装配和检修时起吊端盖或顶盖之用。

干式变压器由于采用空气自冷，器身安装在隔爆外壳内，壳内的热量靠空气对流辐射传递到壳外，散热条件较差，铁心、绕组和外壳的温升较高，尤其是壳内上部温度较高。在矿用隔爆型干式变压器的上夹件中部设有热敏温度继电器，因某种原因使变压器上部温度超出温度继电器的动作值时，能够立即发出温度报警信号。

高、低压开关间具有电气联锁，可确保移动变电站供停程序：“先合高压，后合低压；先分低压，后分高压”。

4. 检查与试验操作

1）外观检查。查看设备在运输过程中是否受损，各部位的螺母是否有松动脱落现象，如有应补齐或重新紧固。

2）检查各处隔爆间隙是否超差（要求见表 7-6），发现问题应及时处理。

表 7-6　隔爆间隙超差值

位置	间隙/mm
箱体法兰与高压侧端盖之间	≤0.5
高压开关法兰与高压侧端盖之间	
箱体法兰与低压侧端盖之间	
低压开关法兰与低压侧端盖之间	
分接变换盒盖与法兰之间	
低压联结组变换盒盖与法兰之间	

3）测量绕组的直流电阻。

4）测量高、低压侧的绝缘电阻（测量时卸下与主回路相连接的弱电元器件）。

5）额定工频 1min 耐受电压试验（试验时卸下与主回路相连接的弱电元器件）。

6）在地面可将高、低压开关进行短路、过载、漏电等模拟动作试验和短路时空载送电。经检查试验一切正常后，可下井安装。

5. 使用操作

1）根据系统要求，调整并整定好高压配电装置和低压馈电开关保护特性参数，即可进行移动变电站的试运行。

2）为了更好地保护设备，应按如下操作程序进行供停电操作：先合高压，后合低压；先断低压，后断高压。

3）移动变电站在使用过程中网侧电压存在波动，当电网电压与额定值相差较明显且使得二次绕组输出电压不符合用电设备的电压时，可以更改变压器分接范围以调整输出电压。产品出厂时默认连接挡位为额定电压挡，操作时切断低压负荷和高压侧电源，打开箱体分接变换法兰盒盖，变换分接抽头的连接片，连接片所在位置及对应的一次绕组匝数相对值见表 7-7。

表 7-7　变换分接抽头的连接片所在位置及对应的一次绕组匝数相对值

连接片所在位置	一次绕组匝数相对值
X1—Y1—Z1	$N_1-5\%N_1$
X2—Y2—Z2	N_1
X3—Y3—Z3	$N_1+5\%N_1$

4）用户可根据用电装置的额定电压，进行低压联结组的变换，当二次电压为 693/400V 或 1200/693V 时，操作时切断电源并通过低压侧联结组变换法兰盒，变换低压侧联结组，特别注意：不能将螺母、垫片等落入矿用隔爆性移动变电站的箱底，如落入一定要设法取出。

5）在正常运行过程中，一旦发现移动变电站发生故障，来不及处理，可按下移动变电站高压负荷开关的急停按钮，使高压配电装置迅速跳闸；在运行过程中因操作人员疏忽，打开了高压侧负荷开关的主腔门盖，上一级高压配电装置立即跳闸，停电检修或检修时高压负荷开关没有安装到位，上一级高压配电装置将无法合闸送电；一旦负荷侧发生故障，可分断高压开关，进行低压开关或负载电路故障的检修与维护。

6）在正常运行过程中，因某种原因引起变压器温度过高，温度继电器会发出报警信号，报警后应立即切除电源，检查故障原因，及时排除故障后方可合闸送电。当温度下降到一定值后，报警才会停止，否则即使排除了故障，但因内腔温度降不下来，合闸后仍然报警。

6. 联结组接线

KBSGZY-8000/6（10）矿用隔爆型移动变电站具体联结组的接线见表 7-8。

表7-8 矿用隔爆型移动变电站联结组接线

Y联结	D联结
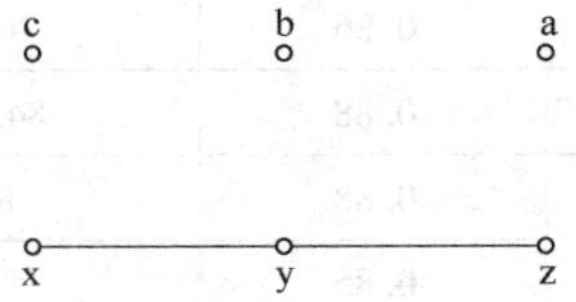	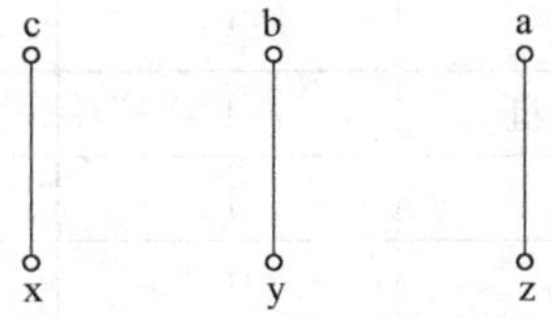

7. 维护

1）设备在运输过程中不得有强烈震动和撞击，不允许有水浸入。

2）设备应处在空气流通、没有水浸入、相对湿度不超过90%（25℃）、温度不高于40℃、不低于-20℃、没有腐蚀性气体的环境中。

3）在运行过程中，应经常巡查设备的运行声音。检查各部位的温度和各种保护动作是否正常，接地是否可靠。

4）定期（6个月左右）检查和保养各处隔爆面，涂防锈油脂，防止隔爆面锈蚀。

5）定期（6个月左右）检查和保养高、低压开关传动部件的传动部位，涂润滑油，防止传动部位卡滞。

6）定期（6个月左右）进行必要的绝缘试验。

六、采区电气设备选择及其整定

例7-1 图7-19所示为一采区变电所中的某综采工作面供电系统图，已知采区变电所1#高压配电箱所带负荷电流为106.4A，负荷见表7-9，图中各点的短路参数见表7-10，其他参数如图7-19所示。选择各控制开关，并对开关进行整定。

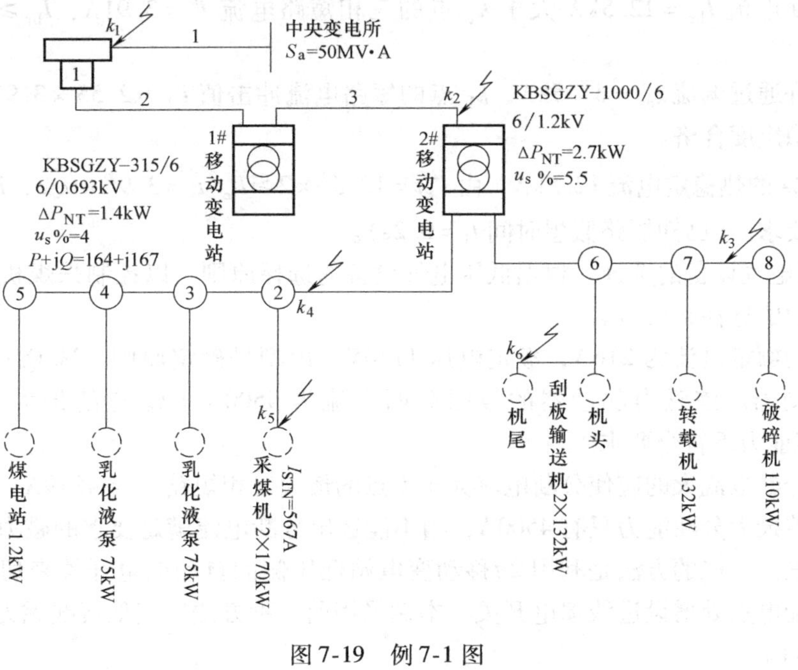

图7-19 例7-1图

表 7-9　综采工作面负荷

负荷名称	台数	容量/kW	额定电压/V	功率因数	额定电流/A
采煤机	1	170×2	1140	0.86	108×2
刮板运输机	1	132×2	1140	0.88	84.6×2
转载机	1	132	1140	0.88	84.6
破碎机	1	110	1140	0.85	72
乳化液泵	2	75	1140	0.87	47.5
煤电钻	1	1.2	127	0.79	9

表 7-10　短路参数

短路参数值	短路点					
	k_1	k_2	k_3	k_4	k_5	k_6
两相短路电流/A	3005	1741	3876	3876	2608	1922
三相短路电流/A	3910	2094	4849	4849		
短路容量/MV·A	42.7	22.85	10.08	10.08		
短路电流冲击值/kA	9.97	5.34	12.36	12.36		

解：（1）选择各控制开关

1）高压配电箱的选择。采区变电所的高压配电箱选用 BGP9L—6 型矿用隔爆型高压真空配电箱。该配电箱具有短路、过载、漏电、失电压和监视保护，其技术数据见表 7-1。

已知 1#高压配电箱所带负荷电流为 $I_{ca}=106.4\text{A}$，选额定电流为 $I_N=200\text{A}$ 的配电箱，满足 $I_N \geqslant I_{ca}$ 的要求，额定电流合格。

配电箱额定电压 $U_N=6\text{kV}$，电网工作电压 $U_{NW}=6\text{kV}$，满足 $U_N \geqslant U_{NW}$，额定电压合格。

额定开断电流 $I_{br}=12.5\text{kA}$ 大于 k_1 点的三相短路电流 $I''=3.91\text{A}$，$I_{br} \geqslant I''$，断流能力合格。

极限允许通过电流 $i_{es}=31.5\text{kA}$，k_1 点的短路电流冲击值 $i_{sh}=2.55\times3.91\text{kA}=9.97\text{kA}$，$i_{es} \geqslant i_{sh}$，动稳定度合格。

配电箱 2s 的热稳定电流 12.5kA，由 $I_{t5}^2 t=12.5^2\times2 \geqslant I_\infty{}^2 t_i=3.9^2\times0.2$，$I_{ts}^2 t_{ts} \geqslant I_\infty^2 t_i$，热稳定度满足要求。（已知短路假想时间 $t_i=0.2\text{s}$）。

2）低压电气设备的选择。根据低压电气设备的选择原则，以控制采煤机的起动器为例说明电气参数的选择和校验。

采煤机的额定电流为 216A，额定电压 1140V。由型号确定原则，选 QJZ—300/1140 型真空磁力起动器。该磁力起动器的极限分断电流为 4500A < k_4 点的最大三相短路电流 4849A。断流能力不符合要求。

如果有分断电流大的应使分断电流大于 k 点的最大三相短路电流 4849A。由于目前生产的电磁起动器最大分断能力只有 4500A，当不能选出分断电流满足要求的磁力起动器时，应采取补救措施。采取的方法是利用 2#移动变电站低压侧的自动馈电开关来切除最大三相短路电流或在配电点处增设进线馈电开关。本例采用前一种方法。其他接线磁力起动器的选择结果见表 7-11。

表 7-11　高压配电箱及磁力起动器选择结果

开关编号	开关型号
1	BGP9L-6
2	QJZ-300/1 140
3、4、6、7、8	QJZ -200/1 140
5	ZBZ-4. 0/1140

（2）保护装置的整定计算

1）1#开关高压配电箱的整定。由于移动变电站高压侧只装有负荷开关，移动变电站及其高压侧线均由采区变电所中的高压配电箱来保护。

长延时过载保护装置（过负荷保护）的整定值为

$$I_{opo} \geqslant 1.1I_{ca} = 1.1 \times 106.4\text{A} = 117\text{A}$$

配电箱过载保护的整定范围为 0. 2 ~1. 0 倍的配电箱额定电流，故配电箱波段开关调整在 0. 6 倍的位置，其实际整定电流为

$$I_{opo} = 0.6 \times 200\text{A} = 120\text{A}$$

短路保护的整定值为

$$I_{ops} \geqslant 1.2I_{wmax} = 1.2 \times \left(I_{ca} - \frac{I_{cam}}{K_T} + \frac{I_{STNm}}{K_T}\right)$$

$$= 1.2 \times \left(106.4 - \frac{0.8 \times 108 \times 2}{\dfrac{6}{1.2}} + \frac{567 \times 2}{\dfrac{6}{1.2}}\right)\text{A} = 358\text{A}$$

式中　I_{cam}——配电箱所控制负荷中最大容量电动机的长时工作电流，即采煤机负荷系数为 0. 8 时的采煤机的额定工作电流（A）；

I_{STNm}——配电箱所控制负荷中容量最大一台电动机的额定起动电流，即采煤机的额定起动电流（A）；

1. 2——可靠系数。

配电箱短路保护的整定范围为 1 ~10 倍的配电箱额定电流，共分为 11 个挡位，故将波段开关调在两倍的位置，此时短路实际整定电流为 $I_{ops} = 2 \times 200\text{A} = 400\text{A}$。

高压配电箱短路保护装置的灵敏度校验。由于高压配电箱所带负荷是两台移动变电站，所以保护装置对两台移动变电站的低压侧短路故障都应有足够的灵敏度（即后备保护），校验时应按灵敏度最小的移动变电站低压侧两相短路电流来校验。本例是以 2#移动变电站为例计算（变压器为 Yy 联结）。即

$$\frac{I_{k3min}^{(2)}}{K_T I_{ops}} = \frac{3876}{\dfrac{6.3}{1.2} \times 400} = 1.845 > 1.5$$

满足要求。

2）2#移动变电站高、低开关的整定。

① 2#移动变电站高压开关的整定与 1#高压配电箱的整定方法相同。

② 2#移动变电站低压开关的整定。移动变电站低压侧真空自动馈电开关有 BKD—500/1140、BXB1—800/1140、BXB—500/1140 型等。现以 BKD—500/1140 型为例。过负荷保护装置按保护变压器过负荷来整定。即

$$I_{opo}=I_{2NT}=\frac{S_{NT}}{\sqrt{3}U_{2NT}}=\frac{1000}{\sqrt{3}\times1.2}\text{A}=481\text{A}$$

BKD—500/1140 型隔爆真空自动馈电开关的额定电流为 500A，其过载保护整定范围是 0.3～1 倍的开关额定电流，故将过载保护调在 0.96 倍额定电流，其过载保护的实际整定值为

$$I_{opo}=0.96\times500\text{A}=480\text{A}$$

短路保护装置的整定为

$$I_{ops}\geqslant I_{stNm}+\sum I_{Nre}=[567\times2+(84.6\times2+84.6+72+47.5+0.63)]\text{A}=1508\text{A}$$

开关短路保护装置的整定范围为 3～10 倍的开关额定电流，将短路保护的实际整定值整定为 1510A。

灵敏度校验。用主保护范围内最小两相短路电流校验灵敏度（k_3 或 k_4 点最小两相短路电流）

$$\frac{I_{k4min}^{(2)}}{I_{ops}}=\frac{3876}{1510}=2.57>1.5$$

满足要求。

用后备保护范围内最小两相短路电流校验灵敏度（k_6 点最小两相短路电流），即

$$\frac{I_{k6min}^{(2)}}{I_{ops}}=\frac{1922}{1510}=1.27>1.25$$

满足要求。

3）采煤机起动器的整定。

过负荷保护整定

$$I_{opo}=I_N=108\times2\text{A}=216\text{A}$$

起动器的过负荷保护按时钟电流整定法可精确整定在 216A，其实际整定值为 216A。

短路保护整定

$$I_{ops}\geqslant I_{stN}=567\times2\text{A}=1134\text{A}$$

短路保护的动作电流值取过负荷保护实际整定值的 8 倍，其短路保护的实际整定值为

$$I_{ops}=216\times8=1728\text{A}>1134\text{A}$$

灵敏度校验

$$\frac{I_{k5min}^{(2)}}{I_{ops}}=\frac{2608}{1728}=1.51>1.5$$

满足要求。

其他接线起动器的整定与采煤机起动器的整定方法相同。

技能训练　隔爆型煤电钻综合保护装置性能试验

一、实训目的

1）观察煤电钻综合保护装置的结构，学会与电路的连接，并符合防爆安装工艺。

2）实验煤电钻综合保护装置的各种性能。

二、实训设备（见表 7-12）

表 7-12　煤电钻综合保护装置性能试验的设备

代号	名称	型号	规格	数量
ZZ8L	隔爆型煤电钻综合保护装置	ZZ8L—2.5	2.5kVA,380/133V	1 台
M	煤电钻	MZ_2—1.2	1.2kW,127V	1 台
QK	三相刀开关	HK_2—5/13	15A,380V,三级	1 个
W	矿用橡套电缆	MZ—500	3×2.5+1×2.5	2m
				2m
				2m
	测电笔		550V	1 个

三、实训内容

1. 观察煤电钻综合保护装置的结构

1）观察外部结构和闭锁装置，将外壳所设装置记入表 7-13 中。

2）打开外盖，对照其电气原理接线图识别各电气原件，并记入表 7-13 中。

表 7-13　煤电钻、变压器综合保护装置结构观察记录

部位		所设装置	装置的作用
外壳	顶部		
	前部		
	侧部		
	底部		
内腔	后部		
	芯架		

2. 测试煤电钻综合保护装置的性能

1）远距离停、送电功能的测试：①按照图 7-20 进行接线；②接通电源开关 1QK、ZZ8L 装置的隔离开关 QS，观察综合保护装置中的指示灯是否工作，将观察结果记入表 7-14，合上煤电钻手把开关 SA，再进行上述测试。

2）漏电保护功能的测试：按表 7-15 所列步骤①～③操作，观察并记录指示灯、煤电钻

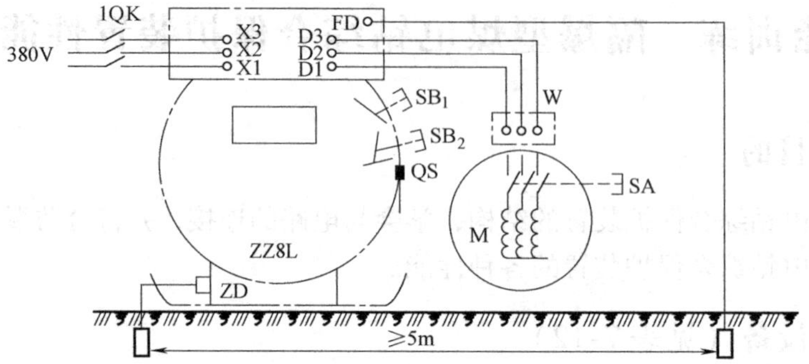

图 7-20　电钻变压器综合保护装置性能测试接线图

动作情况。

表 7-14　煤电钻、变压器综合保护装置远距离停、送电测试记录

操作	指示灯工作情况	电笔测试情况	结果说明
合 1QK 和 QS			
再合煤电钻开关 SA			
松开煤电钻开关 SA			

3）短路保护功能的测试。按表 7-15 所列步骤④～⑦操作，并观察、记录指示灯、煤电钻动作情况。

表 7-15　煤电钻、变压综合保护装置漏电和短路功能观察记录

操　　作	指示灯工作情况	煤电钻动作情况	结果说明
①合 1QK 和 QS 接通电源			
②按下漏电试验按钮 SB_1，模拟漏电			
③按煤电钻开关 SA，起动煤电钻			
④分合 QS，再按煤电钻开关 SA			
⑤按下短路试验按钮 SB_2，模拟短路			
⑥按煤电钻开关 SA，起动煤电钻			
⑦分合 QS，再按煤电钻开关 SA			

四、实训报告要求

1）根据观察结果归纳煤电钻综合保护装置的构造特点，以便区别于其他隔爆型低压开关。

2）分析各步观察结果，填入相应的表中，完成各表内容。

3）简答：①远距离停、送电是什么含义？②煤电钻综合保护装置的漏电保护动作后，为什么不能再起动煤电钻？何时方可再起动？③煤电钻综合保护装置的短路保护动作后为什么不能再起动煤电钻，何时方可再起动？

思考与练习

7-1　井下主变电所的位置一般定在何处？对其硐室有哪些要求？硐室内设备如何布置？

7-2　采区变电所的位置一般设在何处？其硐室要求及硐室内的设备布置与主变电所有哪些不同？

7-3　移动变电站可以设在何处？

7-4　工作面配电点设在何处？都有哪些设备？

7-5　什么是隔爆型电气设备的隔爆性和耐爆性？如何保证这两个性能？

7-6　什么是本质安全型电路和本质安全型电气设备？

7-7　简述 BGP9L—6（10）型高压真空配电箱电气系统的组成及其功能。

7-8　BGP9L—6（10）型高压真空配电箱有哪几种保护？各保护有何异同点？

7-9　简述 BDK—630/1140（660）智能型馈电开关电气系统的组成及其功能。

7-10　简述 QJZ—400/1140（660）智能型电磁起动器电气系统的组成及其功能。

7-11　磁力起动器和馈电开关的作用分别是什么？能否互换使用？

7-12　KBSGZY 型移动变电站有什么用途？采用移动变电站供电有何优点？其电气系统有哪些保护？

7-13　画出有一台固定变压器、两台移动变电站且无高压配出线的单电源采区变电所高压接线图，并画出由固定变压器向掘进工作面配电点和轨道斜巷设备供电的低压系统图。

第八单元

供电安全技术

【教学目标】

知识目标：

了解触电的原因、危害性，熟悉人身触电的预防方法。

了解漏电保护装置的类型、结构、组成和工作原理，熟悉使用、维护漏电保护装置的注意事项及漏电点的查找方法。

了解接地和接零的知识，熟悉地面接地和接零保护装置的组成和保护原理，掌握接地电阻测量方法。

熟悉井下接地保护装置的作用、组成和保护原理。

熟悉大气过电压类型和保护措施、内部过电压产生的原因及防护、阻容吸收装置的组成和过电压保护原理。

技能目标：

会处理触电事故的方法。

会选择、调试、维护漏电保护装置，会查找和处理漏电故障。

会安装、维护和检修地面接地与接零保护装置，会测量接地电阻。

会选择和运用防雷保护装置。

课题一　触电的预防

一、触电的危险性

1. 触电

因人体接触或接近带电体，导致电流流经人体而引起的局部受伤或死亡现象称为触电。

2. 触电的分类

（1）电击

人体触电后，由于电流通过人体的各部位而造成内部器官上的生理变化（如呼吸中枢麻痹、呼吸停止、肌肉痉挛、心室颤动等）称为电击。

（2）电伤

当人体触电时，电流对人体体表造成的伤害，称为电伤。如电灼伤、电烙印、皮肤金属化等。

3. 触电的危险性

人身接触带电体或绝缘遭到破坏的电气设备外壳时，都有可能造成触电事故。触电后对人体组织的破坏作用很复杂。但大体上可以分为电击和电伤两个方面，电击造成人体内部组织的损伤和破坏；电伤使外表器官遭到破坏，当烧伤面不大时，不至于有生命危险。在触电事故中，多数是电击造成的，而且危险性也高于电伤。

（1）流过人体的电流

通过人体的电流越大，人体的生理反应越明显，感觉越强烈，从而引起心室颤动所需要的时间越短，致命的危险程度就越大。表 8-1 列出了通过人体电流值及其对人体组织的危害程度。从表中可以看出，当电流为 50mA 以上时，短时间触电即可发生心室纤颤，以致死亡。对于煤矿井下条件，一般规定 30mA 作为通过人体的极限安全电流值。

表 8-1　通过人体的电流值及其对人体组织的危害

电流/mA	危害程度	
	交流(50Hz)	直流
2～3	手指有强烈麻刺感，颤抖	没有感觉
5～7	手指痉挛	感觉痒、刺痛、灼热
8～10	手指尖部到腕部痛得厉害，虽能摆脱导体但较困难	热感觉增强
20～30	手迅速麻痹不能摆脱导体，痛得厉害，呼吸困难	热感觉增强，手部肌肉收缩，但不强烈
30～50	引起强烈痉挛，心脏跳动不规则，时间长则心室颤动	热感觉增强，手部肌肉收缩，但不强烈
50～80	呼吸麻痹，发生心室颤动	有强烈热感觉，手部肌肉痉挛，呼吸困难
90～100	呼吸麻痹，持续 3s 以上心脏停搏，以致停止跳动	呼吸麻痹
300 及以上	作用时间 0.15s 以上，呼吸和心脏停搏，肌体组织遭到电流的热破坏	

（2）触电持续时间

电流对人体的伤害与电流通过人体时间的长短有关。由于人体发热出汗和电流对人体组织的电解作用，电流通过人体的时间越长，人体电阻降低得越多，在电源电压一定的情况下，电流增加越多，因而对人体组织的破坏产生后果越严重。触电的危害程度，取决于通过人体的电流和作用时间乘积的大小。我国规定 30mA · s 为安全值，通过人体的最大安全电流值（交流）为 30mA，但触电时间按不超过 1s 计。

（3）人体接触电压

流过人体的电流与人身接触电压的高低也有很大关系，电压越高，电流越大。接触电压越高，触电电流则越大。实际上通过人体的电流，并不与作用于人体上的电压成正比。这是因为随着作用于人体电压的升高人体电阻急剧下降，致使电流迅速增加而对人体的伤害更为严重。

极限安全电流和人体电阻的乘积，称为安全接触电压，它与工作环境有关。国家标准规定其有效值最大不超过 50V，安全额定电压等级为 42V、36V、24V、12V、6V。我国规定：在没有高度危险的工作环境下，安全电压采用 65V；在有高度危险的环境下，安全电压采用

36V；在特别危险的环境下，安全电压采用12V。一般工矿企业安全电压采用36V。

（4）电源频率

50～60Hz的电流对人体最危险。偏离这段频率越远，电流对人体的伤害程度越轻。

（5）人体电阻

人体电阻基本上由表皮角质层电阻大小而定，但由于皮肤状况、触电时与带电体的接触情况不同，故电阻值也有所不同。如皮肤厚薄不同、皮肤是否潮湿多汗、有无损伤、有无导电粉尘、触电时皮肤与带电体的接触面积及接触压力大小等因素均会影响人体电阻值的大小。

人体电阻包括两部分，即体内电阻和皮肤电阻。体内电阻由肌肉组织、血液、神经等组成，其值较小，且基本上不受外界条件的影响。皮肤电阻是指皮肤表面角质层的电阻，它是人体电阻的主要部分，其数值变化较大。当皮肤干燥、完整时，人体电阻可达10kΩ以上；而当皮肤角质层受潮或损伤时，人体电阻会降到1kΩ左右；如皮肤完全遭到破坏，人体电阻将下降到600～800Ω。由于煤矿井下特别潮湿多尘、条件差，所以，在研究触电对人体危害时，规定取1kΩ作为人体电阻计算值。

（6）电流通过人体的路径

电流通过心脏、呼吸系统和中枢神经时，危险性最大。实践证明，从左手到脚是最危险的电流路径，因为在这种情况下，电流通过心脏、肺部、脊髓等重要器官。从右手到脚的路径的危险性较小，但一般也能够引起剧烈痉挛而摔倒，导致电流通过人体的全身或造成摔伤。电流路径与通过心脏电流的百分数见表8-2。

（7）人体的健康状况

人体的健康状况和精神正常与否是决定触电伤害程度的内在因素。一个患有心脏病、结核病、精神病、内分泌器官疾病或酒醉的人，由于自身的抵抗能力差，并可能诱发原来的疾病，在同一条件下触电，比一个身体健康，经常从事体力劳动或体育锻炼的人触电的后果更为严重。

表8-2　电流路径与通过人体心脏电流的百分数

电流的路径	左手到脚	右手到脚	左手到右手	左脚到右脚
通过心脏电流的百分数(%)	6.7	3.7	3.3	0.4

二、触电防护

1. 触电防护分类

根据人体触电的情况将触电防护分为直接触电防护和间接触电防护两类。

1）直接触电防护　是指对直接接触正常带电部分的防护，例如对带电导体加隔离栅栏或加保护罩等。

2）间接触电防护　是指对故障时可带危险电压而正常时不带电的外露可导电部分（如金属外壳、框架等）的防护，例如将正常不带电的外露可带电部分接地，并装设接地故障保护，用以切断电源或发出报警信号等。

2. 触电防护措施

由于矿井的特殊条件，触电的可能性是很大的，因此必须采取有效措施加以防范。下述方法可以防止或减小触电对人体的危害。

（1）人身不接触或不接近带电体

将带电裸导体置于一定高度或者加保护遮栏，使人身接触不到；矿用电气设备的外壳与外盖间，设置可靠的机械闭锁装置，以保证未合上外盖，不能送电；通电后，不能打开外盖。将电气设备的带电部件和电缆接头全部封闭在外壳内。操作高压回路，必须戴绝缘手套、穿绝缘靴，以防触电。

（2）人身接触较多的电气设备采用低电压

人身接触机会多的电气设备造成触电的机会较多，为保证安全应采用较低的电压供电。例如手持煤电钻、照明设备等工作电压不得超过127V，井下控制回路的电压不得超过36V。

（3）设保护接地装置

当电气设备的绝缘损坏时，可能使正常不带电的金属外壳或支架带电，如果人身触及这些带电的金属外壳或支架，便会发生触电事故。

为了防止这种触电事故，应采取有效的保护接地措施，即将正常时不带电的金属外壳和支架接地，确保人身安全。

（4）设漏电保护装置

《煤矿安全规程》规定，矿井高压和低压电网必须装设漏电保护装置。一旦发生人身触电事故，应立即切断电源，确保安全。

（5）井下及向井下供电的变压器中性点禁止直接接地

对于煤矿井下低压电网主要是从人身触电，引爆瓦斯、煤尘等方面考虑安全性。对于中性点直接接地系统，如图8-1a所示，若人身触及一相导体时，人身接触的是相电压，通过人体的电流为

$$I_{ma}=\frac{U_{\varphi}}{R_{ma}} \tag{8-1}$$

式中　U_{φ}——电网的相电压（V）；

R_{ma}——人身电阻（Ω）。

如果电网电压为660V，人身电阻1kΩ，通过人身电流为

$$I_{ma}=\frac{660}{\sqrt{3}\times1000}\text{A}=0.38\text{A}$$

这个数值远远大于极限安全电流，因而触电危险性极大，故障点形成的电弧也易于引起瓦斯和煤尘的爆炸。

对中性点不接地系统，如图8-1b所示，若人身触及一相带电体时，人身流过的电流经其他两相对地绝缘电阻和电网对地分布电容形成回路。当供电系统的线路长度小于1km，可以忽略电网对地分布电容影响。只考虑线路对地绝缘电阻时，可以证明，此时流过人体的电流为

$$I_{ma}=\frac{3U_{\varphi}}{3R_{ma}+r} \tag{8-2}$$

式中　r——电网对地绝缘电阻（Ω）。

对于660V供电系统，当$r=35000\Omega$时，可计算出此时流过人体的电流为

$$I_{ma}=\frac{3\times660/\sqrt{3}}{3\times1000+35000}\text{A}=0.03\text{A}$$

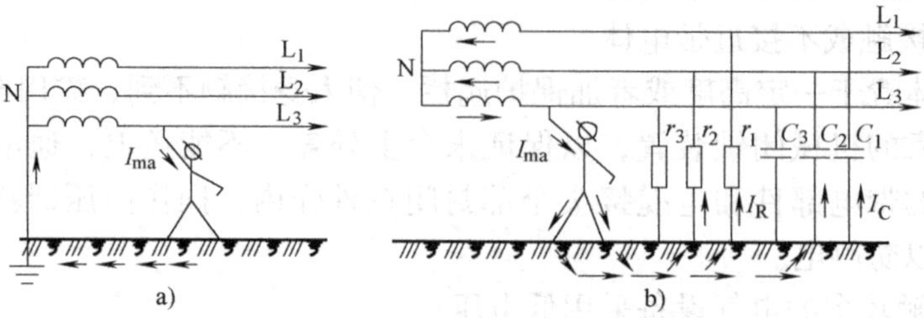

图 8-1　人身触及一相带电体的电流回路

a）中性点直接接地系统　b）中性点不接地系统

当有一相接地时，如 U 相接地，则接地点便有接地电流流过。此时 U 相对地电压为零，V、W 两相对地电压升高了$\sqrt{3}$倍，与线电压相等。V、W 两相电气设备承受较高电压，容易击穿，形成相间短路，但线电压仍然是对称的，不会影响负载正常工作。这时接地电流的大小为

$$I=\frac{3U_{\varphi}}{r} \tag{8-3}$$

设电源电压为 660V，对地绝缘电阻 $r=35\text{k}\Omega$，则接地电流值为

$$I=\frac{3U_{\varphi}}{r}=\frac{3\times 660/\sqrt{3}}{35\times 10^{3}}\text{A}=0.33\text{A}=33\text{mA}$$

根据有关资料表明，单相接地电流为 33mA 时所产生的电火花不会引燃瓦斯、煤尘爆炸。为保证人身安全，减小单相接地电流产生电火花而引起瓦斯、煤尘爆炸的可能性，我国煤矿井下低压配电网采用变压器中性点不接地系统。

当电网较长，线路对地分布电容不可忽略时，若人身触及一相带电导体，此时流过人体电流为

$$I_{\text{ma}}=\frac{U_{\varphi}}{R_{\text{ma}}\sqrt{1+\dfrac{r(r+6R_{\text{ma}})}{9R_{\text{ma}}^{2}(1+r^{2}\omega^{2}C^{2})}}} \tag{8-4}$$

若 $C=0.5\mu\text{F}$，则通过人体的电流为

$$I_{\text{ma}}=\frac{U_{\varphi}}{R_{\text{ma}}\sqrt{1+\dfrac{r(r+6R_{\text{ma}})}{9R_{\text{ma}}^{2}(1+r^{2}\omega^{2}C^{2})}}}$$

$$=\frac{660/\sqrt{3}}{1000\times\sqrt{1+\dfrac{35000\times(35000+6\times 1000)}{9\times 1000^{2}\times[1+35000^{2}\times 314^{2}\times(0.5\times 10^{-6})^{2}]}}}\text{A}=0.154\text{A}$$

由此可见，在中性点绝缘系统，当电网对地分布电容较大情况下，若发生触电事故，尽管流过人身电流值比中性点直接接地系统小，但人体触电的危险性仍然很大。因此，除井下变压器中性点禁止直接接地外，还必须装设漏电保护装置或漏电监视装置（高压），才能确保安全供电。

（6）严格执行《煤矿安全规程》中的有关规定和安全作业制度

如不带电检修、搬迁电气设备；工作票制度；工作许可证制度；停、送电制度；工作监

护制度等。

3. 井下电气安全管理制度

（1）电气操作实行操作票制度

为确保电气操作安全，要求实行工作票制度。其主要内容包括工作地点和工作内容；工作起始和终止时间；工作负责人（监护人）、工作许可人和工作人员的姓名；注意事项和安全措施。

工作票应由熟悉设备情况、熟悉《煤矿安全规程》、《电业安全工作规程》的上级主管供电负责人签发，填写内容应正确清楚，不得随意涂改。工作票一式两份，一份经常保存在工作地点，由工作负责人执存；另一份由值班员收执，按值移交。值班员应将工作票号码、工作任务、许可工作时间及完成工作时间记录在操作记录簿中。

工作票应在工作前一天交给值班员，临时工作可在工作开始前交给值班员。若工作内容、工作人员或工作时间有变更，应提前收回修改或重新填写工作票。工作票签发人不得同时担任该项工作的负责人。

（2）工作许可制度

工作许可制度是指凡在电气设备上进行停电或不停电的工作，都事先必须得到工作许可人的许可，并履行许可手续后方可工作的制度。未经许可人许可，一律不得擅自进行工作。

工作许可内容包括审查工作票、布置安全措施、检查安全措施，工作许可人与工作负责人确认无问题后，双方分别在工作票上签名，工作班方可开始工作。

（3）工作监护制度

工作人员在工作过程中，工作负责人（监护人）必须始终在工作现场，在工作班开始工作之前应向工作人员交代现场安全措施，指明带电部位和相应注意事项，对工作人员的安全认真监护，及时纠正违反安全的行为。

（4）停、送电制度

为保证安全供电，防止人身触电，电气设备在进行检修、搬迁等作业时，必须完成停电、验电、装设接地线、设置遮栏和悬挂标示牌等技术措施，严禁带电作业。

电气设备在进行停电检修时，必须严格执行谁停电、谁送电的停、送电制度，中间不得换人，严禁约时停、送电。

（5）电气检修安全技术措施

《煤矿安全规程》规定：不得带电检修、搬迁电气设备和电缆。特殊情况带电作业时，必须采取安全措施。操作人员及其携带的工具、材料与带电体的最小距离应符合相关要求。

1）停电。检修和搬迁电气设备、电缆和电线前必须停电。停电作业时在操作手柄上悬挂“有人作业，不准送电”标示牌。严禁带电违章作业。停电要有对应的操作票。

因检修停电时，必须拉开隔离开关。如待检修电气设备装有电压互感器时，应将其开关断开，并取下二次侧熔断器或断开二次侧开关，以避免从电压互感器二次侧反送电。

2）验电。用与电源电压相适应的验电器，先在有电的地方试验后验电。严禁用低压验电笔验高压电。

3）放电、挂接地线。验电确认无电后对电气设备进行放电，在检修地点三相导体上挂装接地线。设备内部有接地刀闸的应合上接地刀闸。使用符合规定的接地线，先接接地端，后接三相短路线。拆除地线时顺序与此相反。装拆地线均应使用绝缘棒或戴绝缘手套。接地线禁止在三相上缠绕。

4）装设遮栏、悬挂标示牌。检修拉开的隔离开关必须闭锁，拿走隔离开关的操作钥匙，取下断路器操作电源的熔断器。并悬挂“有人作业，不准送电”字样的标示牌，检修完恢复送电时，必须由原操作人员取下标示牌，合闸送电。所有开关的闭锁装置必须能可靠地防止擅自送电、防止擅自开盖操作。部分停电时，安全距离小于规定距离的停电设备，必须装设临时遮栏，并挂“止步，高压危险!”的标示牌。

三、触电的急救处理

触电者的现场急救，是抢救过程中最关键的一步。如处理及时和正确，则因触电而呈“假死”的人有可能获救；反之，就会带来不可弥补的后果。因此《电业安全工作规程（发电厂和变电所电气部分）》（DL 408—1991）将“特别要学会触电急救”规定为电气工作人员必须具备的能力之一。

1. 脱离电源

触电急救，首先要使触电者迅速脱离电源，越快越好，因为触电时间越长，伤害越严重。

1）脱离电源就是要将触电者接触的那一部分带电设备的开关断开，或设法将触电者与带电设备脱离。在脱离电源时，救护人既要救人，也要注意保护自己。触电者未脱离电源前，救护人员不得直接用手触及触电者。

2）如触电者触及低压带电设备，救护人员应设法快速切断电源，如拉开电源开关或拔除电源插头；或使用绝缘工具、干燥的木棒等不导电物体将触电者与带电设备脱离；也可抓住触电者干燥而不贴身的衣服将其拖开；也可戴绝缘手套或将手用干燥衣服等包起绝缘后将触电者与带电设备脱离。救护人员也可站在绝缘垫上或于木板上进行救护。为使触电者与导电体脱离，最好用一只手进行救护。

3）如触电者触及高压带电设备，救护人员应迅速切断电源，或用适合该电压等级的绝缘工具（戴绝缘手套、穿绝缘靴并用绝缘棒）将触电者与带电设备脱离。救护人员在抢救过程中，应注意保持自身与周围带电部分必要的安全距离。

4）如触电者位于高处，解脱电源后人可能会从高处坠落，因此要采取相应的安全措施，以防触电者摔伤或致死。

5）在切断电源救护触电者时，应考虑到事故照明、应急灯等临时照明，以便继续进行急救。

2. 急救处理

当触电者脱离电源后，应立即根据具体情况，迅速对症救治，同时尽快通知医生前来抢救。

1）如果触电者神志尚清醒，则应使之就地躺平，严密观察，暂时不要让其站立或走动。

2）如果触电者已神志不清，则应使之仰面就地躺平，且确保气道通畅，并用5s时间，呼叫伤员或轻拍其肩部，以判定伤员是否意识丧失。禁止摇动伤员头部呼叫伤员。

3）如果触电者失去知觉，停止呼吸，但心脏微有跳动（可用两指去试一侧喉结旁凹陷处的颈动脉有无搏动）时，应在通畅气道后，立即施行口对口（或鼻）的人工呼吸。

4）如果触电者伤势相当严重，心跳和呼吸都停止，完全失去知觉时，则在通畅气道后，立即同时进行口对口（鼻）的人工呼吸和胸外按压心脏的人工循环。如果现场仅有一人抢救时，可交替进行人工呼吸和人工循环，先胸外按压心脏4～8次，然后口对口（鼻）吹气2～3次，再按压心脏4～8次，又口对口（鼻）吹气2～3次，如此循环反复进行。

由于人的生命的维持，主要是靠心脏跳动而形成的血液循环和由呼吸而形成的氧气和废气的交换，因此采用胸外按压心脏的人工循环和口对口（鼻）吹气的人工呼吸的方法，能对处于因触电而停止了心跳和中断了呼吸的“假死”状态的人起暂时弥补的作用，促使其血液循环和正常呼吸，达到“起死回生”的效果，因此人工循环和人工呼吸法统称“心肺复苏法”。在急救过程中，人工呼吸和人工循环的措施必须坚持进行。在医务人员未来接替救治前，不应放弃现场抢救，更不能只根据没有呼吸或脉搏擅自判定伤员死亡，放弃抢救。只有医生有权做出伤员死亡的诊断。

四、人工呼吸法

人工呼吸法有仰卧压胸法和口对口（鼻）吹气法等。

1. 对口（鼻）吹气法

1）首先迅速解开触电者的衣服、裤带，松开上身的紧身衣、胸罩和围巾等，使其胸部能自由扩张，不致妨碍呼吸。

2）使触电人仰卧，不垫枕头，头先侧向一边，清除其口腔内的血块、假牙及其他异物。如舌根下陷，应将舌头拉出，使气道畅通。如触电者牙关紧闭，救护人员应以双手托住其下颌骨的后角处，大拇指放在下颌角边缘，用手将下颌骨慢慢向前推移，使下牙移到上牙之前；也可用开口钳、小木片、金属片等，小心地从口角伸入牙缝撬开牙齿，清除口腔内异物。然后将其头部扳正，使之尽量后仰，鼻孔朝天，使气道畅通。

3）救护人员位于触电者头部的左侧或右侧，用一只手捏紧鼻孔，不使漏气；用另一只手将下颌拉向前下方，使嘴巴张开。嘴上可盖一层纱布，准备对其吹气。

4）救护人做深呼吸后，紧贴触电者嘴巴，向他大口吹气，如图8-2a所示。如果掰不开嘴，也可捏紧嘴巴，紧贴鼻孔吹气。吹气时，要使胸部膨胀。

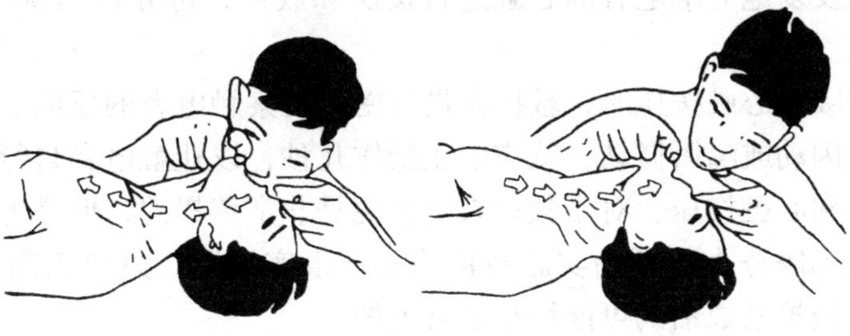

a)　　b)

图8-2　口对口吹气的人工呼吸法

a）贴紧吹气　b）放松换气

5）救护人吹气完毕后换气时，应立即离开触电者的嘴巴（或鼻孔），并放松紧捏的鼻（或嘴），让其自由排气，如图8-2b所示。

按照上述要求对触电者反复地吹气、换气，每分钟约 12 次。对幼小儿童施行此法时，鼻子不捏紧，可任其自由漏气，而且吹气不能过猛，以免胀破肺泡。

2. 胸外按压心脏的人工循环法

按压心脏的人工循环法有胸外按压和开胸直接挤压心脏两种。后者是在胸外按压心脏效果不大的情况下，由胸外科医生进行。这里只介绍胸外按压心脏的人工循环法。

1）与上述人工呼吸法的要求一样，首先要解开触电者衣服、裤带及胸罩、围巾等，并清除口腔内异物，使气道畅通。

2）使触电者仰卧，姿势与上述口对口吹法相同，但后背着地处的地面必须平整牢固，如硬地或木板之类。

3）救护人位于触电者一侧，最好是跨腰跪在触电者的腰部，两手相叠（对儿童可只用一只手），手掌根部放在心窝稍高一点的地方（掌根放在胸骨的下三分之一部位），如图 8-3 所示。

4）救护人找到触电者的正确压点后，自上而下，垂直均衡地用力向下按压，压出心脏里面的血液，如图 8-4a 所示。对儿童，用力应适当小一些。

5）按压后，掌根迅速放松（但手掌不要离开胸部），使触电者胸部自动复原，心脏扩张，血液又回到心脏里，如图 8-4b 所示。

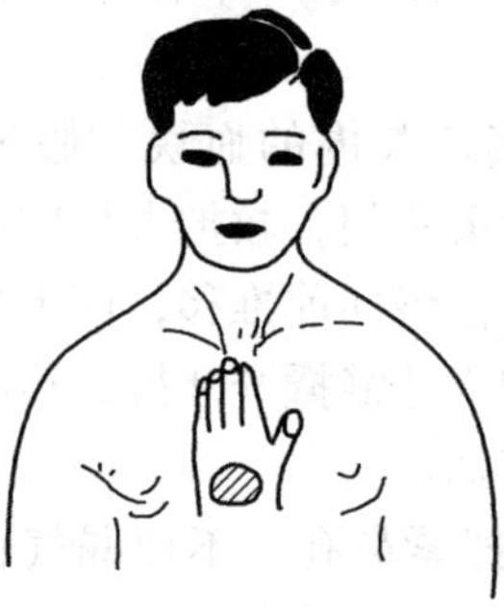

图 8-3　胸外按压心脏的正确压点

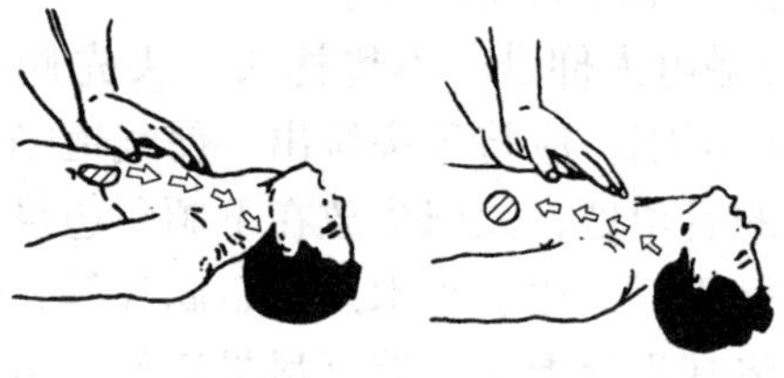

a)　　b)

图 8-4　人工胸外按压心脏法

a）向下按压　b）放松回流

按照上述要求反复地对触电者的心脏进行按压和放松，每分钟约 60 次。按压时定位要准确，用力要适当。

在进行人工呼吸和心脏按压时，救护人员应密切观察触电者的反应。只要发现触电者有苏醒征象，如眼皮闪动或嘴唇微动，就应中止操作几秒，以让触电者自行呼吸和心跳。

施行人工呼吸和心脏按压，对于救护人员来说是非常劳累的，但是为了救治触电者，还必须坚持不懈，直到医务人员开始实施救治为止。事实说明，只要正确地坚持施行人工救治，触电假死的人被抢救成活的可能性是非常大的。

课题二　漏电保护

漏电是指电网对地的绝缘电阻降低到一定程度，使电网对地的泄漏电流增加的现象。

根据《煤矿安全规程》规定，矿井地面变电所和井下中央变电所高压馈电线上，应装设单相接地保护装置；井下低压馈电线上，应装设带有漏电闭锁的检漏保护装置或有选择性的检漏保护装置。如果无此种装置，必须装设自动切断漏电馈电线的检漏装置。

一、漏电的危害

1）当电气设备因绝缘损坏而使外壳带电，而工作人员又接触此外壳时，就会导致人身触电事故。

2）我国大部分煤矿都有瓦斯和煤尘爆炸的危险，当井下空气中瓦斯或煤尘达到爆炸浓度且有能量达到或超过0.28mJ的点火源时，就会发生瓦斯或煤尘爆炸。

3）漏电电流在其通过的路径上会产生电位差，漏电电流的数值越大，所产生的电位差就越大，可能发生电雷管无准备爆炸的事故。

4）长期存在的漏电电流，在通过设备绝缘损坏处时将散发出大量的热，使绝缘进一步损坏，甚至使可燃性材料着火燃烧。

5）据统计，约有30%的单相接地故障发展为短路，从而造成更大的电气故障，对矿井安全造成严重威胁。

二、对漏电保护的要求

为了防止漏电事故的发生，首先应当采取各种预防措施，除了正确地选择和使用电气设备，提高工作人员的电气安全素质外，还必须加强对低压电气设备，特别是电缆线路的运行、日常维护和预防性试验等工作，并保证在供电系统中消灭一切不合乎规程要求的电气接头，以确保电网对地具有正常的绝缘水平。当电网发生可能引起危险的漏电故障时，必须立即将故障电网（或支路）的电源切除，以防止事故范围的扩大。

三、漏电保护原理

（1）附加直流电源的漏电保护原理

在三相电抗器组成的人为中性点或变压器的中性点上附加直流电源，使直流电流由电源的（+）流出，经大地→电网对地绝缘电阻r→电网→三相电抗器L_s→零序电抗器L_E→欧姆表→继电器K→电源（-），其原理如图8-5所示。当人体触及电网一相或电网对地绝缘电阻下降至危险值时，电流增大，继电器K动作，使开关跳闸，切断电源，实现了漏电保护。

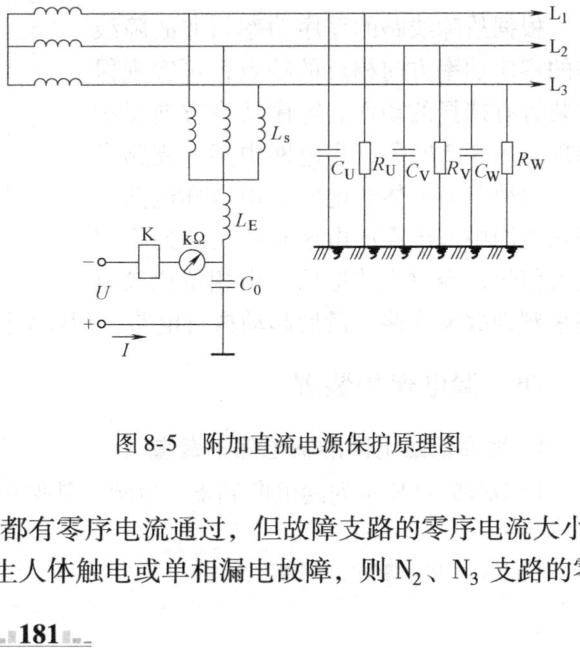

图8-5　附加直流电源保护原理图

（2）零序电流保护原理

利用故障线路的零序电流比非故障线路零序电流大的特点，实现有选择性漏电保护。

如图8-6所示，正常情况下各支路中的对地电容电流都是对称的，当任一支路发生人体触电或单相漏电故障时，各支路中都有零序电流通过，但故障支路的零序电流大小、方向都与非故障支路不同。如果N_1支路发生人体触电或单相漏电故障，则N_2、N_3支路的零

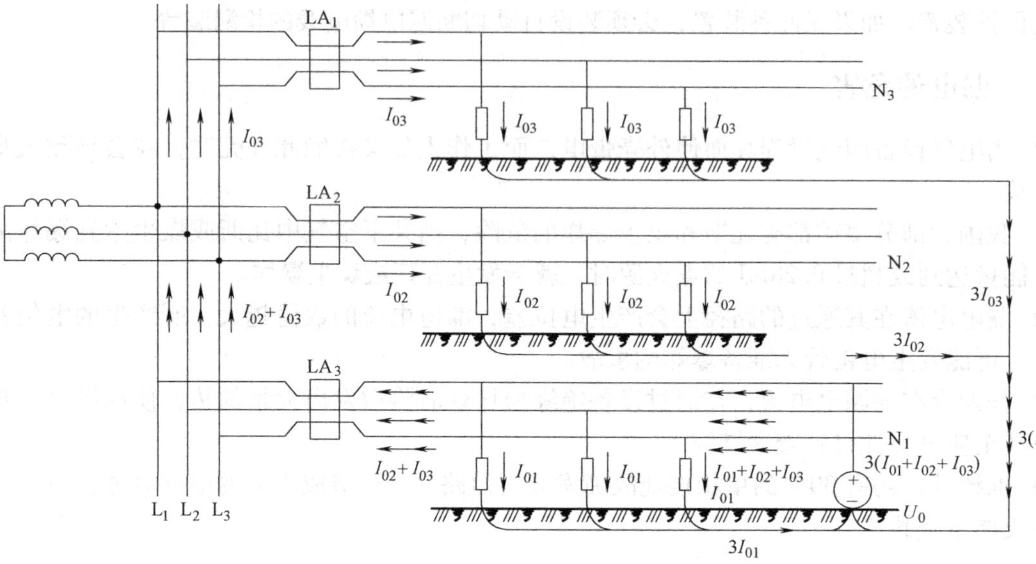

图 8-6 各分支线路中零序电流分布图

序电流分别由各自支路电容来决定，而 N_1 支路的零序电流为 N_2、N_3 支路零序电流之和。当电网的支路数越多，则故障支路的零序电流与非故障支路的零序电流差值就越大。

（3）零序电压保护原理

在中性点不接地系统中，通常利用单相漏电、人身触电或单相接地时电网中出现的零序电压来判断故障。

这种保护的缺点是动作电阻值不固定、动作无选择性，且三相电网对地绝缘阻抗对称下降时不动作。井下电网一般不使用，常用于 6kV 及以上电网的绝缘监视。

零序电压通常由三相五柱式电压互感器或三台三绕组单相电压互感器二次侧的开口三角形取得。

（4）零序功率方向保护原理

根据故障线路的零序功率与非故障线路的零序功率方向相反的特点，可实现保护装置有选择的动作。零序功率方向保护原理如图 8-7 所示，当电网中某一支路发生漏电故障或人体触电时，由取样电路分别从电网中取出零序电压和各支路的零序电流信号，经放大整形后，由相位比较电路来判别故障支路，最后起动执行电路，切断故障支路的电源，从而实现了有选择性保护。

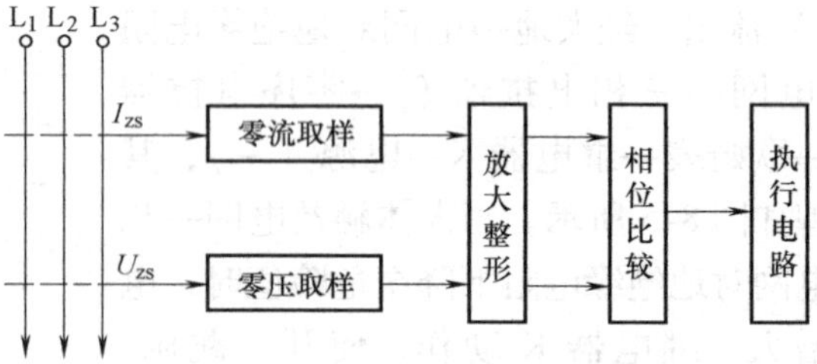

图 8-7 零序功率方向保护原理图

四、漏电保护装置

1. 地面低压电网的漏电保护装置

以 DZ15—LE 系列漏电断路器㊀为例，其保护原理如图 8-8 所示。

㊀ 在国标中称为剩余电流断路器。

DZ15—LE 系列漏电断路器是电流动作型组装式漏电保护器。

组成：零序电流互感器、电子漏电保护、带有过载和短路保护的断路器及塑料外壳。

工作原理：采用零序电流互感器作为检测元件，当被保护线路发生漏电或有人触电时，三相电流的矢量和不为零，当零序电流互感器二次绕组上产生的感应电流达到漏电保护器的动作整定值时，跳闸线圈 YR 动作，使断路器迅速切断电源，从而起到触、漏电保护作用。

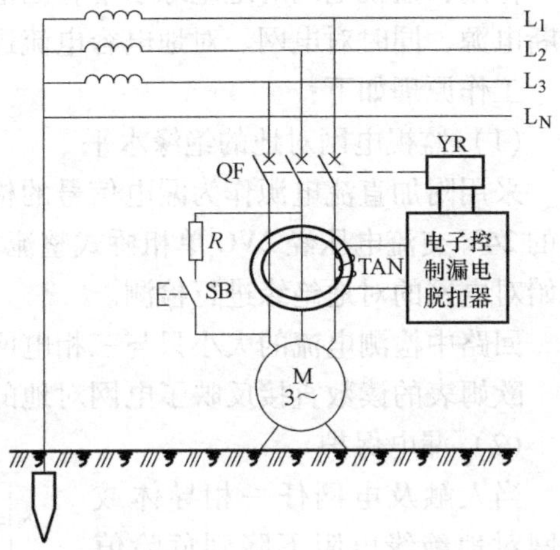

图 8-8　DZ15—LE 系列漏电断路器保护原理图

2. 矿用漏电保护装置

以 JL82 型检漏继电器为例，其电气原理图如图 8-9 所示。

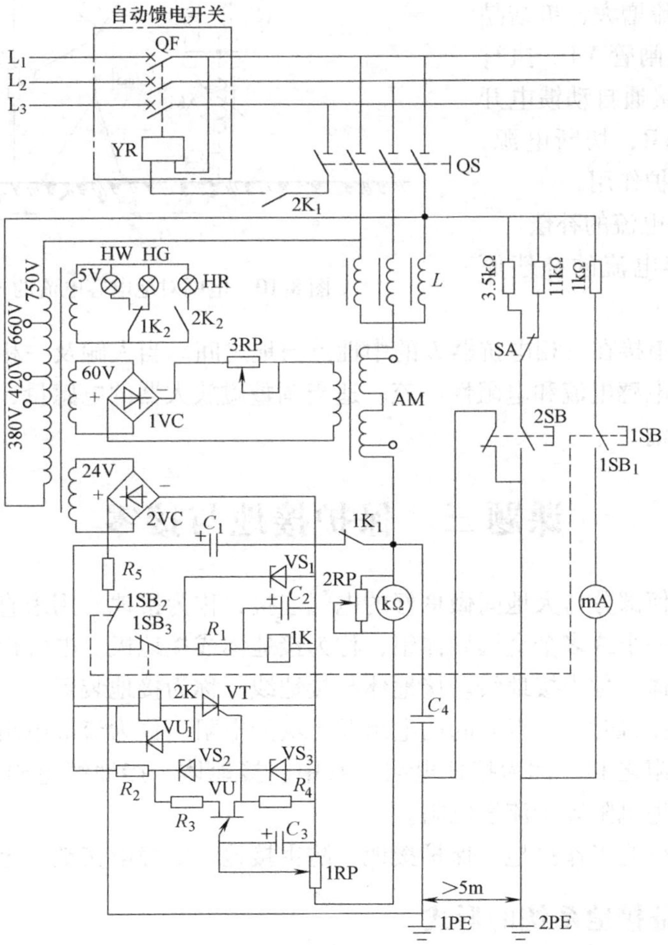

图 8-9　JL82 型检漏继电器的电气原理图

结构：外壳、芯架；壳内有前腔和后腔，外壳与隔离开关的操纵手柄间装有机械闭锁装置。

作用：监视电网对地绝缘水平，当电网对地绝缘水平下降至一定程度时与馈电开关配合切断电源，同时对电网、对地电容电流进行补偿。

工作原理如下：

(1) 监视电网对地的绝缘水平

采用附加直流电源作为漏电信号的检测电源。当隔离开关 QS 合闸后，电源变压器二次侧的 24V 交流电压经 2VC 单相桥式整流、电容器 C_1 滤波后的直流电压作为绝缘检测电源，开始对电网的对地绝缘进行检测。

回路中检测电流的大小只与三相电网对地绝缘电阻有关。

欧姆表的读数直接反映了电网对地的绝缘水平。

(2) 漏电保护

当人触及电网任一相导体或电网对地绝缘电阻下降到危险值时（380V 为 3.5kΩ，660V 为 11kΩ），则检测电流增大，单结晶体管导通，触发晶闸管 VT。执行继电器 2K 吸合，接通自动馈电开关中的跳闸线圈 YR，切断电源，实现了触、漏电保护作用。

(3) 对地电容电流的补偿

电网对地电容电流的补偿原理如图 8-10 所示。

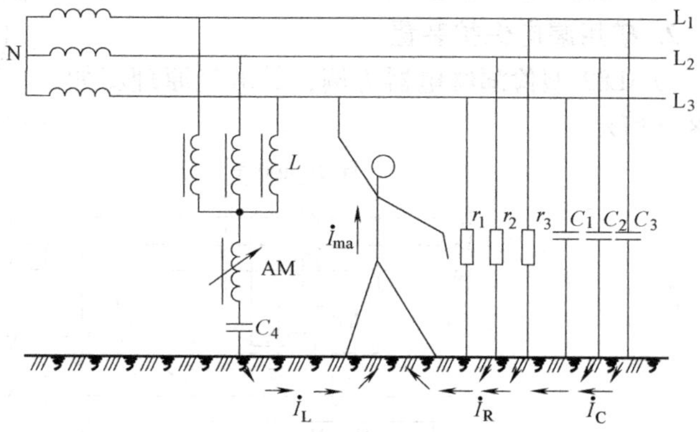

图 8-10 电网对地电容电流的补偿原理

磁放大器 AM 串接在三相电抗器 L 的中性点与地之间。当人触及一相导体时，流过人体电流有电容电流、电感电流和电阻性电流。适当调整磁放大器的电感量，可使电容电流、电感电流两者相互抵消。

课题三 保护接地与接零

电气系统的任何部分与大地间做良好的电气连接，称为接地。用来直接与土壤接触并存在一定流散电阻的一个或多个金属导体组，称为接地体或接地极。电气设备接地部分与接地体连接用的金属导体，称为接地线。接地体与接地线，称为接地装置。

接地体与土壤接触时，二者之间的电阻及土壤的电阻，称为流散电阻。而接地线电阻接地体电阻及流散电阻之和，称为接地电阻。其中，接地体、接地线电阻很小，可以忽略不计，故可以认为接地电阻等于流散电阻。

接地按其作用分为工作接地、保护接地、防雷接地、防静电接地、重复接地等。

一、电气设备接地系统的形式

电气设备接地系统分为 TN、TT、IT 三种形式。第一个字母表示电源中性点接地方式。“T”表示中性点直接接地，“I”表示中性点对地绝缘或中性点经阻抗接地；第二个字母表示电气设备外漏可导电部分（如金属外壳等）的接地方式，“N”表示电气设备外漏可导电部分与电源中性点直接接地的接地极连接，“T”表示电气设备外漏可导电部分与专门的接地极连接。

TN 系统包括 TN—C 系统、TN—S 系统、TN—C—S 系统，如图 8-11 所示，TT 系统如图 8-12 所示，IT 系统如图 8-13 所示。

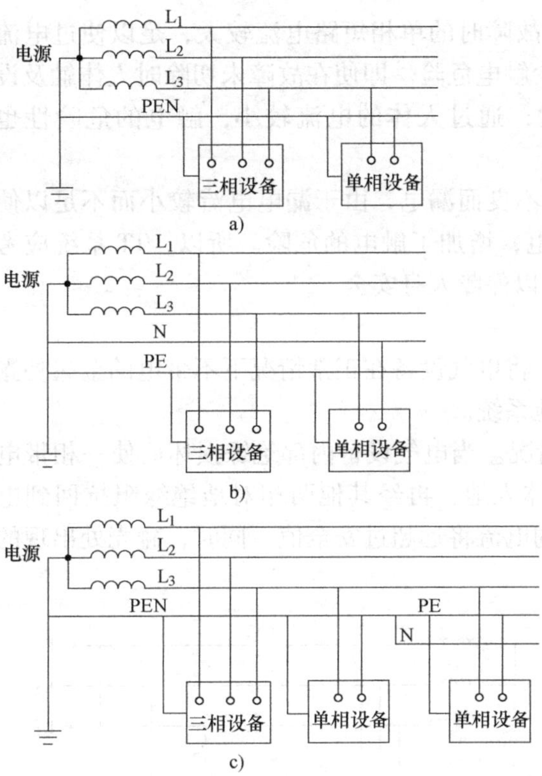

图 8-11　TN 系统

a）TN—C 系统　b）TN—S 系统　c）TN—C—S 系统

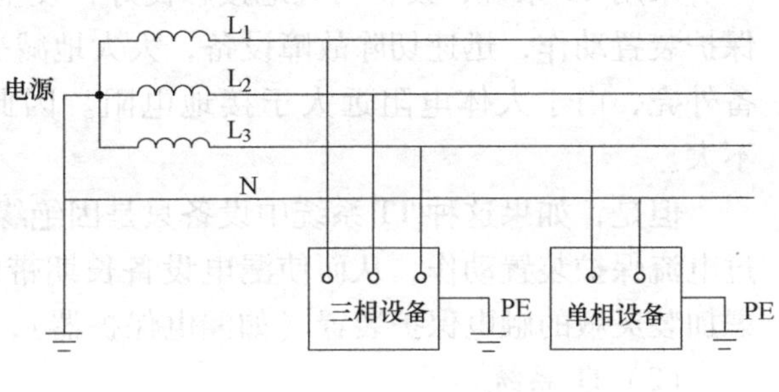

图 8-12　TT 系统

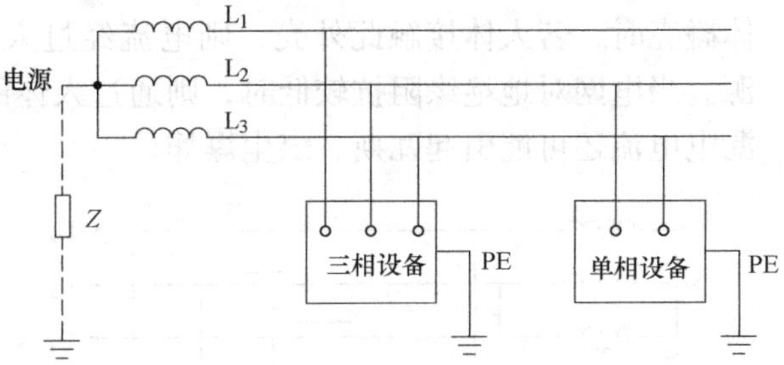

图 8-13　IT 系统

二、工作接地

为了确保电力系统中电气设备在任何情况下都能安全、可靠地运行，要求系统中某一点必须用导体与接地体相连，称为工作接地。如电源中性点的直接接地或经消弧线圈的接地、绝缘监视装置和漏电保护装置的接地等都属于工作接地。

三、保护接地

电气设备的金属外壳在绝缘损坏时有可能带电。为防止这种漏电危及人身安全，将电气设备的金属外壳（如电动机、变压器、电器、测量仪表的金属外壳、配电装置的金属构件、电缆终端盒与接线盒的金属外壳等）通过接地装置与大地连接称为保护接地，如图 8-14 所示。

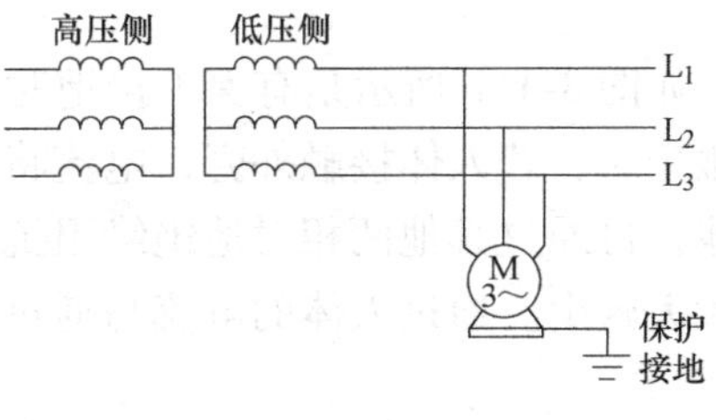

图 8-14　保护接地示意图

1. 保护接地的类型和作用

根据电源中性点对地绝缘状态的不同，保护接地分为 TT 系统和 IT 系统两种。

（1）TT 系统

在中性点直接接地的系统中，将电气设备正常情况下不带电的金属外壳，通过与系统接地装置无关的独立接地体直接接地。

采用 TT 系统，设备与大地接触良好，发生故障时的单相短路电流较大，足以使过电流保护装置动作，迅速切除故障设备，大大地减少触电危险。即使在故障未切除时人体触及设备外壳，由于人体电阻远大于接地电阻。因此，通过人体的电流较小，触电的危险性也不大。

但是，如果这种 TT 系统中设备只是因绝缘不良而漏电，由于漏电电流较小而不足以使过电流保护装置动作，从而使漏电设备长期带电，增加了触电的危险。所以，TT 系统应考虑加装灵敏的触电保护装置（如漏电保护器），以保障人身安全。

（2）IT 系统

在中性点不接地的三相三线制供电系统中，将电气设备在正常情况下不带电的金属外露金属部分直接接地。矿井井下全部使用这种接地系统。

如图 8-15a 所示是没有装设保护接地时的情况。当电气设备内部绝缘损坏而使一相带电体碰壳时，若人体接触此外壳，则电流经过人体入地，再经其他两相对地绝缘阻抗回到电源。当电网对地绝缘阻抗较低时，则通过人体的电流将远超过安全值。同时，碰壳处出现的漏电电流还可能引起瓦斯、煤尘爆炸。

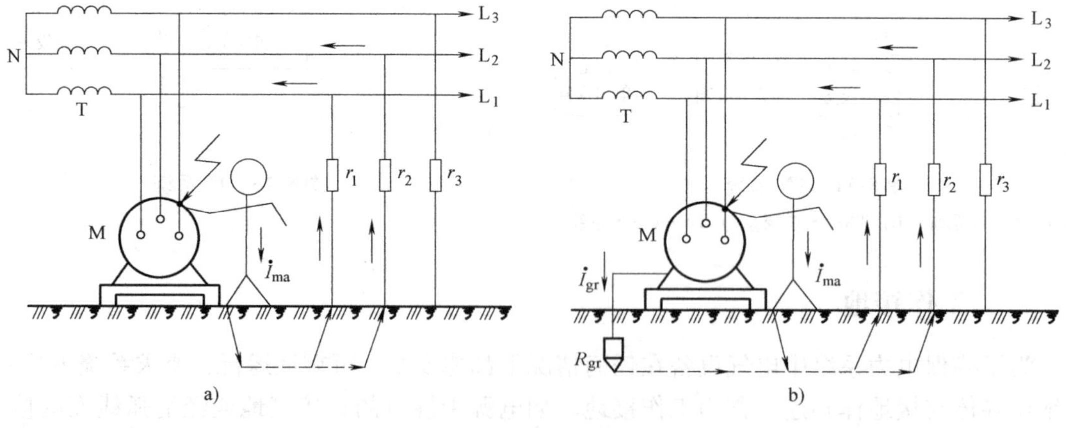

图 8-15　保护接地的作用

a）没有保护接地　b）有保护接地

如图 8-15b 所示是有保护接地时的情况。这时，当电气设备内部绝缘损坏而使一相带电体碰壳时，若人体接触外壳，电流将通过人体电阻与接地装置的接地电阻所构成的并联支路入地，再通过其他两相对地绝缘阻抗回到电源。由于接地装置的分流作用，通过人体的电流便大大减少。通过人体的电流与通过接地极的电流有如下关系

$$\frac{I_{gr}}{I_{ma}}=\frac{R_{ma}}{R_{gr}} \tag{8-5}$$

所以，通过人体的电流为

$$I_{ma}=I_{gr}\frac{R_{gr}}{R_{ma}} \tag{8-6}$$

式中　R_{gr}——接地电阻，对于井下，$R_{gy}\leqslant 2\Omega$；

I_{gr}——流过接地极的电流（A）；

R_{ma}——人体电阻（Ω）。

对于中性点绝缘的660V低压电网，单相接地电流不大于1A。

据式（8-6）可得

$$I_{ma}=I_{gr}\frac{R_{gr}}{R_{ma}}=1000\text{mA}\times\frac{2}{1000}\text{mA}=2\text{mA}\ll 30\text{mA} \tag{8-7}$$

可见，保护接地对保护人体触电安全的作用是非常显著的。由式（8-6）还可以看出，接地电阻R_{gr}越小，则流经人体的电流I_{ma}就越小，电流大部分由接地体入地。所以只要将接地电阻的数值控制在规程规定的范围以内，就可以使通过人体的电流降到安全电流以内，确保人身的安全。《煤矿安全规程》规定，井下接地装置的总接地电阻不得大于2Ω。

2. 保护接地系统

为了降低保护接地装置的接地电阻，提高其可靠性，地面及矿井下都应设置保护接地系统。

（1）地面保护接地系统

接地体分为自然接地体和人工接地体。设计保护接地装置时，应首先考虑利用自然接地体，如地下金属管道（输送燃料管道除外）、建筑物金属结构和埋在土壤中的铠装电缆的金属外皮等。如果采用自然接地体接地电阻不满足要求或附近没有可使用的自然接地体时，应敷设人工接地体。

人工接地体通常采用垂直打入地中的管道、圆钢或角钢以及埋入土壤中的钢带。规定钢接地体的最小尺寸见表8-3。

表8-3　钢接地体最小尺寸

材料名称	建筑物内	户外	地下
圆钢直径/mm	5	6	8
扁钢截面积/mm^2	24	48	48
厚/mm	3	4	4
角钢厚/mm	2	2.5	4
钢管壁厚/mm	2.5	2.5	3.5

垂直埋入地中的接地体一般长2～3m，为防止冬季土壤表面冻结和夏季水分的蒸发而引起接地电阻的变化，接地体上端与地面应有0.5～1m的距离。若采用扁钢作为主要接地体，其敷设深度一般不小于0.8m。埋入地中的接地体的上端与连接钢带焊接起来，就构成了一个良好的接地系统。

（2）井下保护接地网

井下各种电气设备虽然都装了单独接地体，但当人体触及带电外壳时，并不能消除触电的危险。为防止不同电气设备的不同相同时碰壳所带来的危险，就必须采取共同接地线，不同相同时接地时会在共同接地线上形成较大的短路电流，使短路保护可靠动作、切断电源。

煤矿井下保护接地系统是由主接地体、局部接地体、接地母线、辅助接地母线、接地导线和连接导线组成。煤矿井下的共同接地线是利用铠装电缆的金属钢带和橡套电缆的接地芯线，把井下所有接地装置和移动设备的外壳连接起来后，再与水仓中的主接地体相连，构成井下总接地网，如图 8-16 所示。

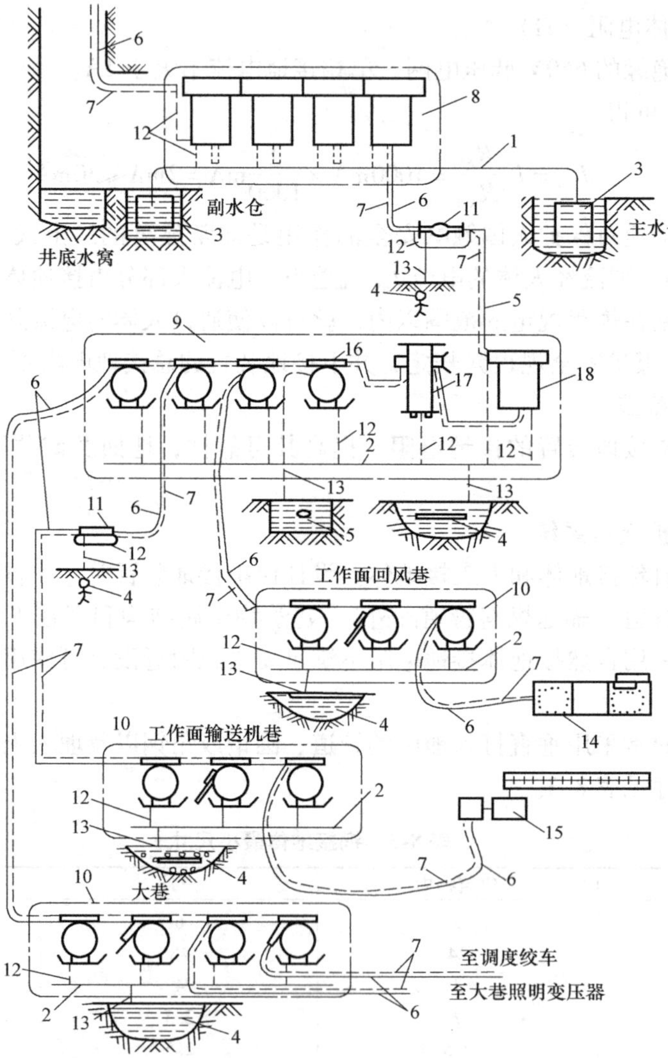

图 8-16 井下保护接地网

1—接地母线 2—辅助接地母线 3—主接地极 4—局部接地极 5—漏电保护辅助接地极 6—电缆 7—电缆接地芯线 8—中央变电所 9—采区变电所 10—配电点 11—电缆接线盒 12—连接导线 13—接地导线 14—采煤机组 15—运输机 16—低压开关 17—变压器 18—高压开关

主接地体装设在井底车场的水仓中。主接地体在主、副水仓中应各设一个，以保证在清理水仓或检修接地体时，有一个主接地体仍起接地作用。主接地体一般采用面积不小于 0.75m^2、厚度不小于 5mm 的钢板制成。

除主接地体外，其他接线用于保护接地的接地体称为局部接地体。为了保护接地系统的可靠性和降低接地电阻，在电气设备集中的地方还必须装设局部接地体。

局部接地体可用面积不小于0.75m²、厚度不小于3mm的钢板放在巷道的水沟中。在无水沟的地方局部接地体可用直径不小于35mm、长度不小于1.5m的镀锌钢管垂直打入潮湿的地中。此时为降低接地电阻，钢管上要钻直径不小于5mm的透孔20个以上。

井下需要装设局部接地体的地点有每个装有固定设备的硐室、单独的高压配电装置、采区变电所、配电点、连接动力铠装电缆的接线盒、采煤工作面的机巷、回风巷以及掘进工作面等。

连接主接地体的母线称为接地母线。其他接线地点的接地母线称为辅助接地母线。接地体和电气设备外壳通过接地导线和连接导线接在接地母线上。各种接地母线、接地导线和连接导线应采用镀锌扁钢、镀锌钢铰线或裸导线，其截面积应不小于规程规定的最小截面积。

利用铠装电缆的金属外皮和非铠装电缆的接地芯线作为系统的接地线，将井下各处的接地装置连接起来，从而构成了井下的保护接地系统。

井下保护接地系统的接地电阻必须定期测量。根据《煤矿安全规程》的规定：接地网上任意保护接地点测得的接地电阻值，不得超过2Ω；每一移动式或手持电气设备同接地网之间的保护接地用的电缆芯线的电阻值，都不得超过1Ω。

井下保护接地系统的接地电阻在设计时一般不进行计算，只需按规程规定的接地装置的规格设计，一般即可满足接地电阻的要求。当接地电阻不能满足要求时，亦可采用降阻措施使其符合要求。

四、保护接零

地面低压电网为了获得380/220V两种电压，采用TN系统，有三相五线制（TN-S）、三相四线制（TN-C）、三相四线制与三相五线制混合（TN-C-S））的供电系统，其电源中性点（零点）采用直接接地的运行方式。由于TN系统是将电气设备的外漏可导电部分，经公共的PE线或PEN线，通过系统中性点的接地装置接地，因此将其称为保护接零系统。保护接零系统属于TN系统，其电气原理图如图8-17所示。

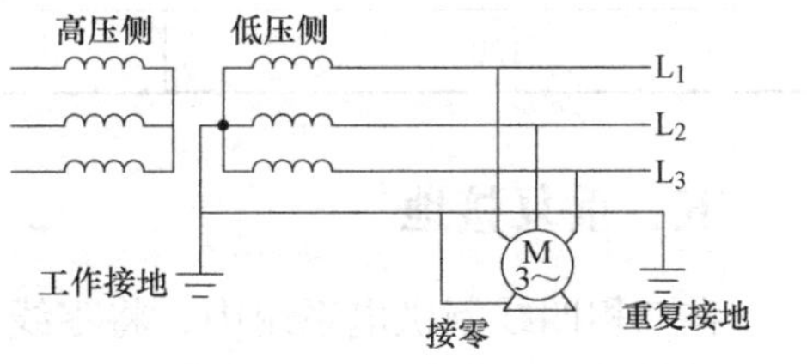

图8-17　保护接零电气原理图

当电气设备发生一相碰壳时，则通过设备外壳造成相线对零线的金属性单相短路，使线路中的过电流保护装置迅速动作，切断故障电路，减少了触电的概率。如果在电源被切断之前恰有人触及该带电外壳，则利用保护接零的分流作用，减少了人身触电电流，降低了接触电压，使人身触电的危险性得以减小。

保护接零与保护接地相比，其最大的优越性就是能使保护装置迅速动作，快速切断电源，从而克服了保护接地的局限性。接零系统必须注意以下问题：

1）保护接零只能用在中性点直接接地系统中，否则当发生单相接地故障时，由于设备外壳与地接触不良，不能使保护装置动作，此时当人触及任意接零的设备外壳时，故障电流将通过人体和设备流回零线，危及人身的安全。

2）在接零系统中不能一些设备接零，而另一些设备接地，这种情况属于在同一供电系统中 TN 方式和 TT 方式混合使用。

3）在保护接零系统中，电源中性点必须接地良好，其接地电阻不得超过 4Ω。

4）为迅速切除线路故障，电网任何一点发生单相短路时，短路电流应不小于其保护熔体额定电流的 4 倍或不小于低压断路器过电流保护装置动作电流的 1.5 倍。

5）为了保证零线不致断线和有足够的单相短路电流，要求零线材料应与相线相同，零线的截面积应不小于表 8-4 所列数值。

表 8-4　零线允许的最小截面积　（单位：mm^2）

相　线	零　线	
	在钢管、多芯导线、电缆中	架空线、户内、户外明线
1.5	1.5	
2.5	2.5	
4	4	4
6	6	6
10	10	10
16	16	16
25	16	25
35	16	35
50	25	50
70	35	50
95	50	50
120	70	70

五、重复接地

在三相四线制供电系统中，将零线上的一处或多处通过接地装置与大地再次连接的措施称为重复接地，如图 8-18 所示。

保护接零系统中，当零线断线，断线点负荷侧的设备发生单相碰壳时，其外壳对地电压为电网的相电压，此时当人触及该外壳时，对人有绝对危险。当采用重复接地时，发生碰壳电气设备外壳的对地电压减小，大大降低人身触及带电外壳的触电危险性。

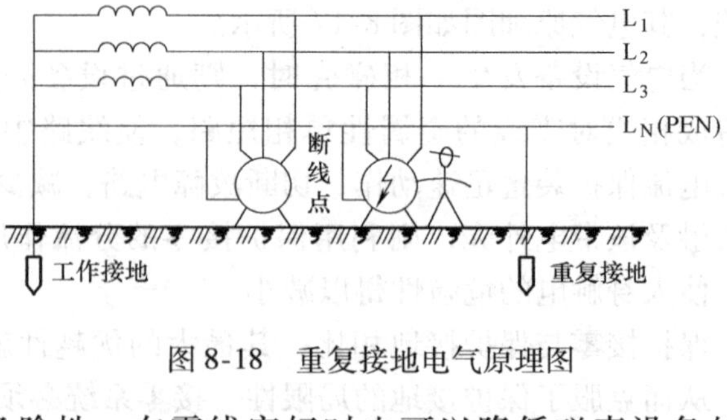

图 8-18　重复接地电气原理图

重复接地不仅可降低零线断线时的危险性，在零线完好时也可以降低碰壳设备的对地电压；还能增大碰壳短路时的短路电流，以缩短线路保护装置的动作时间；还可以降低正常时零线上的电压损失。由此可见，在保护接零系统（TN 系统）中重复接地是不可缺少的。

课题四　过电压及其保护装置的选用

一、过电压的原因及危害

电力系统中电气设备的绝缘，在正常工作时只承受额定电压。由于各种原因，造成设备的电压异常升高，其数值大大超过设备的额定电压，使设备的绝缘击穿或闪络，这就是过电压，过电压分为内部过电压和大气过电压两种。

内部过电压是由于系统的操作、故障或某些不正常运行状态，使系统发生电磁能量的转换而产生的过电压。内部过电压的大小与电网电压成正比，通常是额定电压的 2.5～4 倍，最大不超过相电压的 7 倍。

大气过电压是指有雷云直接对地面上的电气设备放电或对设备附近的物体放电，在电力系统中引起的过电压。前者称直接雷击过电压，其值可达数百万伏，电流可达数十万安，危害性极大；后者称感应过电压，其幅值一般不超过 300kV，个别可达到 500～600kV。

大气过电压不仅对电力系统有很大危害，而且也可能使建筑物受到破坏，并能点燃易燃、易爆品，危及人身安全，故应加强防雷措施。

二、大气过电压

1. 直接雷击过电压

天空中的密集云块因流动而相互摩擦，从而形成带有正、负电荷的雷云。在雷云下面的大地将感应出异性电荷，雷云与大地形成一个巨大的“电容器”，当其间的电场强度达到 25～30kV/cm 时，空气产生强烈游离，形成指向大地的一段导电通路，称雷电先导。当雷电先导接近地面时，大地感应的异性电荷更加集中，特别是易于聚集在较突出部分或较高的地面，形成迎雷先导。当雷电先导与迎雷先导接触时，出现极大的电流并发出声和光，即雷鸣闪电，这就是主放电阶段。主放电电流可达数十万安，是全部雷电流中的主要部分，此时电压可达数百万伏。当雷电直接击中电气设备时，产生的过电压称直接雷击过电压。

雷电的破坏作用很大，它能伤害人畜，击毁建筑物，造成火灾，并使电气设备的绝缘受到破坏，影响供电系统的安全运行。对直接雷击过电压，一般采用避雷针或避雷线进行保护。

2. 感应过电压

当架空线路的上方出现雷云时，由于静电感应作用会在架空线上感应出大量与雷云异性的束缚电荷，如图 8-19a 所示。当雷云对大地上其他接线目标（如附近的山地或高大树木等）放电后，雷云所带电荷迅速消失，特别是主放电阶段，由于主放电电流很大且速度快，引起空间电场的突变，使导线

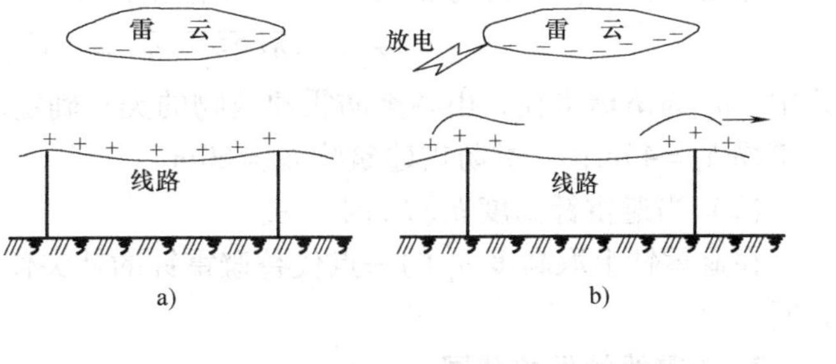

图 8-19　架空线路上的感应过电压
a）在线路上的感应束缚电荷　b）雷云放电后形成的感应冲击波

上感应的束缚电荷得到释放，而成为自由电荷。自由电荷以电磁波的速度向两端急速涌去，从而在线路上形成感应冲击波，使所到之处的电压升高，这就是感应过电压，如图 8-19b 所示。如遇线路某处或某一电气设备的对地绝缘较差时，感应过电压足以使其击穿。

感应过电压的幅值一般不超过 300kV，个别可达 500 ~600kV，足以使 60 ~80cm 的空气间隙击穿。虽然感应过电压的危害较直接雷击过电压的危害要小，但对 63kV 及以下的电气设备还是有很大危害的，通常采用避雷器保护。

三、避雷针和避雷线的保护作用

接闪器就是专门用来接受直接雷击（雷闪）的金属物体。接闪的金属杆称为避雷针；接闪的金属线称为避雷线，或称架空地线；接闪的金属带称为避雷带；接闪的金属网称为避雷网。避雷针及避雷线是防止直接雷击的装置，它把雷电引向自身，使被保护物免受雷击。

避雷针是接地良好的、顶端尖锐的金属棒。它由接闪器、接地引下线和接地体三部分组成。接闪器由直径 12 ~20mm，长为 1 ~2m 的圆钢或直径为 20 ~25mm 的钢管制成，接地引下线为截面积不小于 $25mm^2$ 的镀锌钢绞线或直径不小于 6mm 的圆钢制成，接地体为埋入土壤中的金属板或金属管。为了保护接地良好，三部分必须牢固地熔焊连接。

避雷线是接地良好的架空金属线，位于架空导线的上方。一般采用截面积为 $35mm^2$ 的钢绞线，主要用来保护 35kV 及以上的架空输电线路。

四、避雷针及避雷线的保护范围

避雷针及避雷线的保护范围是指能够保护避雷针（线）周围的物体免遭直接雷击的空间范围。其保护范围的大小与避雷针（线）的高度和数量有关。

1. 避雷针的保护范围

避雷针保护范围的大小与其高度有关，采用“滚球法”来确定保护范围。以单支避雷针的保护范围计算为例。

单支避雷针的保护范围按下列方法确定（见图 8-20）：

（1）当避雷针高度 $h \leqslant h_r$（滚球半径）时

1）距地面 h_r 处作一平行于地面的平行线。

2）以避雷针的针尖为圆心、h_r 为半径，作弧线交平行线于 A、B 两点。

3）分别以 A、B 为圆心，h_r 为半径作弧线与针尖相交，并与地面相切。从这两条弧线起到地面为止的整个锥形空间就是避雷针的保护范围。

避雷针在被保护物高度 h_x 的 xx' 平面上的保护半径 r_x 按下式计算即

$$r_x = \sqrt{h(2h_r - h)} - \sqrt{h_x(2h_r - h_x)} \tag{8-8}$$

式中，h_r 为滚球半径，由各类防雷建筑物的类别确定。一类防雷建筑物 $h_r = 30m$；二类防雷建筑物 $h_r = 45m$；三类防雷建筑物 $h_r = 60m$。

（2）当避雷针高度 $h > h_r$ 时

在避雷针上取高度 h_r 的一点代替避雷针的针尖作为圆心。余下作法与避雷针高度 $h \leqslant h_r$ 相同。

2. 避雷线的保护范围

避雷线主要用于保护输电线路或狭长的建筑物及设施。

单根避雷线的保护范围：当单根避雷线高度 $h \geqslant 2h_r$ 时，无保护范围；当避雷线高度 $h < 2h_r$ 时，保护范围按以下方法确定（见图 8-21）。

1）距地面 h_r 处作一平行于地面的平行线。

2）以避雷线为圆心，h_r 为半径作弧线交于平行线的 A、B 两点。

3）分别以 A、B 两点为圆心，h_r 为半径作弧线，这两条弧线相交或相切，并与地面相切。

4）两条弧线与地面围成的空间就是避雷线的保护范围。

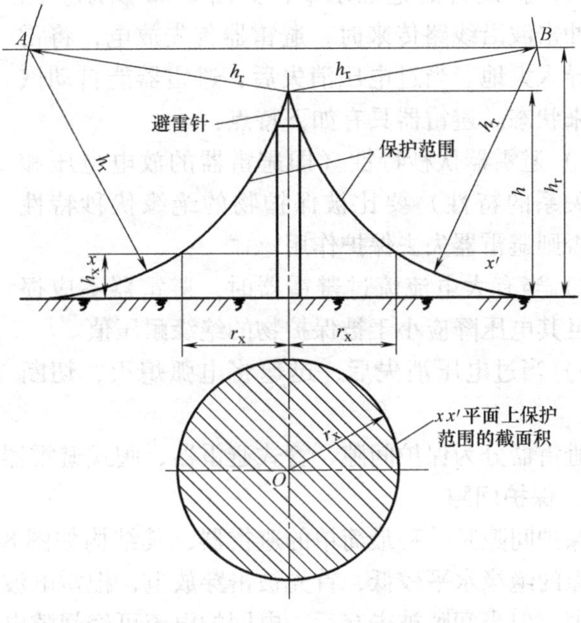

图 8-20　单支避雷针的保护范围

当 $h_r < h < 2h_r$ 时，保护范围最高点的高度 h_0 按下式计算，即

$$h_0 = 2h_r - h \qquad (8\text{-}9)$$

避雷线在 h_x 高度的 xx' 平面上的保护宽度 b_x 按下式计算，即

$$b_x = \sqrt{h(2h_r - h)} - \sqrt{h_x(2h_r - h_x)} \qquad (8\text{-}10)$$

式中　h——避雷线的高度；

h_x——被保护物高度；

h_r——滚球半径。

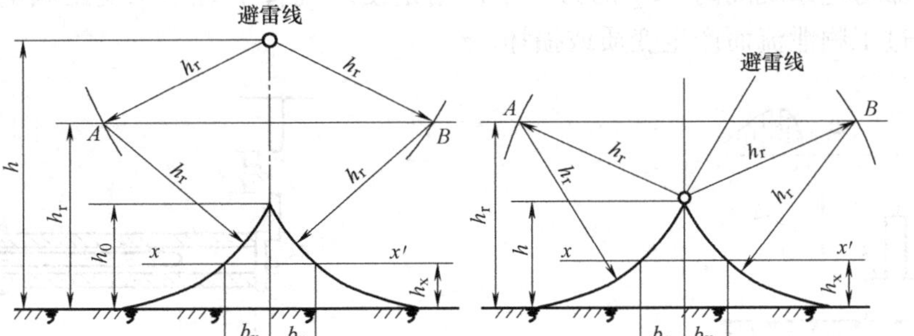

图 8-21　单根避雷线的保护范围

a）当 $2h_r > h > h_r$ 时　b）当 $h \leqslant h_r$ 时

五、避雷器

避雷器主要用于防止感应过电压所产生的感应冲击波沿线路传入电气设备，使其绝缘击穿损坏。

其工作原理是避雷器一端与被保护设备相并联，另一端接地，且避雷器的对地放电电压低于被保护设备的绝缘水平，如图 8-22 所示。当雷电冲击波沿线路传来时，避雷器首先放电，将雷电流导入大地。当过电压消失后，避雷器能自动恢复原来状态。避雷器具有如下特点：

1）避雷器伏秒特性（即避雷器的放电电压和时间关系的特性）要比被保护物的绝缘伏秒特性低，否则避雷器失去保护作用。

2）当有大电流流过避雷器时，避雷器不应损坏，且其电压降应小于被保护物的绝缘耐压值。

3）当过电压消失后，迅速将电弧熄灭，切断续流。

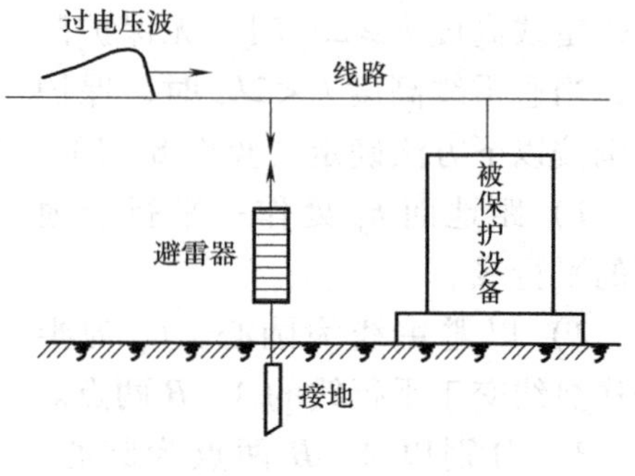

图 8-22　避雷器的连接

避雷器分为保护间隙、管式避雷器、阀式避雷器等。

1. 保护间隙

保护间隙是一种最简单的避雷器，其结构如图 8-23 所示。当雷电波沿线路侵入时，由于间隙的绝缘水平较低，首先被击穿放电，把雷电波泄漏入地，从而保护了设备免遭过电压的危害。但当间隙被击穿后，电网的电流可经间隙电弧而接地，造成单相接地或接地短路事故。故采用保护间隙时，应与自动重合闸配合使用，以增加供电的可靠性。

2. 管式避雷器

管式避雷器实质上是一个具有较高熄弧能力的保护间隙，其结构如图 8-24 所示。内部间隙 S_1 由棒形电极 2 和环形电极 3 组成，装在产气管 1 内。当工频续流通过 S_1 时，电弧高温使管壁的产气材料分解出大量气体，管内压力猛增并从环形电极喷口处迅速喷出，形成强烈的纵吹作用，使工频续流在第一次过零时熄灭。续流切断后，外部间隙 S_2 空气恢复绝缘，使管式避雷器与电系统隔离。S_2 的另一个作用是使产气管平时不承受工频电压，以防管子表面长时通过工频泄流而产生变质或损坏。

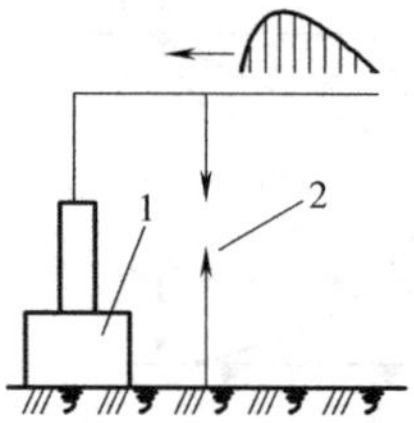

图 8-23　保护间隙结构示意图
1—电气设备　2—保护间隙

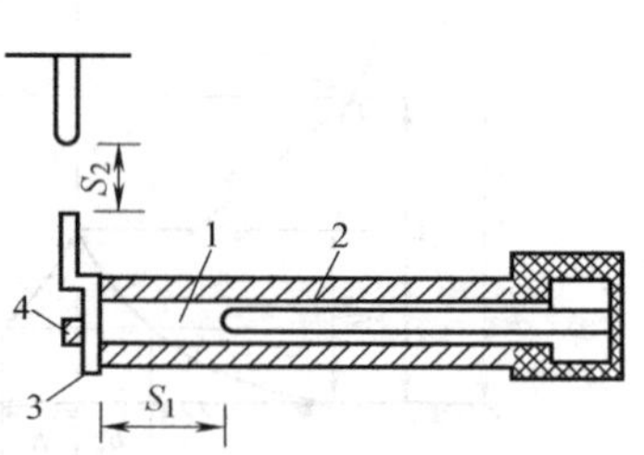

图 8-24　管式避雷器结构示意图
1—产气管　2—棒形电极　3—环形电极
4—动作指示器　S_1—内部间隙　S_2—外部间隙

使用管式避雷器应注意以下几点：

1）熄弧能力与开断电流有关。续流太小时，产生气体少，不能灭弧；续流太大时，管内压力过高易使管子爆裂。故管式避雷器通过的续流能力应在允许范围内。

2）下限电流与电弧接触管壁的紧密程度有关。由于多次动作，材料气化，管壁变薄，内径增大，其上、下限电流之间的范围缩小。当内径增大到 120% ~125% 时，就不可再用。

3）管式避雷器只用于保护线路的某些绝缘弱点和变电所的进线段，不可用来保护变压器。

3. 阀式避雷器

（1）普通阀式避雷器

阀式避雷器的基本元件是火花间隙和非线性电阻，全部元件都装在密封的瓷套内。工作时，瓷套上端引线与电源导线相连，下端引线接地，如图 8-25 所示。

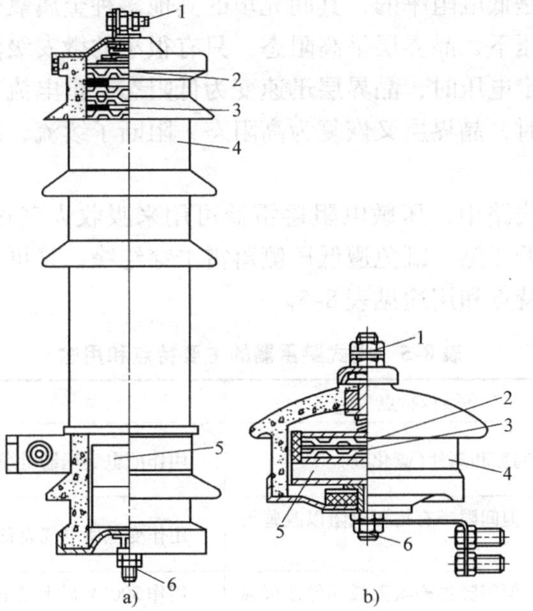

图 8-25　高低压阀式避雷器的结构

a）FS_4-10 型　b）FS-0.38 型

1—上接线端　2—火花间隙　3—云母垫圈　4—瓷陶管　5—阀片　6—下接线端

非线性电阻又称阀片，是由碳化硅和黏结剂在一定温度下烧结而成。阀片电阻值与通过的电流成非线性反比关系，当雷电流通过时电阻很小，避雷器上的残压不高；当续流通过时电阻很大，把续流限制在很小的数值上，为火花间隙切断续流创造条件。

火花间隙由多个黄铜电极和云母垫圈串联而成。为了适应较高工频放电压的要求，可采用多间隙串联，即电压越高的避雷器，串联的间隙越多，但由于各火花间隙有电容存在，使各间隙上所分布的电压不同，为此要在每个火花间隙上并联一个阻值相等的均压电阻。

其工作原理是：当感应过电压大于避雷器的冲击放电电压时，火花间隙被击穿，使阀片上的外加电压升高，由于阀片电阻是非线性的，其阻值随电压升高而迅速下降，使过电压电流经阀片电阻泄漏入地，被保护设备所承受的过电压仅为避雷器的冲击放电电压或残压。感应过电压后，由于工频电压较低，阀片电阻增大，将工频续流限制在火花间隙开断能力以下，使电流第一次过零熄灭后不再重燃，线路绝缘得到迅速恢复。

普通阀式避雷器分为配电所型（FS）和变电站型（FZ）两种。前者串联间隙上不设并联电阻，故冲击放电电压和残压较高，保护特性较差，一般用于保护电缆头、柱上油开关和配电变压器等；后者主要用于变电所电气设备的防雷保护。

（2）磁吹型避雷器

磁吹型避雷器是利用电磁力来吹动火花间隙中的电弧，提高间隙灭弧能力，从而减少火花间隙的串联数目，使冲击放电电压有所降低。它采用了通流能力大的高温烧结阀片，使阀片的阻值相应减少，避雷器的残压有所下降，因而保护比普通型有所改善。

（3）压敏型避雷器

压敏型避雷器是一种新型避雷器，它仅有压敏电阻阀片，而无火花间隙。压敏电阻是由氧化锌、氧化铋等金属氧化物烧结而成，为多晶半导体陶瓷非线性电阻元件，通常做成阀片状。其中，氧化锌晶粒是低电阻率的，其间充填的其他多种金属氧化物粉末组成的晶界层是高电阻率的。在正常电压下，晶界层呈高阻态，只有很小的微安级泄漏电流；当线路上出现的过电压高于避雷器额定电压时，晶界层迅速变为低阻态，雷电流得以通过而泄漏入地。浪涌电压过后为工频电压时，晶界层又恢复为高阻态，阻断了续流，故不出现普通阀式避雷器的续流。

在低压系统和电子线路中，压敏电阻避雷器可用来吸收大气过电压的浪涌和内部过电压，用它保护变压器的低压侧，既免遭低压侧落雷击穿绝缘，又可保护因高压侧落雷的反变换。阀式避雷器的主要特点和用途见表8-5。

表8-5 阀式避雷器的主要特点和用途

系列名称及型号		结构特点	主要用途
普通阀式	配电所型（FS）	仅有间隙和阀片（碳化硅）	用作配电变压器电缆头，柱上开关等设备的防雷
	变电站型（FZ）	同上，但间隙带有均压电阻以改善灭弧能力	用作变电所电气设备的防雷
磁吹阀式	变电站型（FCZ）	同上，但间隙加磁吹灭弧元件使灭弧能力大增	用作300kV以上变电所电气设备的防雷或低绝缘设备的防雷
	旋转电机型（FCD）	同上，但部分间隙还并联电容器以改善伏秒特性	用作旋转电机的防雷
压敏电阻型（MY）		采用非线性特性极好的氧化锌阀片，无间隙	用作380V及以下设备的防雷，如配电变压器低压测，低压电动机，电能表等

六、变电所的防雷保护

变电所的过电压保护主要是雷击保护和由线路侵入的感应冲击波（即雷电入侵波）保护。

1. 直接雷击的防护

对直接雷击的防护措施，是根据建筑物和室外设备占地面积及其高度装设避雷针，使变电所进线杆塔、电气设备和构架及建筑物全部置于避雷针的保护范围之内。通常应装设四根避雷针。避雷针与被保护物之间应保持5m以上的距离，以防止在避雷针上落雷时造成向被保护设备产生“反击”过电压。避雷针接地体与被保护物接地体之间必须保持3m以上的距离，且接地电阻不得大于10Ω。

2. 雷电入侵波的防护

变电所利用装设在各母线段上的阀式避雷器防护雷电入侵波引起的过电压。

由于避雷器有一定的有效保护距离，所以避雷器与被保护设备的电气安装距离不能太远，否则在被保护设备上产生的过电压值将很大，起不到保护设备的目的。而变电所内最重要的设备是变压器，它的价格高，绝缘水平又较低，为了使变压器得到有效的保护，最好将避雷器与变压器直接并联。但实际上变压器与母线之间还有其他接线开关设备，致使它们之间不得不相距一定距离。所以，为了使避雷器有效地发挥其作用，故在安装避雷器时应满足表 8-6 的规定。

表 8-6　阀式避雷器与被保护设备间的最大距离

电压等级/kV	装设避雷线的范围	到变压器或电压互感器的距离/m 进(出)线回路数				到其他电气设备的距离/m
		1	2	3	3 以上	
3～10		15	23	27	30	按到变压器距离增加 35% 计算
35	进线段	25	35	40	45	
	全线	55	80	90	105	
60	进线段	40	65	75	85	
	全线	80	110	130	145	
110	全线	90	135	155	175	

3. 进出线的防雷保护

（1）35～110 kV 变电所进线段的防雷保护

当 35～110kV 变电所进线侧的电力线路全程无避雷线时，应当加强防雷保护措施，在进线线路临近变电所 1～2km 的进线段上架设避雷线，提高线路的耐雷水平，保护此段线路免遭直接雷击，降低雷电入侵波的幅值和陡度，如图 8-26 所示。图中装设在母线上的阀式避雷器 F_1 用于保护变压器及其他电气设备。若进线侧的断路器或隔离开关在雷季可能经常断开，而其线路侧又带有电压，则必须在靠近断路器或隔离开关处装设一组管式避雷器 F_2，以避免雷电入侵波在开路末端产生电压全反射过电压。F_2 外间隙值的整定，既能在开关断开时可靠保护断路器或隔离开关，又能在开关闭合时不动作。对于木杆线路或木横担钢筋混凝土杆线路，由于线路的耐冲击绝缘水平特别高，应在进线段的首端装设管式避雷器 F_3；对于其他线路（铁塔和钢筋混凝土电杆）般线路，则无须装设。

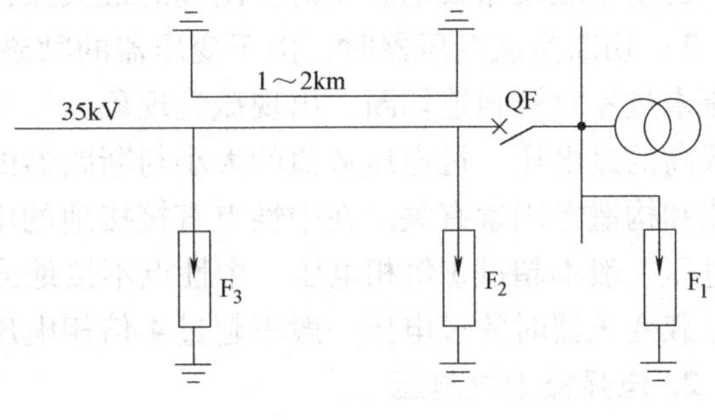

图 8-26　35～110kV 变电所进线段的防雷保护

（2）3～10kV 配电装置的防雷保护

对于 35 kV 变电所的出线侧和 6～10kV 变电所的进线侧等 6～10kV 配电装置，应当在每段母线和每路架空线路上装设阀式避雷器，避雷器应尽量靠近变压器，如图 8-27 所示。对于带有电缆引出线的架空线路，避雷器应装设在架空线路终端的电缆头附近，其接地装置应与电缆的金属外皮相连。若引出线接有电抗器时，应在电抗器与电缆头之间装设一组阀式避雷器，以防止电抗器处的反射过电压危害电缆的绝缘。

七、内部过电压及其防护

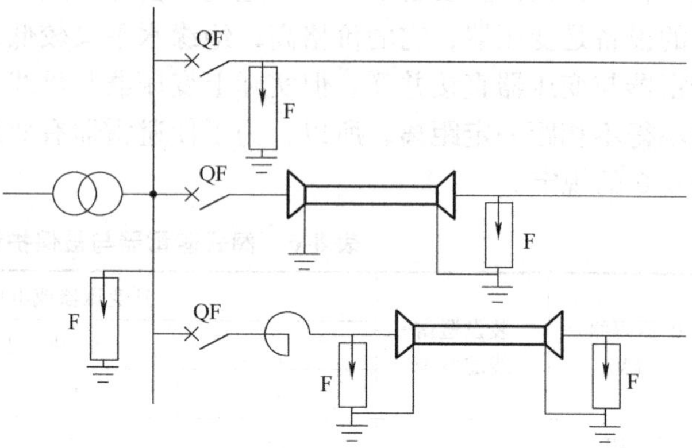

图 8-27　变电所 3 ~ 10kV 配电装置的防雷保护

电力系统在运行过程中，由于断路器操作和接地短路等，引起系统的某些参数发生变化，使电力系统由一种稳态过渡到另一种稳态。在过渡过程中，系统内部电磁能量振荡、互相转换和重新分布，可能在某些设备上或全系统中出现过电压。内部过电压的能量来源于系统本身，其大小与电网电压基本成正比，一般为额定电压的 2.5 ~4 倍，最大不超过相电压的 7 倍。内部过电压根据产生的原因可分为操作过电压、电弧接地过电压及谐振过电压等。

1. 操作过电压

1）切断空载线路或并联电容器组时，如果断路器熄灭小电弧的能力差，导致电弧在触点之间多次重燃，可能引起电感-电容回路的振荡，从而产生过电压。切断电感性负载时，由于断路器强制熄弧，随着电感电流的分断，电感中的磁能将转换为电能，会使电感性电路产生很高的感应电动势，即过电压。在中性点不接地或经消弧线圈接地的 63kV 及以下系统中，切断空载线路或电感负荷所出现的最大操作电压一般不超过 3.5 倍相电压。

2）切断空载变压器时，由于变压器的励磁电流较小，如断路器灭弧能力强时，可能在电流未过零时被强迫切断，出现截流现象，使变压器绕组中的电磁能量转化为电能，从而产生很高的过电压。过电压数值的大小与断路器的结构、回路参数、中性点接地方式、变压器接线和构造等因素有关。在中性点直接接地的电力网中，切断 110 ~ 330kV 空载变压器时的过电压一般不超过 3 倍相电压。中性点不接地或经消弧线圈接地的 35 ~ 110kV 电力网中，切断空载变压器时的过电压一般不超过 4 倍相电压。

2. 电弧接地过电压

中性点对地绝缘的电网中，发生单相接地故障时，在接地点若产生不稳定的电弧，电弧就会发生时断时续的现象。由于系统存在电感和电容，这种间歇性电弧将导致多次重复的电磁振荡，在非故障相和故障相上产生严重的电弧接地过电压。这种过电压一般不超过 3 倍相电压，个别可达 3.5 倍相电压。

3. 谐振过电压

电力系统中所有电流回路都包含着电容和电感，当这些参数组合不利时，比如在线路发生单相弧光接地时，可形成一个 RLC 的串联谐振电路，此时出现的过电压叫作谐振过电压。在中性点不接地系统中，比较常见的是铁磁谐振过电压。此时过电压的幅值一般不超过 1.5 ~2.5 倍相电压，个别在 3.5 倍相电压以上。

内部过电压与电力网的结构、参数、中性点接地方式、断路器的性能、操作方式等因素有关。在设计时，为了保证电力系统安全运行，一般均按以下电压值验算其绝缘水平：

电压为 35 ~ 63kV 及以下的电网取 4 倍相电压；110kV 中性点经消弧线圈接地系统取

3.5 倍相电压；110～220kV 中性点直接接地系统取 3 倍相电压；330kV 取 2.75 倍相电压。对电压 220kV 及以下的变电所和线路的绝缘，一般能承受通常可能出现的内部过电压。但为了防止内部过电压对绝缘较弱的电气设备的损坏，应采取适当措施予以防护。

4. 内部过电压防护措施

为防止切断空载变压器时产生的操作过电压对变压器绕组绝缘的损坏，可在变压器入口处装设阀式避雷器来保护。当产生过电压时，避雷器放电，从而降低了过电压值。由于空载变压器中的磁能比阀式避雷器允许通过的能量小得多，所以这种保护是可靠的。这种过电压保护用的避雷器，任何时候均不能退出运行。

为防止真空断路器或真空接触器切断感性负荷时产生的操作过电压对设备绝缘的损坏，可在电路中装设压敏电阻或阻容吸收装置来防护。图 8-28 为阻容吸收器原理图。

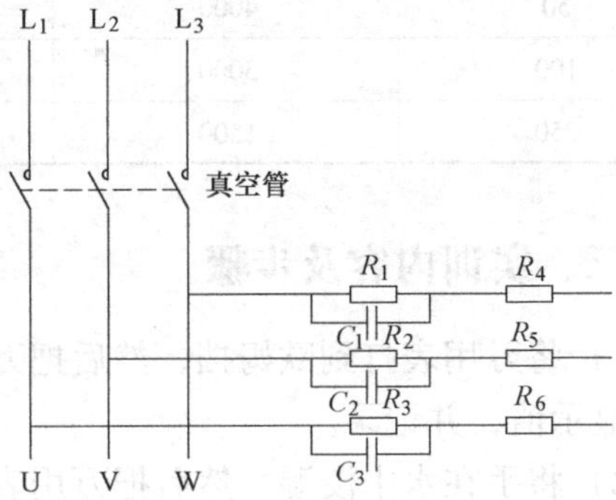

图 8-28　阻容吸收器原理图

图中电容 C_1、C_2、C_3 不仅可以减缓过电压的上升陡度，而且可以降低负荷回路的波阻抗，电阻 R_1～R_2 用来增强线路的绝缘，电阻 R_4～R_6 用来消耗过电压的能量，减少电弧重燃和对感性负荷绝缘的影响。

为防止电路中可能出现的谐振过电压，可采取调整电路参数等方法来防止这种过电压的发生。

技能训练 1　人体阻抗的认识和测试

一、实训目的

1）人体电阻的认识。
2）熟悉影响人体电阻的因素。

二、实训说明

人体电阻有表面电阻和体积电阻之分。表面电阻是沿着人体皮肤表面所呈现的电阻；体积电阻是从皮肤到人体内部所构成的电阻。表面电阻随条件不同将在很大范围内变化，使得人体电阻的变化幅度也很大。当人体皮肤处于干燥、清洁和无损伤的状态下时，人体电阻可高达 40～100kΩ；而当皮肤处于潮湿状态如湿手、出汗或损伤时，则人体电阻会降到 1000Ω 左右；如皮肤完全遭到破坏，人体电阻将下降到 600～800Ω。

不同类型的人，表面电阻差异很大，因而使人体电阻差别也很大。

人体电阻除了和皮肤的状态有关外，还和触电的状态有关，具体见表 8-7。另外，频率变化时，人体电阻将随频率的增加而降低，频率为 100Hz 时的人体电阻约为 50Hz 时的 50% 左右。

表 8-7　不同条件下的人体电阻

接触电压/V	人体电阻/Ω			
	皮肤干燥	皮肤潮湿	皮肤湿润	皮肤浸入水中
10	7000	3500	1200	600
25	5000	2500	1000	500
50	4000	2000	875	440
100	3000	1500	770	375
250	1500	1000	650	325

三、实训内容及步骤

1）将万用表打到欧姆挡，然后把万用表的表笔分别握在自己的左、右手中，读取万用表的显示值，并记录。

2）将手在水中浸湿，然后把万用表的表笔分别握在左、右手中，再读取万用表的显示值，并记录。

3）更换被测试者，重复步骤1）、2）。

4）将上述数据进行比较。

技能训练2　保护接地系统安装

一、实训目的

1）了解保护接地系统的构成。

2）能进行保护接地装置的制作与安装维护。

3）学会正确使用接地电阻测量仪进行接地电阻测量。

二、实训器材

设备：接地体、接地电阻测量仪、常用电工工具、电动机等。

材料：接地导线、连接螺栓等。

三、实训安全要求

1）训练前，根据相关要求选取合格的工具，检查所用器具，确保人员安全。

2）安装完毕后，经指导教师检查无误后，方可清理现场。

3）要做好安全措施，防止触电。

四、实训要点及步骤

接地装置由接地体和接地线组成。接地装置的安装过程如下：

1. 接地体加工

通常按设计提供的数量和规格进行加工，材料选用钢管或角钢。一般钢管选用 $\phi35$ ~

50mm，壁厚大于3.5mm，角钢选用∟ 50mm×5mm，其长度均截成2.5m。在打入地中的一端加工成斜尖式锥形，如图8-29所示。

2. 挖沟

按设计规定测出接地网的路线，并以白灰画线，沿此路线挖深约0.8～1m、宽0.5m的沟，且上宽下窄，底部要无石子或灰渣。沟的中心线与建筑物或构筑物的基础距离不得小于2m。

3. 安装接地体

按设计位置将接地体打入地中，一人扶接地体，另一人用大锤击打顶部，要防止打斜、打歪，接地体顶部距地面保持600mm的距离。

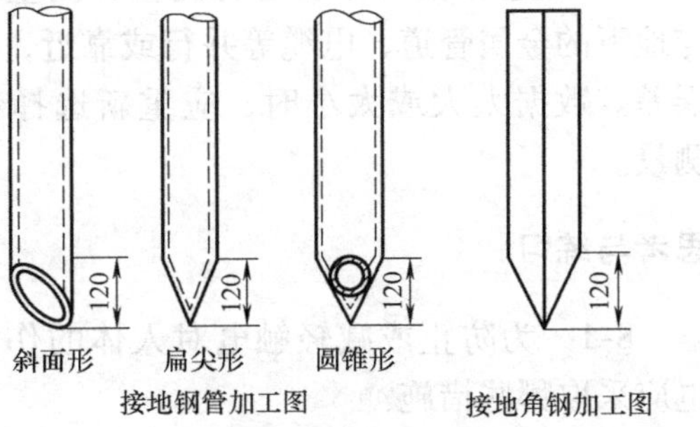

图8-29　接地体加工图（单位：mm）

为减少接地体间的屏蔽作用，垂直接地体间距不宜小于其长度的2倍（约5m），水平接地体间距不小于5m。敷设的接地体和连接扁钢应避开其他地下管路、电缆等设施（与电缆及管道交叉时，相距不小于100mm，与电缆及管道平行时不小于300～350mm）。

4. 接地线敷设

接地体打入地中后，可沿沟敷设扁钢，扁钢应侧放，与接地体焊接好后可将沟填平。接地支线与干线的作用是将接地体与电气设备连接起来，接地支线与干线的连接可采用焊接，末端露出地面0.5m，以便接引地线。

5. 接地体焊接

接地体互相间的连接及接地线与电气装置连接，应采用搭焊，且进行三边以上的焊接。扁钢与角钢的搭焊长度不小于宽度的2倍，钢管的搭焊长度不小于直径的6倍。

6. 电气设备与接地线连接

有螺栓连接（电气设备有专用接地螺母）和焊接（电气设备装在金属构架上）两种。

7. 接地装置外观检查

安装完毕对各接地线的外露部分及电气设备的接地部分进行外观检查，在接地螺钉表面涂以防锈漆，坡口表面涂以沥青漆。

8. 用接地电阻测量仪测量接地电阻

常用的仪表有ZC-18型，使用方法如下：

1）按照图8-30所示接线图接线，将接地体与电网断开。沿被测接地极E′，将电位探测针P′和电流探测针C′依直线彼此相距20m插入地中。电位探测针P′要插在接地极E′和电流探测针C′之间。

2）用导线将E′、P′、C′连接到仪表相应的端子E、P、C上。

3）将仪表摆放在水平位置，调整零指示器，使零指示器指针指到中心线上。

4）将“倍率标度”置于最大倍数，慢慢转动手摇发电机的手柄，同时旋转“测量标度盘”使零指示器的指针指在中心。

5）如果“测量标度盘”的读数小于“1”，应将“倍率标度”置于较小倍数挡，然后重新测量。

6）当零指示器指针完全平衡指在中心线上后，将此时“测量标度盘”的读数乘以“倍率标度”即为所测的接地电阻值。

7）注意在雨天不要进行测量，测量时电极不要与地下的金属管道、电缆等并行或靠近，否则易产生误差。数据太大或太小时，应重新选择倍率再进行测量。

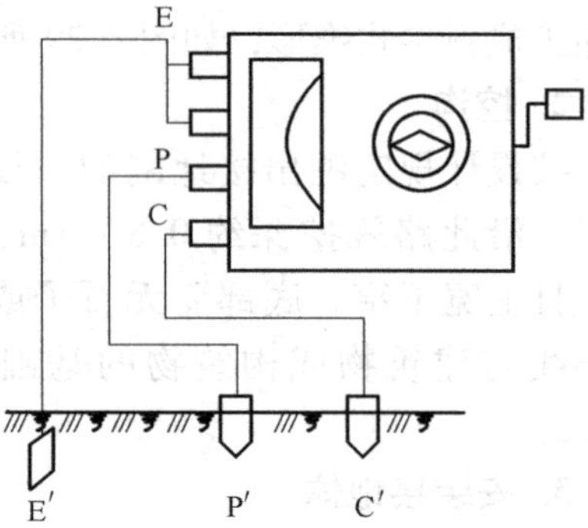

图 8-30 ZC-18 型接地电阻测量仪接线图

思考与练习

8-1 为防止或减轻触电对人体的伤害，井下供电应采取哪些措施？

8-2 为什么井下低压供电采用中性点不接地系统？该系统发生一相接地时各相对地电压发生了什么变化？此时三相线电压是否平衡？画出接地电流回路。

8-3 简述采用附加直流电源实现漏电保护的原理。

8-4 为什么井下低压供电必须使用漏电保护装置？

8-5 说明 JL82 型检漏继电器的工作原理。

8-6 简述地面低压漏电断路器的结构组成及工作原理。

8-7 什么是保护接地？什么是保护接零？保护接地、保护接零和重复接地各有什么作用？

8-8 煤矿井下保护接地为什么要组成接地网？保护接地系统由哪些部分组成？

8-9 什么是大气过电压？它有什么危害？

8-10 什么是直接雷击过电压？感应过电压是怎样产生的？

8-11 什么是内部过电压？常见的内部过电压有哪几种？如何消除？

8-12 避雷针和避雷线有什么作用？避雷针为什么能使其被保护物免遭直接雷击？

8-13 避雷器有哪几种？它们各自保护对象是什么？

8-14 对变电所过电压如何保护？

部分习题参考答案

第一单元　矿山供电系统

1-9　T_1：6.3/121kV；WL_1：110kV；WL_2：35kV。

1-10　G：10.5kV；T_1：10.5/38.5kV；T_2：35/6.6kV；T_3：10/0.4kV。

1-11　$I_C = 17A$，不需改变系统中性点运行方式。

第二单元　负荷计算

2-6　起重机电动机容量要统一换算到占 $\varepsilon 25\%$，因此题示 3 台起重机电动机总容量为 $P_{e1} = 11.6kW$；$P_{e2} = P_{e3} = 2.3kW$。查表 2-1 得，$K_{de} = 0.1 \sim 0.15$（取 0.15），$\cos\varphi = 0.5$，$\tan\varphi = 1.73$，因此可得：有功计算负荷 $P_{ca} = 0.15 \times 16.2kW = 2.43kW$；无功计算负荷 $Q_{ca} = 2.43 \times 1.73kvar = 4.2kvar$；视在计算负荷 $S_{ca} = 4.9kV \cdot A$。

2-7　机修车间的金属切削机床属于小批生产的金属冷加工机床，查表 2-1 “小批生产的金属冷加工机床” 查得：$K_{de} = 0.16 \sim 0.2$（取 0.2），$\cos\varphi = 0.5$，$\tan\varphi = 1.73$。求得 $P_e = 101\ kW$；$P_{ca} = 20.2kW$；无功计算负荷 $Q_{ca} = 34.95kvar$；视在计算负荷 $S_{ca} = 40.4kV \cdot A$。

2-8　电容器无功补偿容量 $Q_C = 580kvar$。

第三单元　短 路 电 流

3-9　电力系统、10kV 电缆线路、电力变压器的电阻都忽略不计。

短路计算点	短路电流/kA				短路容量 S_k/MV · A
	I_k	I''	I_∞	i_{sh}	S_k
10kV 高压母线上 k_1 点	3.74	3.74	3.74	9.54	61.8
380V 低压母线 k_2 点	29.6	29.6	29.6	54.5	20.51

3-10　$I_\infty = 2.64kA$

$$A_{min} = I_\infty \frac{\sqrt{t_{ima}}}{C} = 2.64 \times 10^3 \times \frac{\sqrt{0.7}}{100A\sqrt{s}/mm^2} mm^2 = 22.1mm^2$$

第四单元　电气设备选择与维护

4-7　$I_{ca} = 577.4A$，$I_k = 14.1kA$，$i_{sh} = 2.55I_k = 36kA$，选用 ZN3-10 Ⅱ型断路器。额定电压 $U_N = 10kV$ = 线路路额定电压，电压符合要求；额定电流 $I_N = 1000A > 577.4A$，电流符合要求；分断电流 $I_{br} = 20kA > I_k = 14.1kA$，分断电流符合要求；$i_{max} = 50kA \geqslant 36kA$，动稳定

度满足要求；$I_t^2 t = 20^2 \times 20 = 8000 \geqslant I_\infty^2 t_i = 14.1^2 \times 1.1 = 219$，热稳定度符合要求。

第五单元　供电线路

5-7 （1）选取经济截面积　计算电流 I_{ca} = 80.5A，查表5-4，J_{ec} = 1.15A/mm²，则 A_{ec} = 70.0mm²，选取标准截面积70.0mm²。（2）查表5-5，LGJ-70室外温度为25℃的允许载流量为 $I_p = 275A > I_{ca} = 80.5A$，，所满足发热条件。（3）查表5-3可知，35kV架空铝绞线机械强度最小截面积为 $A_{min} = 16mm^2 < A_{ec} = 70.0mm^2$，所选的导线截面积也满足机械强度要求。

5-8　I_{ca} = 92.4A，查表得 J_{ec} = 2.25A/mm²，则 $A_{ec} = I_{ca}/J_{ec} = 92.4/2.25mm^2 = 41.1mm^2$。

第六单元　供电系统的继电保护

6-3　规程规定，过电流继电器的返回系数不应低于0.85，一般返回系数越是接近于1，表示该继电器的继电特性越好。

6-12　通常采用以下两种办法：

1）进线开关不设保护，变电所的出线过电流保护整定为0.5 s。这一方法的优点是保护装置少，整定简单，配合容易。缺点是当变电所母线段故障或出线回路保护装置拒动时，将引起上一级变电所的出线开关跳闸，造成送电上的不便。

2）进线设定时速断与过电流保护。定时速断用来与上级变电所的过电流保护相配合，上级过电流保护的保护范围应等于或略小于定时速断的保护范围，因而进线过电流保护的动作时间就完全可以根据出线段数的多少确定。为了防止各出线出口处短路造成越级跳闸事故，各出线段应设置电流速断与进线开关的定时速断相配合，其保护范围应等于或略大于定时速断的保护范围。

参考文献

[1] 李树伟. 矿山供电［M］. 徐州：中国矿业大学出版社，2008.
[2] 刘介才. 供配电技术［M］. 3 版. 北京：机械工业出版社，2012.
[3] 李荣生. 矿井供电技术［M］. 北京：化学工业出版社，2007.
[4] 全国职业培训教学工作指导委员会煤炭专业委员会. 采区电气设备.［M］. 北京：煤炭工业出版社，2004.
[5] 煤矿电工手册编写组. 煤矿电工手册：第二分册［M］. 北京：煤炭工业出版社，1994.
[6] 张学成. 工矿企业供电设计指导书［M］. 徐州：中国矿业大学出版社，2010.
[7] 张学成. 工矿企业供电［M］. 北京：煤炭工业出版社，2010.
[8] 中国煤炭教育协会职业教育教材编审委员会. 煤矿供电技术［M］. 北京：煤炭工业出版社，2007.
[9] 王红俭，王会森. 煤矿电工学［M］. 北京：煤炭工业出版社，2010.
[10] 中华人民共和国能源部. 进网作业电工培训教材［M］. 沈阳：辽宁科学技术出版社，1992.
[11] 周治鹏. 电气设备安装、使用与维修问答［M］. 北京：机械工业出版社，2003.
[12] 国家安全生产监督管理总局，国家煤矿安全监察局. 煤矿安全规程［M］. 北京：煤炭工业出版社，2010.
[13] 郭雨. 煤矿供电［M］. 北京：煤炭工业出版社，2011.